高等教育规划教材

Android 开源项目开发技术与案例教程

师文轩　郝天舒　郭艺璇　编著

机械工业出版社

本书深入浅出地介绍了 Android 开发的基础、进阶知识和最新的 Android 开源代码、设计框架，以通俗易懂的语言阐释晦涩难懂的专业知识，提供了大量的开发实例和开源项目讲解，为广大 Android 开发者给予帮助和提供参考。

本书适合所有 Android 开发者。初学者能够从本书的前 3 章了解到详尽的 Android 开发基础知识；具有一定经验的开发者可从本书的第 4 章入手，学习 Android 开发进阶知识；具有深厚 Android 开发经验的开发人员可从第 8 章入手，学习 Android 前沿的开源项目，提升程序的开发质量和效率。

本书配套授课电子课件，需要的教师可登录 www.cmpedu.com 免费注册，审核通过后下载，或联系编辑索取（QQ：2850823885，电话：010 - 88379739）。

图书在版编目（CIP）数据

Android 开源项目开发技术与案例教程/师文轩，郝天舒，郭艺璇编著.
—北京：机械工业出版社，2015.10
高等教育规划教材
ISBN 978-7-111-51705-4

Ⅰ.①A… Ⅱ.①师… ②郝… ③郭… Ⅲ.①移动终端 - 应用程序 - 程序设计 - 高等学校 - 教材 Ⅳ.①TN929.53

中国版本图书馆 CIP 数据核字（2015）第 228550 号

机械工业出版社（北京市百万庄大街 22 号 邮政编码 100037）
策划编辑：郝建伟 责任编辑：张 恒
责任校对：张艳霞 责任印制：李 洋
北京宝昌彩色印刷有限公司印刷

2015 年 11 月第 1 版·第 1 次印刷
184mm × 260mm·21.5 印张·530 千字
0001 - 3000 册
标准书号：ISBN 978-7-111-51705-4
定价：49.90 元

出 版 说 明

当前，我国正处在加快转变经济发展方式、推动产业转型升级的关键时期。为经济转型升级提供高层次人才，是高等院校最重要的历史使命和战略任务之一。高等教育要培养基础性、学术型人才，但更重要的是加大力度培养多规格、多样化的应用型、复合型人才。

为顺应高等教育迅猛发展的趋势，配合高等院校的教学改革，满足高质量高校教材的迫切需求，机械工业出版社邀请了全国多所高等院校的专家、一线教师及教务部门，通过充分的调研和讨论，针对相关课程的特点，总结教学中的实践经验，组织出版了这套"高等教育规划教材"。

本套教材具有以下特点：

1）符合高等院校各专业人才的培养目标及课程体系的设置，注重培养学生的应用能力，加大案例篇幅或实训内容，强调知识、能力与素质的综合训练。

2）针对多数学生的学习特点，采用通俗易懂的方法讲解知识，逻辑性强、层次分明、叙述准确而精炼、图文并茂，使学生可以快速掌握，学以致用。

3）凝结一线骨干教师的课程改革和教学研究成果，融合先进的教学理念，在教学内容和方法上做出创新。

4）为了体现建设"立体化"精品教材的宗旨，本套教材为主干课程配备了电子教案、学习与上机指导、习题解答、源代码或源程序、教学大纲、课程设计和毕业设计指导等资源。

5）注重教材的实用性和通用性，适合各类高等院校、高等职业学校及相关院校的教学，也可作为各类培训班教材和自学用书。

欢迎教育界的专家和老师提出宝贵的意见和建议。衷心感谢广大教育工作者和读者的支持与帮助！

机械工业出版社

前　　言

Android 是应用非常广的一个系统，尤其是在移动客户端应用广泛，发展迅猛。作为 Android 系统的支撑者，谷歌（Google）公司在创立 Android 之初即以永久开源为宗旨，因此，开源成了 Android 最为鲜明的特色，为广大的开发者提供了一个自由的施展平台。Android 的开源程序、开源库层出不穷，近几年更是以惊人的速度增长。但是大部分前沿的技术和项目均为英文版本，而且在中国的普及速度相对慢于欧美地区，比如 Google 公司新推出的 Material Design 设计体系，虽然有一批热心网友火速翻译，但是翻译普遍晦涩难懂。本书共 10 章，旨在深入浅出地介绍最新的 Android 开源代码和设计框架，以通俗易懂的语言阐释晦涩难懂的专业知识，为 Android 开发者给予帮助和提供参考。

第 1 章为 Android 发展历程与环境搭建介绍，能够让读者快速对 Android 开发有一个整体的掌握，便于展开后面章节的系统学习。

第 2、3 章为 Android 开发语言 Java 和开发基础的介绍。通过学习，初学 Android 的读者能够进行初步的 Android 应用开发；已有一定 Android 开发基础的读者可以将这两章作为知识回顾或者可以直接进入后面的章节学习。

第 4 章为 Android 开发界面编程知识介绍，在前 3 章的内容基础上，读者将更深入地学习 Android 界面编程，从 Android 页面布局、资源调度、View 类使用等方面切入，全面地掌握界面编程知识。通过本章的学习，读者将能够开发出丰富多彩的 Android 程序界面。

第 5 章为 Android 数据存储与交互介绍。本章详细介绍了 4 种数据存储与交互机制：SQLite 数据库、Preference 数据存储、文件存储和 Content provider 数据共享。最后配有通讯录实例供读者进行参考。通过本章的学习，读者能够自如地进行有关 Android 数据存储与交互方面的程序开发。

第 6 章为 Android 网络通信开发介绍。本章详细介绍了 4 种常用的 Android 网络通信方式：HTTP 通信、Socket（套接字）通信、蓝牙通信和红外通信。通过本章的学习，读者将掌握 Android 网络通信开发的主要知识，能够自主设计出功能较为全面的通信应用程序。

第 7 章为 Android 多媒体开发介绍。本章详细介绍了常用的 Android 多媒体开发功能：MediaPlayer（音频/视频管理）、摄像头和语音识别。通过本章的学习，读者能够较为全面地掌握 Android 多媒体开发的基础知识，开发出具有特定多媒体功能的应用程序。

第 8 章为具有代表性的 5 个 Android 开源项目。内容涵盖 ActionBarSherlock，Facebook sdk，SlidingMenu 这三大 Android 开源库和 Google CardBoard，Google Map 这两项由 Google 公司推出的 Android 技术。开源库是对特定设计方法的更好封装，便于开发者操作，即通过函数调用轻松实现复杂的功能。通过这些技术的学习，读者能够更好地掌握开发过程中的宏观把握和细节处理，开发出更加令人满意的应用。

本书第 9、10 章分别介绍了游戏开发实例与 Android 社交应用程序实例，两个实例均为时下热门的 Android 开源项目中的代表性项目。笔者根据每个项目的情况，依次介绍了每个文件的作用和相对于整体的开发顺序。相信读者在学习完这两章后能够对项目开发有全面而深刻的理解，能够运用前面章节介绍的新技术开发出新颖、实用的优秀应用。

本书的每个章节均配有习题，方便读者复习和自我评价。

本书具有 3 个突出特色：

1）详尽的 Android 基础知识介绍。

2）全面的 Android 开发实例讲解。

3）前沿的 Android 开源项目介绍。

通过本书的学习，不仅能够全面掌握 Android 开发的基础和进阶知识，而且能够根据每章配备的项目实例进行实践开发。在此基础上，本书引入了前沿的 Android 开源项目，将国际上尖端的 Android 开源开发技术整理出来，为读者提供了与前沿技术接轨的桥梁。

本书的章节规划与案例设置由师文轩完成，本书第 1、2、3、4、9 章由郝天舒编写，第 5、6、7、8、10 章由郭艺璇编写，全书整体校定工作主要由师文轩和郭艺璇完成。

由于时间匆忙，在书写过程中难免存在错误和不妥之处，恳请读者批评指正！

编　者

目　录

第 1 章　Android 概述

2005 年 Google 注资收购了成立仅 22 个月的 Android 公司，2008 年 9 月 23 日，世界上第一部 Android 系统手机 T – Mobile G1 发布，这款手机的发布也标志着 Android 时代的来临。2010 年，Android 操作系统在智能机市场达到 35% 的份额，截至 2014 年底，Android 更是盘踞全球 80% 的市场份额。Android 系统自被 Google 公司收购后即以一股不可阻挡的势头迅速发展，成为占市场份额比例最大的智能手机操作系统。

Android 平台主要由 3 部分组成，底层基本功能、中间层函数库与虚拟机和最上层应用软件层。其中最上层还可以细分为应用程序框架层和应用程序层。Android 开发平台由于其开源性、个性化和优质的开发环境等因素，一经发布即广受追捧，一跃成为各大开发厂商和开发者的宠儿。本章将从 Android 的历史与版本和环境搭建两方面对 Android 进行概述，使读者能够对 Android 平台有一个全面的认识。

本章重点：

- Android 操作系统架构。
- Android 发展与版本发布历史。
- Android 环境搭建流程。

1.1　Android 介绍

Android 的中文意思是机器人，是一种基于 Linux 的开放源代码的操作系统。2007 年 11 月，Google 与另外的几十家硬件制造商、软件开发商及电信运营商组建了"开放手机联盟"，共同研发 Android 系统，并且完全免费开源。这一举动大大降低了手机开发成本，所以 Android 正受到越来越多的厂商和开发者的追捧。

1.1.1　Android 简介

安卓平台由操作系统、中间件、用户界面和应用软件组成，它采用软件堆层的架构，主要分为 3 部分。底层以 Linux 内核为基础，由 C 语言开发，只提供基本功能。中间层包括函数库 Library 和虚拟机 Virtual Machine，由 C ++ 语言开发。最上层是各种应用软件，包括通话程序、短信程序等，应用软件则由各公司自行开发，以 Java 语言作为编写程序的一部分。Android 之所以这么受欢迎，主要取决于它的几个特性。

- 开源性：Android 平台是完全开源的免费开发平台。
- 个性化：Android 为用户提供了众多体现个性的功能，例如动态壁纸、快捷方式等。
- 优质的开发环境：Android 的主流开发环境是"Eclipse + ADT + Android SDK"，它们可以非常容易地集成在一起，而且在开发环境中运行程序比一些传统的手机操作系统更快，调试更方便。

- 应用程序之间沟通方便：在 Android 平台上应用程序之间有多种沟通方式，它们让应用程序可以完美地结合在一起。
- 开发人员限定应用程序的权限：只需在自己的应用程序中进行配置，便可以使用限制级的 API。
- 与 Web 紧密相连：可以利用基于 Webkit 内核的 WebView 组件在应用程序中嵌入 HTML、JavaScript，而且 JavaScript 还可以和 Java 无缝地整合在一起。

正是由于这些特性，使 Android 成为家喻户晓的操作系统，渐渐走入了大众视野。

1.1.2 Android 的系统架构

通过前面的介绍，相信读者对 Android 已有一个大致的了解，本节将系统介绍 Android 的系统架构。Android 系统架构示意图如图 1-1 所示，主要包括 4 个层次，自下而上依次是 Linux 内核层、系统运行库层、应用框架层、应用程序层。

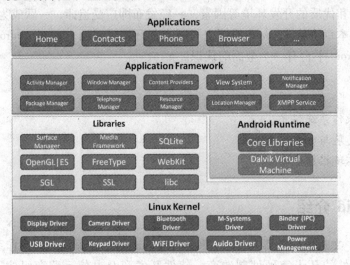

图 1-1 Android 系统架构示意图

（1）Linux 内核层（Linux Kernel）

由 C 语言实现。Android 核心系统服务依赖于 Linux 3.0.8 的内核，包括安全性、内存管理、进程管理、网络协议、驱动模型。Linux 内核也作为硬件和软件之间的抽象层。

除了标准的 Linux 内核外，Android 还增加了内核的驱动程序：Binder（IPC）驱动、显示驱动、输入设备驱动、音频系统驱动、摄像头驱动、WiFi 驱动、蓝牙驱动、电源管理。

（2）系统运行库层（Libraries）

本地框架和 Java 运行环境（Libraries 和 Android Runtime）本地框架由 C/C++ 实现，包含 C/C++ 库，被 Android 系统中不同组件使用。它们通过 Android 应用程序框架为开发者提供服务。Android 运行环境提供了 Java 编程语言核心库的大多数功能，由 Dalvik Java 虚拟机和基础的 Java 类库组成。

（3）Android 应用框架层（Application Framework）

在 Android 系统中，开发人员也可以完全访问核心应用程序所使用的 API 框架。

（4）Android 应用程序层（Applications）

Android 应用程序都是由 Java 语言编写的。用户开发的 Android 应用程序和 Android 的核心应用程序是同一层次的，它们都是基于 Android 的系统 API 构建的。

1.2　Android 版本发展历程

自 2007 年 11 月 5 日发布第一个版本 Android 1.0 beta 之后，Android 系统已经发布了多个新版本，每一次更新都较之前版本进行了问题修复和功能增加。Android 的版本命名是十分有趣的，Google 设定了用甜点来命名版本号的办法。这些版本按照大写字母的顺序来进行命名：纸杯蛋糕（Cupcake）、甜甜圈（Donut）、闪电泡芙（Eclair）、冻酸奶（Froyo）、姜饼（Gingerbread）、蜂巢（Honeycomb）、冰淇淋三明治（Ice Cream Sandwich）、果冻豆（Jelly Bean）、奇巧（KitKat）、棒棒糖（Lollipop）、棉花糖（Marsh mallow）。

（1）Android 1.0 beta：2007 年 11 月发布

Android 系统的第一个测试版本，没有对外发布，属于公司内部的测试操作系统。

（2）Android 1.0：2008 年 9 月发布

Android 系统的第一个商业版本，装载在 HTC Dream 设备上。Android 1.0 支持 Android 应用商城、浏览器、照相机、文件夹、邮件等操作，是一个功能相对完善的操作系统。

（3）Android 1.5：Cupcake（纸杯蛋糕），2009 年 4 月 30 日发布

主要的更新如下：

- 拍摄/播放影片，并支持上传到 Youtube。
- 支持立体声蓝牙耳机，同时改善自动配对性能。
- 最新的采用 WebKit 技术的浏览器，支持复制/粘贴和页面中搜索。
- GPS 性能大大提高。
- 提供屏幕虚拟键盘。
- 主屏幕增加音乐播放器和相框 Widgets。
- 应用程序自动随着手机旋转。
- 短信、Gmail、日历，浏览器的用户接口大幅改进，如 Gmail 可以批量删除邮件。
- 相机启动速度加快，拍摄图片可以直接上传到 Picasa（图片管理工具）。
- 来电照片显示。

（4）Android 1.6：Donut（甜甜圈），2009 年 9 月 15 日发布

主要的更新如下：

- 重新设计的 Android Market 手势。
- 支持 CDMA 网络。
- 文字转语音系统（Text – to – Speech）。
- 快速搜索框。
- 全新的拍照接口。
- 查看应用程序耗电情况。
- 支持虚拟私人网络（VPN）。
- 支持更多的屏幕分辨率。

- 支持 OpenCore2 媒体引擎。
- 面向视觉或听觉困难人群的易用性插件。

（5）Android 2.0：Eclair（闪电泡芙），2009 年 10 月 26 日发布

主要的更新如下：

- 优化硬件速度。
- "Car Home" 程序。
- 支持更多的屏幕分辨率。
- 改良的用户界面。
- 新的浏览器的用户接口和支持 HTML5。
- 新的联系人名单。
- 更好的白色/黑色背景比率。
- 改进 Google Maps3.1.2。
- 支持 Microsoft Exchange。
- 支持内置相机闪光灯。
- 支持数码变焦。
- 改进的虚拟键盘。
- 支持蓝牙 2.1。
- 支持动态桌面的设计。

（6）Android 2.2/2.2.1：Froyo（冻酸奶），2010 年 5 月 20 日发布

主要的更新如下：

- 整体性能大幅度提升。
- 3G 网络共享功能。
- 支持 Flash
- App2sd 功能。
- 全新的软件商店。
- 更多的 Web 应用 API 接口的开发。

（7）Android 2.3.x：Gingerbread（姜饼），2010 年 12 月 7 日发布

主要的更新如下：

- 增加了新的垃圾回收和优化处理事件。
- 原生代码可直接存取输入和感应器事件、EGL/OpenGLES、OpenSL ES。
- 新的管理窗口和生命周期的框架。
- 支持 VP8 和 WebM 视频格式，提供 AAC 和 AMR 宽频编码，提供了新的音频效果器。
- 支持前置摄像头、SIP/VOIP 和 NFC（近场通信）。
- 简化界面、速度提升。
- 更快更直观的文字输入。
- 一键文字选择和复制/粘贴。
- 改进的电源管理系统。
- 新的应用管理方式。

（8）Android 3.0：Honeycomb（蜂巢），2011 年 2 月 2 日发布

主要的更新如下：

- 针对平板优化。
- 全新设计的 UI，增强网页浏览功能。
- In – App Purchases（软件内付费）功能。

（9）Android 3.1：Honeycomb（蜂巢），2011 年 5 月 11 日发布

主要的更新如下：

- 经过优化的 Gmail 电子邮箱。
- 全面支持 Google Maps。
- 将 Android 手机系统跟平板系统再次合并，从而方便开发者。
- 任务管理器可滚动，支持 USB 输入设备（键盘、鼠标等）。
- 支持 Google TV。可以支持 XBOX 360 无线手柄。
- Widget 支持的变化，能更加容易地定制屏幕 Widget 插件。

（10）Android 3.2：Honeycomb（蜂巢），2011 年 7 月 13 日发布

主要的更新如下：

- 支持 7 英寸设备。
- 引入了应用显示缩放功能。

（11）Android 4.0：Ice Cream Sandwich（冰激凌三明治），2011 年 10 月 19 日在中国香港发布

主要的更新如下：

- 全新的 UI。
- 全新的 Chrome Lite 浏览器，支持离线阅读，16 标签页，隐身浏览模式等功能。
- 截图功能。
- 更强大的图片编辑功能。
- 自带照片应用堪比 Instagram，可以加滤镜、加相框，进行 360 度全景拍摄，照片还能根据地点来排序。
- Gmail 加入手势、离线搜索功能，UI 更强大。
- 新功能 People：以联系人照片为核心，界面偏重滑动而非单击，集成了 Twitter、Linkedin、Google + 等通信工具。
- 有望支持用户自定义添加第三方服务。
- 新增流量管理工具，可具体查看每个应用产生的流量，限制使用流量，到达设置标准后自动断开网络。

（12）Android 4.1：Jelly Bean（果冻豆），2012 年 6 月 28 日发布

主要的更新如下：

- 更快、更流畅、更灵敏。
- 特效动画的帧速提高至 60 帧/秒，增加了 3 倍缓冲。
- 增强通知栏。
- 全新搜索。
- 搜索将会带来全新的 UI、智能语音搜索和 Google Now 三项新功能。
- 桌面插件自动调整大小。
- 加强无障碍操作。
- 语言和输入法扩展。

- 新的输入类型和功能。
- 新的连接类型。

（13）Android 4.2：Jelly Bean（果冻豆），2012 年 10 月 30 日发布

Android 4.2 沿用"果冻豆"这一名称，以反映该操作系统与 Android 4.1 的相似性，但 Android 4.2 推出了一些重大的新特性，具体如下：

- Photo Sphere 全景拍照功能。
- 键盘手势输入功能。
- 改进锁屏功能，包括锁屏状态下支持桌面挂件和直接打开照相功能等。
- 可扩展通知，允许用户直接打开应用。
- Gmail 邮件可缩放显示。
- Daydream 屏幕保护程序。
- 用户连点 3 次可放大整个显示屏，还可用两根手指进行旋转和缩放显示，以及专为盲人用户设计的语音输出和手势模式导航功能等。
- 支持 Miracast 无线显示共享功能。
- Google Now 可允许用户使用 Gmail 作为新的数据来源，如改进后的航班追踪功能、酒店和餐厅预订功能以及音乐和电影推荐功能等。

（14）Android 4.4：KitKat（奇巧巧克力），2013 年 11 月 1 日正式发布

2013 年 9 月 4 日凌晨，Google 对外公布了 Android 新版本 Android 4.4KitKat（奇巧巧克力），并且于 2013 年 11 月 1 日正式发布，新的系统更加整合了自家服务，力求防止安卓系统继续碎片化、分散化。

（15）Android 5.0：Lollipop（棒棒糖），2014 年 10 月 15 日发布

Android 5.0 是 Google 于 2014 年 10 月 15 日发布的 Android 操作系统。Android 5.0 推出了很多新特性，具体如下：

- 全新 Material Design 设计风格。
- 支持多种设备。
- 全新的通知中心设计。
- 支持 64 位 ART 虚拟机。
- Project Volta 电池续航改进计划。
- 全新的"最近应用程序"。
- 改进安全性。
- 不同数据独立保存。
- 改进搜索。
- 新的 API 支持，蓝牙 4.1、USB Audio、多人分享等其他特性。

（16）Android 6.0：Marshmallow（棉花糖），2015 年 8 月 18 日发布

Android 6.0 于 2015 年 5 月下旬在 I/O 大会上亮相，于 8 月 18 日正式对外发布。全新的 Android 6.0 相比目前的 Android Lollipop（5.0）有六项重大的改进：

- App Permissions（软件权限管理）：它允许对应用的权限进行高度管理，比如应用能否使用位置、相机、麦克风、通讯录等，这些都可以开放给开发者和用户。
- Chrome Custom Tabs（网页体验提升）：对 Chrome 的网页浏览体验进行了提升，它对登陆网站、存储密码、自动补全资料、多线程浏览网页的安全性进行了一系列的优化。

- App Links（App 关联）：加强了软件间的关联，比如用户的手机邮箱里收到一封邮件，内文里有以个 Twitter 链接，用户点击该链接可以直接跳转到 Twitter 应用，而不再是网页。
- Android Pay（安卓支付）：Android Pay 是一个开放性平台，使用户可以选择谷歌的服务或者使用银行的 App 来使用它，Android Pay 支持 4.4 以后系统设备，在发布会上谷歌宣布 Android Pay 已经与美国三大运营商 700 多家商店达成合作。支付功能可以使用指纹来进行支付。
- Fingerprint Support（指纹支持）：增加了对指纹的识别 API，力求 Android 统一方案，因为之前所有的 Android 产品指纹识别都是使用非谷歌认证的技术和接口。
- Power & Change（电量管理）：新的电源管理模块将更为智能，比如 Android 设备长时间不移动时，系统将自动关闭一些 App。新的电源管理将更好的支持 Type – C 接口。

1.3 开发环境快速搭建

传统方式下，搭建 Android 环境分别需要安装 JDK、Eclipse、Android SDK、ADT 和 Android NDK。但是，现在 Google Android 官方提供了集成式 IDE——ADT – Bundle for Windows，已经包含了 Eclipse，用户无需再去下载 Eclipse，并且里面已集成了插件，它解决了大部分新手通过 Eclipse 来配置 Android 开发环境的复杂问题。有了 ADT – Bundle，新涉足 Android 开发的开发者也无需再像以前那样在网上参考烦琐的配置教程，可以轻松地进行 Android 应用开发。因此本节将介绍基于 ADT – Bundle 的 Android 开发环境搭建。

1.3.1 安装 JDK

JDK 是 Sun 公司开发的 Java 运行和开发环境，现在属于 Oracle 公司，可通过如下网址下载最新的 JDK 版本 http://www.oracle.com/technetwork/java/javase/downloads/index.html。

（1）下载 JDK 安装文件

通过 JDK 下载网页，单击最新版本的 Java SE 的 JDK 下方的 download，勾选 Accept License Agreement，注意需要根据采用的操作系统的版本下载相应的 JDK 到计算机上。JDK 下载示意图如图 1–2 所示。

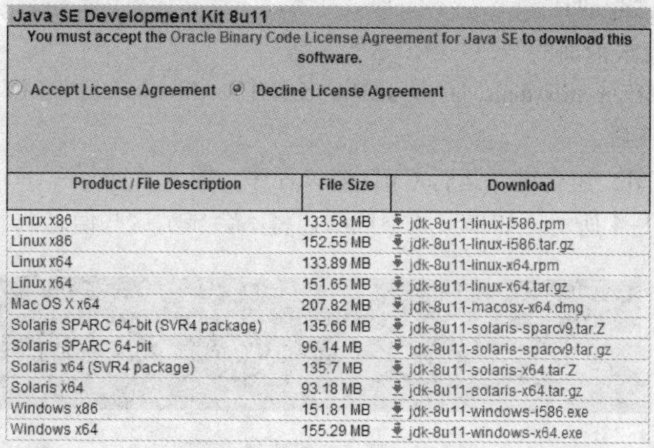

Java SE Development Kit 8u11

You must accept the Oracle Binary Code License Agreement for Java SE to download this software.

○ Accept License Agreement   ◉ Decline License Agreement

Product / File Description	File Size	Download
Linux x86	133.58 MB	⬇ jdk-8u11-linux-i586.rpm
Linux x86	152.55 MB	⬇ jdk-8u11-linux-i586.tar.gz
Linux x64	133.89 MB	⬇ jdk-8u11-linux-x64.rpm
Linux x64	151.65 MB	⬇ jdk-8u11-linux-x64.tar.gz
Mac OS X x64	207.82 MB	⬇ jdk-8u11-macosx-x64.dmg
Solaris SPARC 64-bit (SVR4 package)	135.66 MB	⬇ jdk-8u11-solaris-sparcv9.tar.Z
Solaris SPARC 64-bit	96.14 MB	⬇ jdk-8u11-solaris-sparcv9.tar.gz
Solaris x64 (SVR4 package)	135.7 MB	⬇ jdk-8u11-solaris-x64.tar.Z
Solaris x64	93.18 MB	⬇ jdk-8u11-solaris-x64.tar.gz
Windows x86	151.81 MB	⬇ jdk-8u11-windows-i586.exe
Windows x64	155.29 MB	⬇ jdk-8u11-windows-x64.exe

图 1–2 JDK 下载示意图

（2）安装 JDK

双击 jdk 安装文件，系统会弹出安装对话框，选择安装目录，安装过程中会出现两次安装提示。第一次是安装 jdk，第二次是安装 jre。建议两个都安装在同一个 Java 文件夹的不同文件夹中，注意两个文件不能都安装在 Java 文件夹的根目录下，jdk 和 jre 安装在同一文件夹中会出错。

（3）配置环境变量

依次选择"桌面"→"计算机"→"属性"→"高级系统设置"→"高级"→"环境变量"，配置图如图 1-3 所示。新建或者编辑以下变量。如以下变量已经存在则在末尾追加内容，不存在则新建，追加时注意用"；"号与之前的隔开。

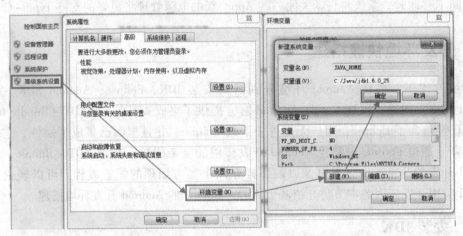

图 1-3　配置环境变量示意图

变量名 1：JAVA_HOME

变量值 1：C:\Java\jdk1.7.0_17（填写 JDK 安装路径）

变量名 2：Path

变量值 2：JAVA_HOME% \bin；C:\Java\adt − bundle − windows − x86\sdk\tools；C:\Java\adt − bundle − windows − x86\sdk\platform − tools

变量名 3：CLASSPATH

变量值 3（注意最前面的"."号，不能忽略）：

.；%JAVA_HOME% \lib\tools. jar；%JAVA_HOME% \lib\dt. jar；%JAVA_HOME% \lib；

（4）测试环境变量

按〈Windows + R〉组合键，运行 CMD 窗口程序，输入"java − version"命令，安装成功后出现信息如图 1-4 所示，如果安装不成功，将不会显示这些信息。

图 1-4　环境变量测试示意图

8

1.3.2 安装 ADT – Bundle for Windows

Android 提供了开发 Android 应用所需的 API 库和构建、测试与调试 Android 应用程序所需的开发工具，集成到 SDK 工具包中。Android SDK 工具包是通过 Eclipse 来开发 Android 应用程序的必要插件，是关联 Eclipse 和 Android SDK 的桥梁。所以，要通过 Eclipse 开发 Android 程序，安装 SDK 工具包是必不可少的一个步骤。

（1）下载 SDK 工具包

Android 下载 SDK 工具包的官网地址为 http://developer. android. com/sdk/index. html。从官网上下载符合读者操作系统的 android SDK 工具包 adt – bundle – windows – xxx。工具包里面包含了 Eclipse 和 SDK，Eclipse 中已经集成好了 ADT。解压缩 adt – bundle – windows – xxx 包到某个路径下，本书示例采用的路径是 C:\Java\adt – bundle – windows – x86，里面包含 eclipse、sdk 文件夹和 SDK Manager，如图 1–5 所示。

图 1–5　安装文件示意图

（2）安装 Android 包

运行 SDK Manager（也可以运行 eclipse/eclipse. exe，然后通过选择 Windows→Android SDK Manager 打开），对话框中会显示目前为止所有的手机 Android 开发版本，如图 1–6 所示。勾选想要开发的目标手机 Android 版本（建议全部勾上），然后单击 Install Package 按钮。

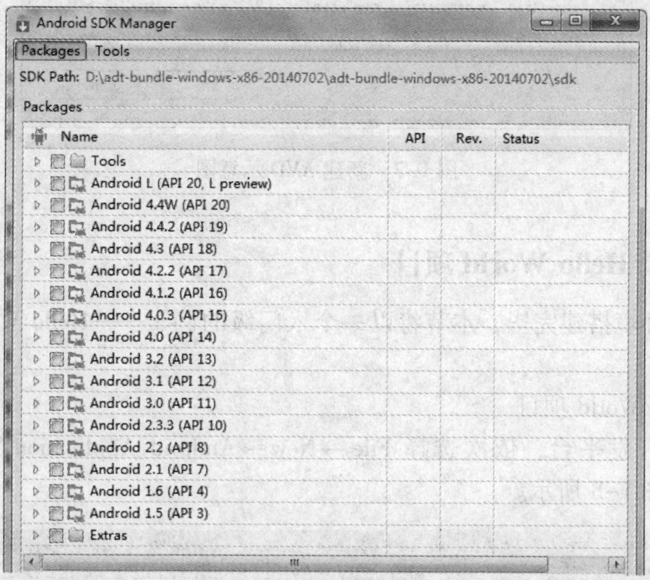

图 1–6　安装 SDK 工具包

（3）配置 Android 模拟器

下一步骤是配置 Android 模拟器。打开 Eclipse，依次选择 Windows 下的 Android Vrtual Device Manager，选择 create 选项，即可自选参数新建一个属于自己的模拟器，示例参数设置如图 1–7 所示。

至此，在 Windows 操作系统上的 Android 开发环境搭建工作已全部完成。

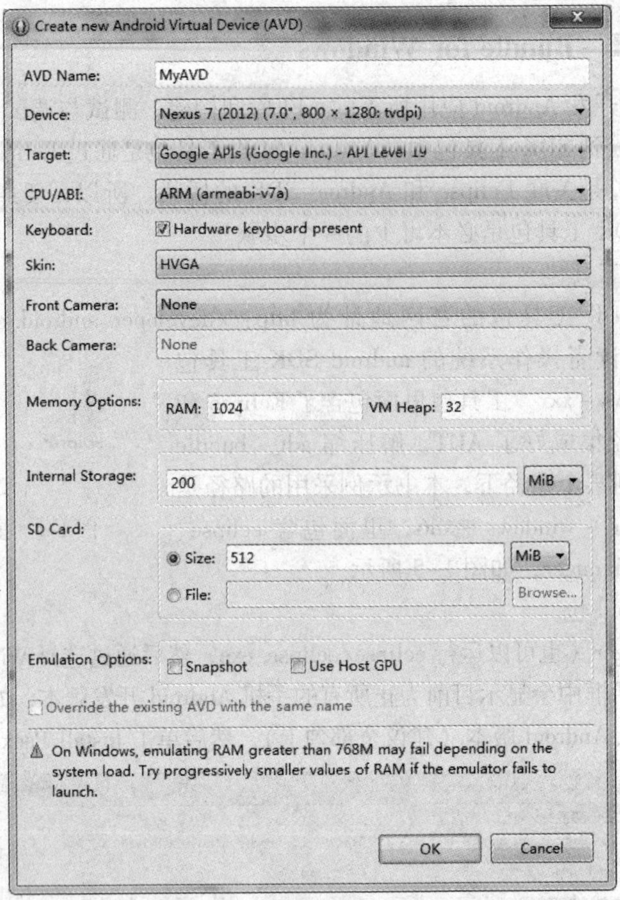

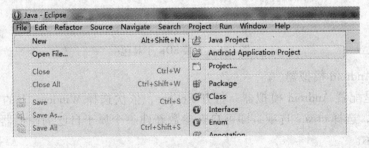

图 1-7 新建 AVD 示意图

1.3.3 创建一个 Hello World 项目

Android 开发环境搭建完毕，本节将以一个入门级的例子——Hello World 来阐述基本的 Android 开发步骤。

（1）新建 HelloWorld 项目

打开 Eclipse 开发平台，依次选择 File→New→Android Application Project，新建一个 Android 项目，如图 1-8 所示。

图 1-8 新建项目示意图

项目名取作 HelloWorld，其他参数可以自行设置或者采用默认值，如图 1-9 所示。之后，一直单击 Next 按钮，最后单击 Finish 按钮完成配置。

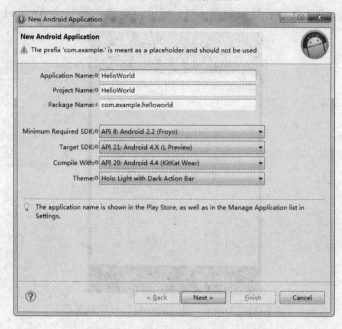

图 1-9　新建项目参数设置示意图

（2）新建项目结构

新建的 HelloWorld 项目结构如图 1-10 所示。主要包括资源文件 res 和 Java 程序文件 src 等。依次选择 res→layout→activity_main. xml，右侧窗口显示该文件渲染的页面，标题栏和内容框中均包含"Hello World"字样。

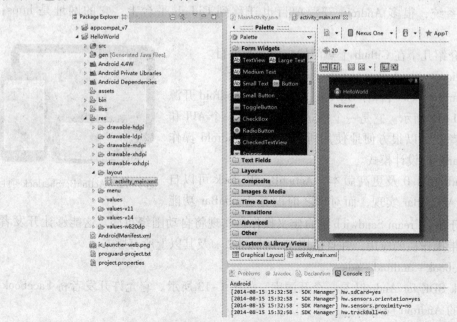

图 1-10　Android 项目结构示意图

（3）运行 HelloWorld 项目

右键单击 HelloWorld 项目，选择 Run As Android Application（第一次启动时可能速度较慢，需耐心等待）。成功启动后效果如图 1-11 所示，至此，第一个 Android 程序完成。

图 1-11　Android "HelloWorld" 程序效果图

1.4　Android 开源项目

Android 开发将继 Android 面世后带来新一轮热潮，很多开发者已投入这个热潮中，创造了许许多多相当优秀的应用。其中也有许许多多的开发者提供了应用开源项目，贡献出他们的智慧和创造力。学习开源代码是掌握技术的一个最佳方式。Github 是一个开源代码库以及版本控制系统，很多 Android 开源项目也迁移到 Github 平台上，它的网址是 https://github.com。

本节将介绍几个在 Github 上热门的应用开源项目。

（1）ActionBarSherlock

ActionBarSherlock 可称作 GitHub 上最热门的 Android 开源项目，如图 1-12 所示。它是一个独立的库，通过一个 API 和主题，开发者就可以很方便地使用所有版本的 Android 操作栏（Actionbar）的设计模式。

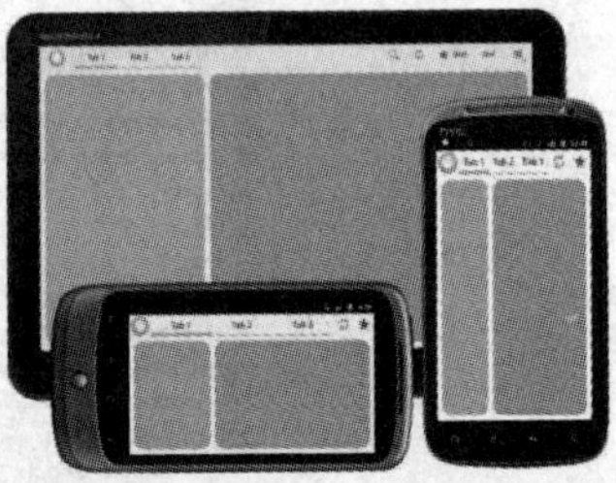

对于 Android 4.0 及更高版本，ActionBarSherlock 可以自动使用本地 ActionBar 实现，而对于之前没有 ActionBar 功能

图 1-12　ActionBarSherlock 项目

的版本，基于 Ice Cream Sandwich 的自定义操作栏实现将自动围绕布局。这能够让开发者轻松开发一款带操作栏的应用，并且适用于 Android 2.x 及其以上所有版本。

（2）facebook - android - sdk

Facebook SDK for Android 是一个开源库，如图 1-13 所示。它允许开发者将 Facebook 集成到所开发的 Android 应用中。

如果想要获取更多关于示例、文档、将 SDK 集成到 App（Application，应用程序）中、源代码等信息，可直接登录 Facebook Developers 查看。

（3）SlidingMenu（SlidingMenu Demos）

SlidingMenu 是一个开源的 Android 库，能够让开发者轻松开发一款应用，实现类似于 Google +、Youtube 和 Facebook 应用中非常流行的滑动式菜单。

使用 SlidingMenu 的 Android 应用有：

Foursquare，Rdio，Plume，VLC for Android，ESPN ScoreCenter，MLS MatchDay，9GAG，Wunderlist 2，The Verge，MTG Familiar，Mantano Reader，Falcon Pro（BETA），MW3 Barracks。

（4）Cocos2D – X

在移动开发领域，将 Cocos2D – X 用于主流 iOS/Android 系统游戏开发的公司、开发团队多不胜数。Cocos2D – X 是一个开源的支持多平台的 2D 游戏框架，图标如图 1–14 所示，使用 C ++ 开发，基于 Cocos2D – iphone，在 MIT 许可证下发布。主分支在 GitHub 上使用 OpenGL ES 2.0 渲染，而旧版 gles11 分支则使用 OpenGL ES 1.1 渲染。

图 1–13　face – android – sdk 开源库　　　　图 1–14　Cocos2D – X 游戏框架图标

Cocos2D – X 支持 iOS、Android、Windows Phone 8、Bada、BlackBerry、Marmalade、Windows、Linux 等多个平台。支持 C ++、Lua、JavaScript 编程语言。

（5）GitHub Android App

GitHub Android App 是 GitHub 开源的 Android 客户端，如图 1–15 所示，支持"Issues"、"Gists"，并集成了新闻"Feed"，能够让你及时跟进组织及关注的开发者、库等。同时，该应用还提供了一个用户快速访问你所创建、监控及发布"issue"的面板，可查看并将问题加入到收藏夹，可对标签、里程碑和任务进行过滤配置。程序网址 https://github.com/github/android。Android 资源库包含了 GitHub Android App 的所有源代码。

（6）Android – ViewPagerIndicator

ViewPager 指针项目，在使用 ViewPager 的时候能够指示 ViewPager 所在的位置，就像 Google Play 中切换的效果一样，还能使用在应用初始化的介绍页面。项目示例效果图如图 1–16 所示。

图 1–15　GitHub Android App　　　　图 1–16　Android – ViewPagerIndicator 项目

兼容 Android 支持库的 ViewPager 及 ActionBarSherlock，最初是基于 Patrik Akerfeldt 的 ViewFlow，开发者可以直接登录 Google Play 下载该项目的演示应用。

（7）MonoGame

MonoGame 是一个 Microsoft XNA 4. x Framework 的开源跨平台实现，图标如图 1-17 所示。用于让 XNA 开发者将他们在 Xbox 360、Windows & Windows Phone 上开发的游戏移植到 iOS、Android、Mac OS X、Linux 及 Windows 8 Metro 上，目前，PlayStation Mobile & Raspberry PI 的开发正在进行中。

图 1-17 MonoGame 图标

（8）Android-PullToRefresh

Android-PullToRefresh 项目用于为 Android 提供一个可重用的下拉刷新部件。它最初来源于 Johan Nilsson 的库（主要是图形、字符串和动画），但这些后来都已被取代。项目效果图如图 1-18 所示。

（9）android-async-http

android-async-http 是 Android 上的一个异步、基于回调的 HTTP 客户端开发包，建立在 Apache 的 HttpClient 库上。

（10）Android-Universal-Image-Loader

Android 上最让人头疼的莫过于从网络获取图片、显示、回收，任何一个环节有问题都可能直接导致项目的崩溃，这个项目正是解决这类问题的不二选择，项目示意图如图 1-19 所示。

图 1-18 Android-PullToRefresh 部件效果

图 1-19 Android-Universal-Image-Loader 项目

Universal Image Loader for Android 的目的是实现异步的网络图片加载、缓存及显示，支持多线程异步加载。它最初来源于 Fedor Vlasov 项目，之后经过大规模的重构和改进。

（11）GreenDroid

GreenDroid 最初是由 Cyril Mottier 发起，是一个 Android 的 UI 开发类库，能够让 UI 开发更加简便，并且在应用中始终保持一致。项目效果图如图 1-20 所示。

（12）Anki-Android

Anki-Android 是一个免费、开源的 Android 闪存应用，可直接从 Google Play 进行下载，应用的图标如图 1-21 所示。

图 1-20　Green - Droid 开发库

（13）Android - Actionbar

Action bar 是一个标识应用程序和用户位置的窗口功能，并且给用户提供操作和导航模式，示意图如图 1-22 所示。在大多数情况下，当开发者需要突出展现用户行为或在全局导航的 Activity 中使用 Action bar，因为 Action bar 能够使应用程序给用户提供一致的界面，且系统能够很好地根据不同的屏幕配置来适应操作栏的外观。

图 1-21　Anki - Android 应用图标

图 1-22　Android - Actionbar 功能

Action bar 的主要目的有 3 个方面。

- 提供一个用于识别应用程序的标示和用户位置的专用空间。
- 在不同的应用程序之间提供一致的导航和视觉体验。
- 突出 Activity 的关键操作，并且在可预见的方法内给用户提供快捷的访问。

（14）Android - ViewFlow

Android - ViewFlow 是 Android 平台上的一个视图切换的效果库，效果图如图 1-23 所示，ViewFlow 相当于 Android UI 部件提供水平滚动的 ViewGroup，使用 Adapter 进行条目绑定。

图 1-23　Android - ViewFlow 效果库

（15）Android - MapViewBalloons

当使用 Android 地图外部库（com. google. android. maps）时，Android - MapViewBalloons 会提供一个简单的方式来对地图覆盖进行标注，就是一个简单的信息气泡，效果图如图 1-24 所示。

它由 BalloonOverlayView 组成，是一个代表显示开发者的 MapView 及 BalloonItemize-dOverlay 的气泡的视图，BalloonItemizedOverlay 是 ItemizedOverlay 的一个抽象扩展。

（16）PushSharp

PushSharp 是一个向 iOS、Android、Windows Phone 和 Windows 8 系统设备发送推送通知的服务器端库，原理示意图如图 1-25 所示。

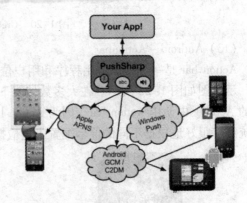

图 1-24　Android – MapViewBalloons 库　　　　图 1-25　PushSharp 服务器端库

（17）Android Annotations

Android Annotations 是一个开源的框架，用于加速 Android 应用的开发，可以让开发者把重点放在功能的实现上，简化了代码，提升了可维护性。

（18）HockeyKit

Hockey 是一个 iOS Ad – Hoc（点对点）自动更新框架，示意图如图 1-26 所示。苹果 App Store 中的所有 App 都可以使用它，它能够显著地提高 Beta 测试的整个过程，分为两部分：服务器和客户端框架。服务器组件需要所有脚本，但在没有客户端库的情况下，也可以单独工作。它提供一个 Web 接口，Beta 测试者可以使用它来安装最新的 AdHoc 配置文件，也可以直接在设备上通过 Safari 安装最新的 Beta 版本。

只需在服务器上安装一次服务端，就可以处理包标识符不同的多个应用程序（有开发者强烈建议对 Debug、Ad – Hoc Beta 和 AppStore 发布版本使用不同的包标识符）。

图 1-26　HockeyKit 自动更新框架

默认当 App 启动或唤醒时，客户端会从服务器检测更新，用户可以在设置对话框中进行修改：一天一次或手动检查更新。

除了支持 iOS，HokeyKit 也支持 Android 平台，不过 Android 版本还处在 Alpha 阶段，支持 OTA 及应用内更新。还为 HockeyKit 用户提供服务器托管服务。

（19）Android – Menudrawer

Android 上的菜单展示风格各异，其中用得最多且体验最好的莫过于左右滑动来显示隐藏的菜单，Android – Menudrawer 是一个滑动式菜单实现，允许用户在应用当中实现无缝导航。该项目具有多种菜单展示效果，其中最常见的就是通过屏幕边缘拖动或点击操作栏的"向上"按钮显示。

实现功能主要有 5 个方面。

- 菜单可以沿着 4 个边放置。
- 支持附加一个始终可见、不可拖动的菜单。
- 菜单的内容和整个窗口都可以隐藏。
- 可用于 XML 布局。
- 显示当前可见屏幕的指示器。

（20）Android – Flip

Aphid FlipView 是一个能够实现 Flipboard 翻页效果的 UI 组件，效果图如图 1–27 所示。

这些项目不仅提供了优秀的创意，也提供了掌握 Android 内核的接口使用方法，在接下来的章节里我们会着重介绍其中的几个项目。

图 1–27　Android – Flip UI 组件

小结

本章为 Android 发展历史与环境搭建介绍。本章突出了 Android 的开发特点和发展历程，旨在使读者对 Android 这个开发体系有一个大体了解，并且能够体会出其流行背后的本质特征。本章还介绍了 Android 环境快速搭建知识，作为 Android 开发的基础，环境搭建是 Android 入门第一关。环境搭建章节采纳了网络上最新最全的搭建知识介绍，经过编者的测试和改进，只要读者按照步骤进行，则能够快速地在自己的计算机上搭建 Android 开发平台。通过本章的学习，读者能够迅速对 Android 开发有一个整体的掌握，便于展开后面章节的系统学习。

习题

1. Android 虚拟设备的缩写是_____。
2. Android 开发工具插件（ADT）没有提供_____开发功能。
3. Android 平台由_____，_____，_____和_____组成。
4. Android 平台提供了_____的图形支持，数据库支持_____。
5. 目前已知的可以用来搭建 Android 开发环境的系统有_____，_____，_____等。
6. Android SDK 主要以_____语言为主。
7. 创建工程时需要填写的信息名称包括：_____，_____，_____，还有_____。
8. Android 软件框架结构自上而下分为哪些层？
9. 简述 Android 应用程序结构是哪些？
10. Android 的底层库包含哪些？
11. 请列举出 Android 如此受欢迎的本质特性。
12. 请列举 Android 的发展历程。

第2章　Java 语言基础

Java 是一种可以编写跨平台应用软件的面向对象的程序设计语言，由 Sun 公司的 James Gosling 和同事们共同研发，是于 1995 年 5 月推出的 Java 面向对象程序设计语言（以下简称 Java 语言）和 Java 平台的总称。

Java 语言自面世之后发展迅猛，广为流行，对 C++ 语言构成了有力的冲击。一方面，Java 技术具有卓越的通用性、高效性、平台移植性和安全性，广泛应用于个人 PC、数据中心、游戏控制台、科学超级计算机、移动电话和互联网，并且拥有全球最大的开发者专业社群。另一方面，Java 拥有跨平台、面向对象、泛型编程的特性，广泛应用于企业级 Web 应用开发和移动应用开发。在全球云计算和移动互联网的产业环境下，Java 更具备了显著优势和广阔前景。

本章重点：

- Java 概述及环境配置流程。
- Java 基本语法知识及语言特性。
- Java 中的数组和几种控制结构语句。
- Java 中的多线程与输入输出流机制。

2.1　Java 概述及环境配置

Java 最初被称为 Oak，是 1991 年为消费类电子产品的嵌入式芯片而设计的。1995 年更名为 Java，并重新设计用于开发 Internet 应用程序。Java 程序的开发平台是 JDK，运行环境是 JRE，环境配置简单易行，是深受开发者喜爱的一种开发语言。

1. Java 概述

Java 是印度尼西亚爪哇岛的英文名称，因盛产咖啡而闻名。Java 语言中的许多库类名称，多与咖啡有关：如 JavaBeans（咖啡豆）、NetBeans（网络豆）以及 ObjectBeans（对象豆）等。Sun 和 Java 的标识也正是一杯正冒着热气的咖啡。

Java 由 4 方面组成：

- Java 编程语言。
- Java 文件格式。
- Java 虚拟机（JVM）。
- Java 应用程序接口（Java API）。

Java 分为 3 个体系：

- Java SE（J2SE）（Java2 Platform Standard Edition，Java 平台标准版）。
- Java EE（J2EE）（Java2 Platform Enterprise Edition，Java 平台企业版）。

● Java ME（J2ME）（Java 2 Platform Micro Edition，Java 平台微型版）。

Java 语言的特点众多，最具代表性的有：简单有效、可移植性、面向对象、解释型、适合分布式计算、较好的性能、健壮且防患于未然、多线程处理能力、较高的安全性，是一种动态语言，是一种中性结构。

📖 Java 最重要的特点就是可移植性，可移植性是指一个程序可以同时在多个平台上执行。要体现可移植性就必须要利用 JVM，JVM 就是 Java Virtual Machine——Java 虚拟机。JVM 是一种用于计算设备的规范，它是一个虚构的计算机，是通过在实际的计算机上仿真模拟各种计算机功能来实现的。

2. Java 环境配置（基于 Windows 操作系统）

基于 Windows 操作系统的 Java 环境配置步骤如下。

1）到 http://www.oracle.com/technetwork/java/javase/downloads/index.html 上下载读者操作系统所需要的 JDK 版本。JDK 是 Java 的开发平台，在编写 Java 程序时，需要 JDK 进行编译处理；JRE 是 Java 程序的运行环境，包含了 JVM 的实现及 Java 核心类库，编译后的 Java 程序必须使用 JRE 执行。在下载的 JDK 安装包中集成了 JDK 与 JRE，所以在安装 JDK 过程中会提示安装 JRE。安装介绍参见本书 1.3.1 安装 JDK 小节。

2）运行下载的 .exe 安装文件，按照提示进行安装，一般情况下将其安装到 C 盘中，安装好之后就是环境配置环节。

3）右键单击"计算机"，依次选择"属性"→"高级系统设置"→"环境变量"，在系统变量中添加 Java 系统变量；具体操作是在"系统变量"区域新建变量名为"JAVA_HOME"的变量，变量值为 JDK 的安装路径，如"C:/Java/jdk1.6.0_25；"接着将 JAVA_HOME 添加到系统变量 Path 之中，方法是编辑打开系统变量 Path，在原有的变量值前添加双引号内的代码"%JAVA_HOME%/bin；"，其中的分号起分隔作用，不可缺少。具体的操作示意图如图 2-1 所示。

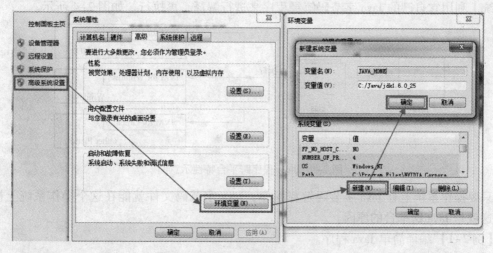

图 2-1　Java 环境变量设置示意图

4）完成 JDK 的安装与配置后，按下〈Windows + R〉组合键运行 CMD 窗口，输入"java - version"，看是否配置正确，如图 2-2 所示。

图 2-2　Java 配置查验方法示意图

5）接下来，下载 Java 开发的 IDE – Eclipse，登录 http://www.eclipse.org/downloads/，如图 2-3 所示，下载最新版本的 Eclipse，进行解压安装，至此 Java 安装过程完成。

图 2-3　IDE – Eclipse 下载示意图

2.2　Java 编译与运行

Java 和 C 语言都是指令式语言，但是 Java 是面向对象的语言，而且支持跨平台，不同的操作系统都可以通过 JVM 来解释 Java 数据，而 C 语言是和平台相关的，有些指令只能在特定的操作系统中才能执行。

编写一个 C 程序时，程序文件的扩展名为 .c，在经过 C 编译程序后它就变成了 .exe 的 Windows 可执行文件，直接在操作系统上执行就可以。

但是编写一个 Java 程序时，程序文件的扩展名为 .java，在经过 Java 编译程序后它就生成了 Java 字节码文件，扩展名为 .class。执行的时候是在 Java 虚拟机上面执行，在不同的操作系统上利用它自己的 Java 字节码解释程序来进行解释，再执行。如图 2-4 所示。

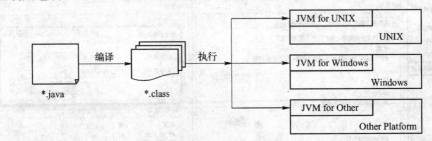

图 2-4　Java 程序跨平台特性示意图

只要操作系统上有 Java 字节码解释程序，Java 字节码文件就能在这个操作系统上被执行，这就是 Java 跨平台的原因。

【例 2-1】编译简单 Java 程序。

在 D 盘下创建一个 javaworkspace 文件夹，用于放置编写 Java 的源程序。

首先新建一个文本文档 test1，改变其扩展名为 java，如图 2-5 所示。

图 2-5　新建 Java
文件示意图

双击文件进入编辑窗口，输入"class test{}"命令并保存。接着进入 CMD 命令窗口，首先输入"D:"，进入 D 盘，再输入"cd javaworkspace"命令进入该文件夹，如图 2-6 所示。

输入"javac test1. java"命令，对该 Java 文件进行编译，如图 2-7 所示。

```
C:\Users\Administrator.pc-201408150903>d:

D:\>cd javaworkspace

D:\javaworkspace>
```

```
D:\javaworkspace>javac test1.java
```

图 2-6　命令窗口进入 Java 文件所在文件夹示意图 　　图 2-7　编译 Java 文件示意图

此时文件夹中生成了 test1. class 文件，如图 2-8 所示，一个 class 文件即代表了一个类。每个 class 的名字都是它所代表的类的名字，若有多个 class 的类则会生成多个 class 文件。

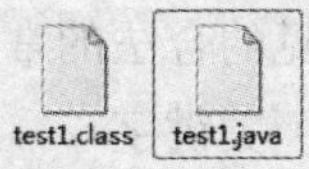

接下来编写一个最常见的 HelloWorld 程序，编写 HelloWorld. java 文件，编写如下代码。

图 2-8　Java 文件编译
结果示意图

```
public class HelloWorld{
    public static void main(String[] args){
        System. out. println("Hello! World");
    }
}
```

main 函数为整个程序的入口，println 函数是输出字符的函数，也可以使用 print 函数。但是，print 函数不换行而 println 函数换行，若想换行则使用"\n"，这与 C 语言都类似。

接下来进行编译，在命令行输入"javac HelloWorld. java"命令，再输入"java HelloWorld"命令进行解释运行，因为它解释的是这个类的字节码程序，所以不在后面加扩展名，这点一定要清楚。

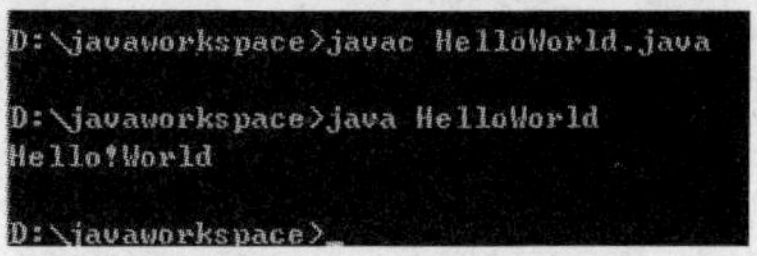

```
D:\javaworkspace>javac HelloWorld.java

D:\javaworkspace>java HelloWorld
Hello!World

D:\javaworkspace>_
```

最后在控制台中输出了"Hello! World"，如图 2-9 所示。

图 2-9　Java 文件运行示意图

Sun 公司在网站上提供了 JDK 的文档，读者可以自行下载学习。

2.3　Java 基本语法

本节将先介绍在 Eclipse 开发平台编写和运行一个简单的 Java 程序，然后从 Java 语言的基本元素、数据类型、运算符和表达式、类型转换、函数、this 和 super、抽象类、接口、包和异常这 10 个方面，由浅入深地介绍 Java 的基本语法特性。

2.3.1　基本元素和数据类型

1. 基本元素

Java 语言包含标识符、关键字、运算符和分隔符等元素。这些基本的语言元素构成了 Java 的语言精髓，掌握基本语言元素与掌握 Java 语言有着重要联系。

（1）标识符

在 Java 中，变量及类和方法都需要一定的名称，这个名称就叫作标识符。所有的标识符都必须是以字母、下划线或者美元符号"$"开头的一串字符，后面的字符可以包含字母、下划线、"$"和数字。

标识符是开发者自定义的名字，因此可以遵守规则任意取，但是 Java 通常有一个命名的约定：常量用大写字母，变量用小写字母开始（如果一个变量名由多个单词构成则除了第一个单词后面的单词都以大写字母开始），类以大写字母开始。下划线通常用于常量名的单词分割。

常见的合法的变量名：myScore，$lastname，cost_price，city，City。

常见的合法的常量名：PI，FEMALE，MALE。

（2）关键字

关键字是 Java 语言本身定义的标识符，开发者不得再以关键字定义标识符。如 public、for、while、boolean 等。

（3）运算符

运算符指明对操作数的运算方式，Java 语言的运算符和其他语言类似，在此不再赘述。

（4）分隔符

分隔符包括注释符，回车，换行等符号。Java 的注释可以使用双斜杠"//"和"/ *… . */"注释的方法。

2. 数据类型

Java 是严格区分数据类型的语言，在定义变量前必须先声明变量的数据类型。数据类型说明了常量、变量和表达式的性质，只有数据类型相同的常量、变量才能进行运算。

Java 的数据类型可以分为基本数据类型和引用数据类型，粗略分类如图 2-10 所示。

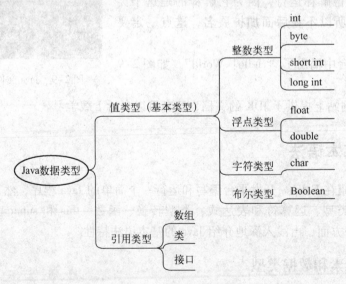

图 2-10　Java 数据类型划分

Java 定义了 8 种基本数据类型，如表 2-1 所示。

表 2-1　Java 基本数据类型示意表

数据类型	名　称	位长/bit	默认值	取值范围
布尔型	boolean	1	false	true，false
字节型	byte	8	0	−128 ~ 127
字符型	char	16	'\u0000'	'\u0000' ~ '\uffff'
短整型	short	16	0	−32768 ~ 32767
整型	int	32	0	−2147483648 ~ 2147483647
长整型	long	64	0	−9223372036854775808 ~ 9223372036854775807
浮点型	float	32	0.0	−3.40E + 38 ~ 3.40E + 38
双精度型	double	64	0.0	−1.79E + 308 ~ 1.79E + 308

在 Java 中有 3 种方法表示整数：十进制，八进制，十六进制。

十进制是普通的定义方法，例如：int i = 100。

八进制在数字的前面放置一个 0，例如：int i = 011（值为 9）。

十六进制在数字的前面放置一个 0x 或者是 0X，例如：int i = 0X011（十进制值为 17）。

浮点字面值默认为 double，float 类型需要在字面值后面添加 f 或者是 F。

例如：double d = 0.314，float f = 0.314f。

布尔值只能定义为 true 或者是 false。

字符值 char 型的表示方法为单引号内的单个字符，为一个 16 位无符号整数，不能直接输入的字符可以使用转义字符\，如下所示。

```
char a = 'a'，char b = '\';
```

Java 转义字符表如表 2-2 所示。

表 2-2　Java 转义字符表

转义符	含　义
\f	换页（form feed），走纸到下一页
\b	退格（backspace），后退一格
\n	换行（new line），将光标移到下一行的开始
\r	回车（carriage return），将光标移到当前行的行首，但不移到下一行
\t	横向跳格（tab），将光标移到下一个制表符位置
\\	反斜线字符（backslash），输出一个反斜杠
\'	单引号字符（single quote），输出一个单引号
\"	双引号字符（double quote），输出一个双引号
\uxxxx	1 到 4 位十六进制数（xxxx）所表示的 Unicode 字符
\ddd	1 到 3 位八进制数（ddd）所表示的 Unicode 字符，范围在八进制的 000 ~ 377 之间

2.3.2　运算符和表达式

Java 的运算符代表着特定的运算指令，程序运行时将对运算符连接的操作数进行相应的运算，运算符和操作数的组合构成表达式，表达式代表着一个确定的数值。

运算符有 7 种，分别是：赋值运算符，算术运算符，关系运算符，条件运算符，逻辑运算符，位运算符，其他运算符。

赋值运算符有以下几种。

- =：右边数赋给左边变量。
- +=：左右两边数相加，结果赋给左边变量。
- -=：左右两边数相减，结果赋给左边变量。
- *=：左右两边数相乘，结果赋给左边变量。
- /=：左右两边数相除，结果赋给左边变量。
- %=：左右两边数相除，余数赋给左边变量。

算数运算符有以下几种： +， -， *， /， ++， --，%。

关系运算符有以下几种： >， <， >=， <=， ==，!=。

条件运算符，形式为 a? b： c。若条件表达式 a 是真的那么就执行结果 1，否则就执行结果 2。条件表达式可以取代简单的二分支结构，书写简单并有较快的运算速度。

逻辑运算符有以下几种：!（逻辑非），&&（逻辑与）, ‖（逻辑或），^（逻辑异或），&（布尔逻辑与），|（布尔逻辑或）。

下面将通过编写一个程序来说明关系运算符和逻辑运算符的使用方法。

```java
public class Test2 {
    public static void main(String[] args)
    {
        int a = 1,b = 2,c = 3,d = 4;
        boolean e;
        e = a < b;
        System. out. println(a + b + c + d);
        if(d!=0)
            System. out. println("d!=0");
        if(e)
            System. out. println("a < b");
        System. out. println(a > b? c:d);
    }
}
```

输出结果如图 2-11 所示。

```
10
d!=0
a<b
4
```

图 2-11　Java 关系运算符和逻辑运算符程序结果图

程序第一行输出的为 "a+b+c+d" 的值，即 "1+2+3+4=10"；程序第二行的输出受 "d!=0" 这个判断语句影响，若该语句为真，输出 "d!=0"，若为假则不输出任何语句，因为 d 的值为 4，所以此语句为真，进行输出；同理，程序第三行的判断语句 "e" 为真，所以输出 "a < b"；程序第四行的输出为一个条件运算符控制的语句 "a > b? c:d"，若 "a > b" 为真，则输出 c 的值，否则输出 d 的值，由于 a = 1,b = 2，所以 "a > b" 的判断语句为假，输出 d 的值，即输出 4。

除了以上介绍的分类运算符还有一些其他运算符，例如：

- （）表示优先运算。
- . 表示分量运算符，用于对象属性或方法的引用。
- [ ]是下标运算符，用于引用数组元素。
- instanceof 是对象运算符，用来测试一个对象是否是一个指定类。

这些运算符同在一个表达式是有它们的优先级的，表 2-3 由高到低列出了运算符的优先级，同一行中运算符的优先级相同。

表 2-3　Java 文件运算优先级列表

优 先 级	运 算 符	结 合 性
1	（）[ ]	从左向右
2	! +（正）-（负）~ ++ --	从右向左
3	*/%	从左向右
4	+（加）-（减）	从左向右
5	<< >> >>>	从左向右
6	<<= > >= instanceof	从左向右
7	== !=	从左向右
8	&（按位与）	从左向右
9	^	从左向右
10	|	从左向右
11	&&	从左向右
12	||	从左向右
13	?:	从右向左
14	= += -= * = / = % = & = | = ^= ~ = <<= >>= >>>=	从右向左

当程序员无法确定某种运算次序的时候，可以用加括号的方式明确为编译器指定运算次序。

2.3.3　类型转换和函数

1. 类型转换

Java 类型转换分为自动类型转换和强制类型转换。自动类型转换又称为隐式类型转换。比如：

```
byte a = 100;
int x = a;
```

这段代码把一个 byte 型的变量赋给一个 int 型的变量，在运行时是没有错误的，由此证明了代码运行中发生了自动的类型转换。int 型变量有 4 个字节，byte 型变量有 1 个字节。在赋值时，程序会将 byte 变量的值取出来，放入 int 变量的最低字节，将高的 3 个字节的值赋为 0。这种类型转换称作自动类型转换。

但是如果反过来将 int 变量的值直接赋给 byte 变量，则会出错，因为 byte 变量没有足够的字节来容纳 int 变量。如果确定 int 变量的值小于 byte 变量所表示的值，那么直接将 int 变量的高位字节抛弃，这时候就可以使用强制类型转换，如下所示。

```
int x = 100;
byte b = (byte)x;
```

但是这样做是有风险的，很有可能丢失字节。

变量的精度由低到高为 byte、short、int、long、float、double、char。低精度的变量可以隐式转换为高精度的，但是由高到低就得强制类型转换。

注意：两个 char 型运算时，自动转换为 int 型；当 char 型与别的类型运算时，也会先自动转换为 int 型的，再做其他类型的自动转换。

2. 函数

函数就是定义在类中的具有特定功能的一段独立子程序，也称为方法。如前面提到的 main( )函数。

注意：函数是定义在类中的，不能在函数中定义函数。

函数的基本格式为：

```
修饰符 返回值类型 函数名(参数类型 形式参数 1, 参数类型 形式参数 2, …){
    执行语句;
    return 返回值;
}
```

格式说明如下。

- 修饰符：对函数的外加修饰，让函数具备更多的含义。
- 返回值类型：函数运行后，返回的结果的数据类型。
- 函数名：可自行定义，只要不和系统关键字等冲突。建议取有意义的名称，书写规范为动名词结合，若为多单词组合，则第一个单词首字母小写，后面的单词首字母大写，如 getSum，表示获取求和的值。
- 参数类型：是指形式参数的数据类型。
- 形式参数：是一个变量，用于存储调用函数时传递给函数的实际参数。
- 实际参数：传递给形式参数的具体数值。
- return：用于结束函数。
- 返回值：作为函数的处理结果返回给调用者，其数据类型必须与"返回值类型"一致。

定义函数是对功能代码的封装，便于功能代码的复用，函数的出现提高了代码的复用性。函数只有被调用才会被执行。

2.3.4 特殊关键字和抽象类

1. 特殊关键字

Java 中有 3 个特殊的关键字：null、this 和 super，它们的作用是表示特定的对象。其中，null 表示空对象，即对象暂时只被声明而非创建，在此不再过多介绍。this 表示当前对象本身，是对当前对象的一个引用。super 表示当前对象的直接父类对象，是对当前对象的直接父类对象的引用。当子类隐藏了父类的属性或者覆盖了父类的方法时，可借助 super. 来访问这些属性或方法。

下面通过实例对 this 和 super 进行介绍。访问一个类的实例变量时，this 关键词是指向这个类本身的指针，新建一个类叫作 ClassOne，增加构造函数如下。

```
public class ClassOne{
    int i;
    public ClassOne( ){
        i = 10;
    }
    public ClassOne( int value){
        this. i = value;
    }
    public void Add_i( int j){
        i = i + j;
    }
}
```

这里，this 指向 ClassOne 类的指针。如果在一个子类里覆盖了父类的某个成员函数，但又想调用父类的成员函数，读者可以使用 super 关键词指向父类的成员函数。

```
public class NewClass extends ClassOne{
    public void Add_i( int j){
        i = i + (j/2);
        super. Add_i( j);
    }
}
```

下面程序里，i 变量被构造函数设成 10，然后设成 15，最后被父类（ClassOne）设成 25。

```
mnc = new NewClass( );
mnc. Add_i( 10);
```

2. 抽象类

面向对象的一个最大优点就是能够定义怎样使用这个类而不必真正定义好成员函数。Java 作为一门面向对象的语言，自然也拥有抽象类这个结构。

抽象类即用 abstract 修饰的类，是一种没有具体实现的类，主要用于描述概念性的内容。抽象类在程序中由不同的开发者共同实现时是非常有用，不需要用户使用相同的成员函数名，只需要按各自的编程逻辑对抽象类进行实例化即可，这样提高了开发效率，更好地统一了用户接口。

在 Java 中 Graphics 类里一个 abstract 类的例子如下。

```
public abstract class Graphics{
    public abstract void drawLine( intx1, inty1, intx2, inty2);
    public abstract void drawOval( intx, inty, intwidth, intheight);
    public abstract void drawRect( intx, inty, intwidth, intheight);
    …
}
```

这段代码在 Graphics 类里声明了几个抽象类成员函数,这些成员函数都没有被定义,它们的实际代码是在子类中实现的。

📖 当一个类包含一个 abstract 成员函数,这个类必须定义为 Abstract 类。然而并不是 Abstract 类的所有的成员函数都是 abstract 的。Abstract 类不能有私有成员函数(它们不能被实现),也不能有静态成员函数。

2.3.5 接口和包

1. 接口

Abstract 成员函数在多个类的操作方式彼此相似的情况下作用很大。但使用这个成员函数时,必须创建一个新类,这样有时很烦琐。接口体现了一种抽象成员函数的有效方法,一个接口包含了在另一个地方实现的成员函数的集合。

成员函数在接口里定义为 public 和 abstract。接口里的实例变量是 public, static 和 final。接口和抽象的主要区别是一个接口提供了封装成员函数协议的方法而不必强迫用户继承类。

总的来说,接口名称与类的命名规则相同,通常首字母和单词字母大写。接口的修饰符与类的修饰符也相同,接口之间可通过 extends 实现继承关系,而且也可以实现多重继承。由于接口中定义的方法都是公共和抽象的,成员变量都是静态和公共的,因此修饰符 public, static 和 final 可以省略。

```
public interface AudiClip {
    //公共静态常量声明(根据情况可没有常量声明)
    void play();//公共抽象方法声明
    void loop();
    void stop();
}
```

定义接口的目的通常是实现多重继承,因此需要在类中采用 implements 方式实现一个或多个接口。例如,AudioClip 接口类的实现需要使用 implements 关键词来引用成员函数的程序代码。

```
class MyClass implements AudioClip{
    void play(){
        <实现代码>
    }
    void loop(){
        <实现代码>
    }
    void stop(){
        <实现代码>
    }
}
```

使用 implements 方法的优点是一个接口类可以被任意多的类实现,每个类可以共享程序接口而不必关心其他类是怎样实现的。

2. 包

包(Package)由一组类和接口组成。Java 引入包机制是为了更好地组织类。包是管理大型名字空间，避免名字冲突的重要工具。按照一般的习惯，其名字是由"."号分隔的单词构成，第一个单词通常是开发这个包的组织的名称。默认情况下，系统会为每个 Java 源文件自动创建一个没有名字的包，该文件中定义的各种类都属于这个无名包，而且能够互相引用，但是这个包不能被其他包中的类所引用。

例如，采用 package 语句定义一个编译单元的包，编译单元的第一行必须无空格，也无注释。其格式如下所示。

```
package packageName;
```

若编译单元无 package 语句，则该单元被置于一个默认的无名的包中。

使用其他包中的类和界面：在 Java 语言里有一个包可以使用另一个包中类和接口的定义与实现的机制。用 import 关键词标明来自其他包中的类。

一个编译单元可以自动把指定的类和接口输入到它自己的包中。在一个包中的代码可以有两种方式定义来自其他包中的类和接口：在每个引用的类和接口前面给出它们所在的包的名字；前缀包名法，即使用 import 语句，引入一个类或一个接口，或包含它们的包，引入的类和接口的名字在当前的名字空间可用。

引入一个包时，则该包所有的公有类和接口均可用。其形式如下所示。

```
//从 acme. project 引入所有类
import acme. project. * ;
```

这个语句表示 acme. project 中所有的公有类被引入当前包。

以下语句从 acme. project 包引入一个类 Employec_List。

```
//从 acme. project 引入 Employee_List
import acme. project. Employee_list;
Employee_List obj = new Employee_List( );
```

在使用一个外部类或接口时，必须要声明该类或接口所在的包，否则会产生编译错误。

引用类包用 import 关键词调入，指定 package 名字如路径和类名，用 * 匹配符可以调入多于一个类名。

```
import java. Date;
import java. awt. * ;
```

如果 Java 源文件不包含 package，它放在默认的无名 package。这与源文件同目录，类可以这样引入：import MyClass。

（1）java 系统包

Java 语言里提供了一个包含窗口工具箱，实用程序，一般 I/O，工具和网络功能的包。

（2）java. applet

这个包包含了一些用于设计 applet 的类，Applet 包中有 3 个接口：AppletContext，AppletStub 和 AudioClip。

（3）java. awt

这是另外一个窗口工具箱包。Java. awt 包里包含了一些用于产生装饰物和 GUI 成员的类。这个 package 包括：Button，Checkbox，Choice，Component，Graphics，Menu，Panel，TextArea 和 TextField。

（4）java. io

这个包包含文件输入/输出类，里面有 FileInputStream 和 FileOutputStream。

（5）java. lang

这个包包含 Java 语言类，包含：对象，线程，异常出口，系统，整数，原点，字符等。

（6）java. net

这个类支持 TCP/IP 网络协议，并包含 Socket 类，URL 和 URL 相关联的类。

（7）java. util

这个类包含一些与系统程序同步的类，包含 Date，Dictionary 类等。

2.3.6 异常与处理

Java 程序中运行时出现的错误被称为异常。异常可分为两大类：编译时异常（错误）和运行时异常。

编译时异常一般是指语法错误，可以通过编译器的提示加以修正，这里不予讨论；运行时异常包括运行错误（如数组下标越界，除数为 0 等）和逻辑错误（如年龄超过 200 岁等）。

异常产生通常有以下几个原因。

1）系统资源不可用：如内存分配失败，文件打开失败，数据源连接失败等。

2）程序控制不当：如被零除，负数开方，数组下标越界等。

当异常发生时，程序一般会做出如下反应：

1）发生异常的部分产生系统定义的错误信息。

2）程序意外终止，并将控制权返回操作系统。

3）程序中所有已分配资源的状态保持不变，这样处理的弊端是将导致资源泄露。

Java 异常处理通过 5 个关键字来实现：try，catch，throw ，throws，finally。具体的异常处理结构由 try，catch，finally 块来实现。try 块存放可能出现异常的 Java 语句，catch 块用来捕获发生的异常，并对异常进行处理。finally 块来清除程序中未释放的资源。不管 try 块的代码如何返回，finally 块都总是被执行。

【例 2-2】典型处理异常代码。

```
public String getPassword(String userId) throws DataAccessException{
    String sql = "select password from userinfo where userid ='" + userId + "'";
    String password = null;
    Connection con = null;
    Statement s = null;
    ResultSet rs = null;
    try{
        con = getConnection();//获得数据连接
        s = con. createStatement();
        rs = s. executeQuery(sql);
```

```
            while( rs. next( ) ) {
                password = rs. getString( 1 ) ;
            }
            rs. close( ) ;
            s. close( ) ;

        }
        Catch( SqlException ex) {
            throw new DataAccessException( ex) ;
        }
        finally {
            try {
                if( con! = null) {
                    con. close( ) ;
                }
            }
            Catch( SQLException sqlEx) {
                throw new DataAccessException( "关闭连接失败!" , sqlEx) ;
            }
        }
        return password ;
}
```

可以看出 Java 的异常处理机制具有以下几点优势。

- 给错误进行了统一的分类，通过扩展 Exception 类或其子类来实现。从而避免了相同的错误可能在不同的方法中具有不同的错误信息。在不同的方法中出现相同的错误时，只需要 throw 相同的异常对象即可。

- 获得更为详细的错误信息。通过异常类，可以给异常更为详细，对用户更为有用的错误信息，以便于用户进行跟踪和调试程序。

- 把正确的返回结果与错误信息分离。降低了程序的复杂度。调用者无需对返回结果进行更多的了解。

- 强制调用者进行异常处理，提高程序的质量。当一个方法声明需要抛出一个异常时，那么调用者必须使用 try，catch 块对异常进行处理。当然调用者也可以让异常继续往上一层抛出。

2.4　Java 中的数组

数组是一组相关数据的集合，一个数组实际上就是一连串的变量，数组按照使用可以分为一维数组、二维数组、多维数组。数组是根据数组名和下标来确定数组中的元素，使用时要先声明后创建。

2.4.1　一维数组

数组是 Java 语言中的特殊数据类型，它保存着能通过下标索引来引用的一组类型数据。一维数组指一个线性数据排列，这些数据的类型是完全相同的，声明数组有以下两种形式：

1）数据类型 数组名［］= null，例如 int a［］。

2）数据类型 ［］数组名 = null，例如 int［］a。

Java 在数组的定义中并不为数组元素分配内存，因此"［］"中不用指出数组元素的个数，但是若不指出，则暂时不能访问这个数组的任何元素。

定义数组后，还必须为数组分配内存和初始化，主要有以下两种形式。

1）使用运算符 new 来分配内存并赋值，格式为：数组名 = new 数据类型［长度］，例如：int a［］= new int［5］。

2）直接给数组赋值并定义数组的大小，初值必须使用大括号括起来，例如：int a［］= |1,2,3,4,5|；

2.4.2 二维数组

如果把一维数组当作几何中的一条线图形，那么二维数组就相当于一个表格。

二维数组声明的方式和一维数组的类似，内存分配也是使用 new 这个关键字，声明与分配内存的格式如下。

（1）动态初始化

动态初始化有 4 个主要的操作方式。

- 数据类型 数组名［］［］。
- 数组名 = new 数据类型［行的个数］［列的个数］。
- 数据类型 数组名［］［］= new 数据类型［行的个数］［列的个数］。
- 还可以分别为每一维分配空间。

（2）静态初始化（直接为每一维分配空间）

```
int intArray［］［］= || 1,2|,|2,3|,|3,4,5||；
```

Java 语言中，由于把二维数组看作是数组的数组，数组空间不是连续分配的，所以不要求二维数组每一维的大小相同。

对二维数组中的每个元素，引用方式为：arrayName［index1］［index2］。例如：num［1］［0］。

int score［］［］= new int［4］［3］，在这段代码中，整体数据 score 可保存的元素是 4 * 3 = 12 个，在 Java 中，int 数据类型所占用的空间为 4 个字节，因此该整型数组占用的内存共为 4 * 12 = 48 个字节。

2.5 Java 中的几种控制结构语句

Java 中主要有以下几种控制结构语句：顺序结构、选择分支结构、循环结构和跳转语句。

（1）顺序结构即语句按编写时的顺序一条接一条的执行

（2）选择结构分为 if 选择结构和 switch 选择结构

- if 选择结构。

```
    if(逻辑值)
    {
        语句;
    }
```

- if/else 选择结构。

```
    if(逻辑值)
    {
        语句;
    }
    else
    {
        语句;
    }
```

- switch 结构。

```
    switch{表达式}
    {
    case value1 :
        语句;
    break;
    case value2 :
        语句;
    break;
    …
    …
    default:
        语句;
    }
```

（3）循环结构分为 while 循环和 for 循环。

- while 循环结构。

```
    while(逻辑值)
    {
        语句;
    }
```

- do/while 循环结构。

```
    do
    {
        语句;
    } while(逻辑值)
```

● for 结构。

```
for(表达式1;表达式2;表达式3)
{
    语句;
}
```

（4）在 Java 中支持 3 种跳转语句：return、break 与 continue

● return 语句用于方法的返回，当程序执行到 return 时终止当前方法的执行，返回到调用这个方法的语句。return 语句通常位于一个方法体的最后一行，有带参数和不带参数两种形式，带参数形式的 return 语句退出时还会返回一个值。当方法用 void 声明时则不需要返回值，这时候 return 语句也可以省略，程序执行到最后时自动退出并返回。

● break 语句在循环中用于跳出本层循环（结束循环），进入结构后的下一条语句。在 switch 中跳出 switch 结构。

● continue 语句用于跳出本次循环，进入下一次循环，并从循环体的第一个语句开始执行。

break 与 continue 还能结合标签使用，但它们使用标签是有限制的，不像以前的 goto 语一样灵活。break 与 continue 使用标签提高了循环结构的灵活性。

2.6 JDK5 之后 Java 的新特性

JDK5（开发代号猛虎）的一个重要主题就是通过新增一些特性来简化开发，这些特性包括：泛型，for – each 循环，自动装包/拆包，枚举，可变参数，静态导入，C 风格的格式化 I/O，并发实用程序以及更简单的远程方法调用（RMI）接口生成。

javac 编译器执行的默认语言规范是版本 1.4。这意味着如果想要利用以下语言变化的任何好处，需要向 javac 命令传递参数 " – source 1.5"。使用这些特性有助于读者编写更加清晰、精悍、安全的代码。

2.6.1 泛型

C ++ 通过模板技术可以指定集合的元素类型，而 Java 在 1.5 版本之前一直没有相对应的功能。一个集合可以放任何类型的对象，相应地从集合里面拿对象的时候也不得不对它们进行强制的类型转换。Java5 引入了泛型，它允许指定集合里元素的类型，这样可以得到强类型在编译时刻进行类型检查的好处。

1. 带参数的泛型方法

除了泛型类型，Java5 还引入了泛型方法。在这个来自 java. util. Collections 的例子中，它构造了一个单元素列表。新的 List 的元素类型是根据传入方法的对象的类型来推断的。

```
static  < T >  List < T >  Collections. singletonList( To)
```

示例用法：

```
        public List < Integer > getListOfOne( ) {
            return Collections. singletonList(1) ;
        }
```

在示例用法中，编者传入了一个 int。方法的返回类型就是 List < Integer >。编译器把 T 推断为 Integer。这和泛型类型是不同的，因为通常情况下不需要显式地指定类型参数。

2. 不带参数的泛型方法

emptyList( )方法与泛型一起引入，作为 java. util. Collections 中 EMPTY_LIST 字段的类型安全置换。

```
        static  < T >  List < T >  Collections. emptyList( )
```

示例用法如下所示。

```
        public List < Integer > getNoIntegers( ) {
            return Collections. emptyList( ) ;
        }
```

与先前的例子不同，这个方法没有参数，那么编译器如何推断 T 的类型呢？基本上，它将尝试使用一次参数。如果没有起作用，它将再次尝试使用返回或赋值类型。在本例中，返回的是 List < Integer >，所以 T 被推断为 Integer。

如果在返回语句或赋值语句之外的位置调用泛型方法会怎么样呢？那么编译器将无法执行类型推断的第二次传送。在下面所示的例子中，emptyList( )是从条件运算符内部调用的。

```
        public List < Integer > getNoIntegers( ) {
            return x ? Collections. emptyList( ) : null ;
        }
```

因为编译器看不到返回上下文，也不能推断 T，所以它放弃并采用 Object。之后将看到一个错误消息，比如："无法将 List < Object > 转换为 List < Integer >。"

为了修复这个错误，应显式地向方法调用传递类型参数。这样，编译器就不会试图推断类型参数，可以获得正确的结果。方法如下所示。

```
        return x ? Collections. < Integer > emptyList( ) : null ;
```

这种情况经常发生的另一个地方是在方法调用中。如果一个方法带一个 List < String > 参数，并且需要为那个参数调用这个传递的 emptyList( )，那么也需要使用这个语法。

下文将介绍 3 个泛型类型的例子，它们不是普通的集合，而是以一种新颖的方式使用泛型。这 3 个例子都来自标准的 Java 库。

（1）Class < T >

Class 在类的类型上被参数化了。这就使无需类型强制转换而构造一个 newInstance 成为可能。

（2）Comparable < T >

Comparable 被实际的比较类型参数化。这就在 compareTo( ) 调用时提供了更强的类型化。例如，String 实现 Comparable < String >。对除 String 之外的任何东西调用 compareTo( )，都会在编译时失败。

（3）Enum < E extends Enum < E > >

Enum 被枚举类型参数化。一个名为 Color 的枚举类型将扩展 Enum < Color >。getDeclaringClass( ) 方法返回枚举类型的类对象，在这个例子中就是一个 Color 对象。它与 getClass( ) 不同，后者可能返回一个无名类。

2.6.2　for - each 循环

Java 的 for - each 循环机制提供了一种准确高效的集合遍历方式，避免了使用迭代器产生的混乱。Java1.4 及以前使用的是迭代器遍历的方法，而 1.5 及以后采用的是更为高效的 for - each 循环方法。表 2 - 4 列出了 Java5.0 与 1.4 循环方式的对照。

表 2-4　Java5.0 与 1.4 循环方式对照列表

5.0	1.4

for(type variable; array) {
　body
}
	for(int i = 0;i < array. length;i ++) {
	　type variable = array[i];
	　body
	}

for(type variable; arrayList) {
　body
}
	for(int i = 0;i < arrayList. size( );i ++) {
	　type variable = (type) arrayList. get(i);
	　body
	}

集合的遍历是一个非常麻烦而冗杂的过程，开发者应该考虑避免如下的代码。

```
void cancelAll( Collection < TimerTask >  c) {
    for( Iterator < TimerTask >  i = c. iterator( );i. hasNext( );)
        i. next( ). cancel( );
}
```

以上显示了迭代器产生的混乱，迭代变量每次循环要发生 3 次循环，因为有两次它都是错误的。因此 for - each 循环保证了所有的类型都是安全的，而且除去了混乱。

for - each 循环的加入简化了集合的遍历。遍历一个集合对其中的元素进行一些处理的典型的代码如下所示。

```
void processAll( Collection c) {
    for( Iterator i = c. iterator( ); i. hasNext( );) {
        MyClass myObject  =  ( MyClass)i. next( );
        myObject. process( );
    }
}
```

使用 for - each 循环，可将代码改写成：

```
void processAll( Collection c) {
    for( MyClass myObject ;c)
        myObject. process( );
}
```

这段代码要比上面清晰许多,并且避免了强制类型转换。

另外,有两点值得一提。

(1) 初始化表达式

在循环中,初始化表达式只计算一次。这意味着开发者通常可以移除一个变量声明。在这个例子中,编者创建一个整型数组来保存 computeNumbers( )的结果,以防止每一次循环都重新计算该方法。读者可以看到,下面的代码要比上面的代码整洁一些,并且没有泄露变量 numbers。

未增强的 for 循环:

```
int sum =0;
Integer[ ] numbers = computeNumbers( );
for( int i =0;i < numbers. length ;i ++ )
    sum + = numbers[i];
```

增强后的 for 循环:

```
int sum =0;
for( int number: computeNumbers( ))
    sum + = number;
```

(2) 局限性

有时需要在迭代期间访问迭代器或下标,看起来增强的 for 循环应该允许该操作,但事实上不是这样,请看下面的例子。

```
for( int i =0;i < numbers. length ;i ++ ) {
    if( i! =0)System. out. print( ",");
        System. out. print( numbers[i]);
}
```

若希望将数组中的值打印为一个用逗号分隔的清单。首先需要知道目前是否是第一项,以便确定是否应该打印逗号。使用增强的 for 循环是无法获知这种信息的。注意需要自己保留一个下标或一个布尔值来指示是否经过了第一项。

这是另一个例子:

```
for( Iterator < integer > it = n. iterator( );it. hasNext( );)
    if( it. next( ) <0)
        it. remove( );
```

在此例中,编者实现了从整数集合中删除负数项。为此,需要对迭代器调用一个方法,但是当使用增强的 for 循环时,迭代器是不可见的。因此,编者采用 Java5 之前版本的迭代方法。顺便说一下，这里需要注意的是，由于 Iterator 是泛型，所以其声明是 Iterator < Integer >。许多人都忘记了这一点而使用了 Iterator 的原始格式。

2.6.3 自动装箱/拆箱

自动装箱/拆箱大大方便了基本类型数据和它们包装类的使用。
- 自动装箱：基本类型自动转为包装类（int >> Integer）。
- 自动拆箱：包装类自动转为基本类型（Integer >> int）。

表2-5列出了Java5.0与1.4自动装箱/拆箱功能对照。

表2-5　Java5.0 与 1.4 自动装箱/拆箱功能对照表

5.0	1.4
Integer wrapper = n;	Integer wrapper = new Integer(n);
int n = wrapper;	int n = wrapper. intValue();

正如任何 Java 程序员都知道的，开发者不能把一个 int（或其他原始值）放进一个集合。集合只能容纳对象引用，所以必须把原始值装箱到适当的包装类中。把对象从集合中拿出来后，得到放进去的 Integer 对象；如果需要一个 int ，必须使用 intValue 方法拆箱这个 Integer。所有的这些装箱和拆箱是一种痛苦和冗余的代码。自动装箱和拆箱功能的自动化，消除了痛苦和混乱。

【例2-3】自动装箱和拆箱。

```
import java. util. * ;

//Prints a frequency table of the words on the command line
public class Frequency {
    public static void main(String[ ] args) {
        Map < String, Integer > m = new TreeMap < String, Integer > ();
        for(String word : args) {
            Integer freq = m. get(word);
            m. put(word,(freq == null? 1 : freq +1));
        }
        System. out. println(m);
    }
}

java Frequency if it is to be it is up to me to do the watusi
{be =1, do =1, if =1, is =2, it =2, me =1, the =1, to =3, up =1, watusi =1}
```

这段程序通过泛型和 for - each 循环的帮助，仅仅采用 10 行代码就实现了计算并按照字母顺序排列打印出现在命令行上的文字的功能。

2.6.4 枚举

JDK1.5 加入了一个全新类型的"类"——枚举类型。为此 JDK1.5 引入了一个新关键字 enum。enum 与 public、static、final、int 声明类似，后者作为枚举值已经使用了多年。对

int 所做的最大也是最明显的改进是类型安全——注意开发者不能错误地用枚举的一种类型代替另一种类型，这一点和 int 不同，所有的 int 对编译器来说都是一样的。除去极少数例外的情况，通常都应该用 enum 实例替换全部的枚举风格的 int 结构。

枚举提供了一些附加的特性。EnumMap 和 EnumSet 这两个实用类是专门为枚举优化的标准集合实现。如果知道集合只包含枚举类型，那么应该使用这些专门的集合来代替 Hash-Map 或 HashSet。

大部分情况下，可以使用 enum 对代码中的所有 public、static、final、int 做插入替换。它们是可比的，并且可以静态导入，所以对它们的引用看起来是等同的，即使是对于内部类（或内部枚举类型）。注意，比较枚举类型的时候，声明它们的指令表明了它们的顺序值。

定义枚举类型示例：

```
public enum Color
{
    Red,
    White,
    Blue
}
```

然后可以这样来使用 Color myColor = Color. Red。

枚举类型还提供了两个有用的静态方法：values( ) 和 valueOf( )。如下方式可以很方便地使用这两个方法。

```
for( Color c:Color. values( ) )
    System. out. println( c) ;
```

2.6.5 可变参数

可变参数使程序员可以声明一个接受可变数目参数的方法。注意，可变参数必须是函数声明中的最后一个参数。打印一些对象的简单方法示例如下。

```
util. write( obj1) ;
util. write( obj1,obj2) ;
util. write( obj1,obj2,obj3) ;
…
```

在 JDK1.5 之前，可用重载方式来实现相同功能，但是这样需要写很多的重载函数，显得不是很有效。表 2-6 列出了 Java5.0 与 1.4 可变参数对照。在 JDK1.5 之后，使用可变参数的方式，只需要一个函数就可实现相同的功能。

表 2-6　Java5.0 与 1.4 可变参数表

5.0	1.4
method(other params, p1,p2,p3)	method(other params, new Type[ ]｛p1,p2,p3｝)

Java5.0 可变参数实例。

```
public void write(Object…objs)  
    for(Object obj:objs)
        System. out. println(obj);
```

在引入可变参数以后，Java 的反射机制对于包的调用也更加方便了。下面是重载和可变参数方法对比。重载方法如下。

```
c. getMethod("test",new Object[0]). invoke(c. newInstance(),new Object[0])),
```

可变参数方法。

```
c. getMethod("test"). invoke(c. newInstance())
```

后者采用的代码比原来清楚了很多。

正确使用可变参数确实可以清理一些垃圾代码。典型的例子是一个带有可变的 String 参数个数的 log 方法。

```
Log. log(String code)
Log. log(String code, String arg)
Log. log(String code, String arg1, String arg2)
Log. log(String code, String[] args)
```

当讨论可变参数时，比较有趣的是，如果用新的可变参数替换前 4 个例子，将是可兼容的。

```
Log. log(String code, String… args)
```

所有的可变参数都是源兼容的——那就是说，如果重新编译 log() 方法的所有调用程序，可以直接替换全部的 4 个方法。然而，如果需要向后的二进制兼容性，那么就需要舍去前 3 个方法。只有最后那个带一个字符串数组参数的方法等效于可变参数版本，因此可以被可变参数版本替换。

2.6.6 静态导入

要使用用静态成员（方法和变量），开发者必须给出提供这个方法的类。使用静态导入可以使被导入类的所有静态变量和静态方法在当前类直接可见，使用这些静态成员无需再给出它们的类名。表 2-7 列出了 Java5.0 与 1.4 静态导入方法对照。

表 2-7　Java5.0 与 1.4 静态导入方法对照表

5.0	1.4
import static java. lang. Math; import static java. lang. System; …	System. out. println(Math. sqrt(Math. PI));
out. println(sqrt(PI))	

Java5 静态导入实例：

```
import static java. lang. Math. * ;
……
r = sin(PI * 2) ;   //无需再写 r = Math. sin(Math. PI) ;
```

📖 过度使用静态导入的特性会在一定程度上降低代码的可读性，请开发者慎用。

2.6.7 协变返回

协变返回的基本用法是用于在已知一个实现的返回类型比 API 更具体的时候避免进行类型强制转换。在下面这个例子中，有一个返回 Animal 对象的 Zoo 接口。这种实现方法返回一个 AnimalImpl 对象，但是在 JDK 1.5 之前，要返回一个 Animal 对象就必须做出如下声明。

```
public interface Zoo
{
    public Animal getAnimal( ) ;
}
public class ZooImpl implements Zoo
{
    public Animal getAnimal( ) {
        return new AnimalImpl( ) ;
    }
}
```

协变返回的使用替换了 3 个反模式。

1）直接字段访问，为了规避 API 限制，一些实现把子类直接暴露为字段。

```
ZooImpl. _animal
```

2）在知道实现的实际上是特定的子类的情况下，在调用程序中执行向下转换。

```
((AnimalImpl)ZooImpl. getAnimal( )). implMethod( ) ;
```

3）采用一个具体的方法，该方法用来避免由一个完全不同的签名所引发的问题。

```
ZooImpl. _getAnimal( ) ;
```

这 3 种模式都有它们的问题和局限性。要么是不够整洁，要么就是暴露了不必要的实现细节，在开发过程中开发者需斟酌使用。

2.6.8 类型强制转换

如果希望调用程序了解应该使用哪种类型的参数，那么应该避免用可变参数进行类型强制转换。看下面这个例子，第一项希望是 String，第二项希望是 Exception。

```
Log. log( Object… objects) {
    String message = ( String) objects[ 0 ] ;
    f( objects. length > 1 ) {
        Exception e = ( Exception) objects[ 1 ] ;
    // Do something with the exception
    }
}
```

方法签名应该如下所示，相应的可变参数分别使用 String 和 Exception 声明。

```
Log. log( String message, Exception e, Object… objects) {…}
```

不要使用可变参数破坏类型系统。需要强类型转换时才可以使用它。对于这个规则，PrintStream. printf( )是一个例外：它提供类型信息作为自己的第一个参数，以便稍后可以接受那些类型。

2.7 Java 中的多线程

多线程机制是 Java 语言的重要特色之一，指将一个程序的任务分为若干个子任务，多个子任务并发执行以提高整体运行效率。本节首先介绍单线程，然后介绍多线程，并重点解释多线程实现、控制与同步的机制。

2.7.1 进程和线程

进程（Process）是操作系统结构的基础；是一次程序的执行；是一个程序及其数据在处理机上顺序执行时所发生的活动。

线程（Thread）是在一个程序中，独立运行的程序片段，利用它编程的概念就叫作"多线程处理（Multithreading）"。具有多线程能力的计算机因有硬件支持而能够在同一时间执行多于一个线程，进而提升整体处理性能。

1. 单线程的情况

编写如下 Java 代码，测试单线程的运行情况。

```
public class ThreadDemo {
    public static void main( String[ ] args) {
        ThreadDemo2 t2 = new ThreadDemo2( ) ;
        t2. run2( ) ;
        while( true) {
            System. out. println( "1 is running…" ) ;
        }
    }
}
class ThreadDemo2 {
    public void run2( ) {
        while( true) {
            System. out. println( "2 is running…" ) ;
        }
    }
}
```

在控制台中运行 Java 代码程序，在控制台中的输出如图 2-12 所示。

```
2 is running...
2 is running...
2 is running...
2 is running...
2 is running...
2 is running...
2 is runn
```

图 2-12　Java 单线程示例效果图

这证明运行到 t2. run( ) 的时候程序就进入了循环，这时候就需要用到多线程。

2. 多线程

在 Java 中实现多线程有两种方法，一种是继承 Thread 类，另一种是直接实现 Runnable
接口。

（1）Thread 类

对于上例，实现代码如下。

```java
public class ThreadDemo {
    public static void main(String[ ] args) {
        ThreadDemo2 t2 = new ThreadDemo2( );
        t2. start( );
        while(true) {
            System. out. println("1 is running…");
        }
    }
}
class ThreadDemo2 extends Thread {
    public void run( ) {
        while(true) {
            System. out. println("2 is running…");
        }
    }
}
```

start( ) 函数是线程启动函数，它会调动线程类中的 run( ) 方法。

现在再次运行这个程序，在控制台中显示两个进程交替运行，如图 2-13 所示。

```
1 is running...
1 is running...
1 is running...
1 is running...
1 is running...
1 is running...
1 is running...
2 is running...
2 is running...
2 is running...
2 is running...
2 is running...
```

图 2-13　Java 多线程示例效果图

从上面的代码可以得知，启动一个新的线程，并不是调用 Thread 子类的 run( ) 方法，而
是调用它的 start( ) 方法，从而调动 run( ) 方法。

（2）Runnable 接口

Runnable 就是 Thread 的接口，在大多数情况下推荐使用接口编程，因为接口可以实现多继承。

但是在使用 Runnable 定义的子类中没有 start( )方法，只有 Thread 类中才有。因此可利用 Thread 的一个构造函数：public Thread(Runnablc targct)。

```java
public class ThreadDemo implements Runnable{
    private String name;
    public ThreadDemo(String name){
        this. name = name;
    }
    public void run( ){
        for(int i = 0;i < 100;i ++ ){
            System. out. println("线程开始:" + this. name + ",i = " + i);
        }
    }
    public static void main(String[ ] agrs){
        ThreadDemo t = new ThreadDemo("Thread");
        Thread a = new Thread(t);
        a. start( );
    }
}
```

最后在控制台显示如图 2-14 所示。

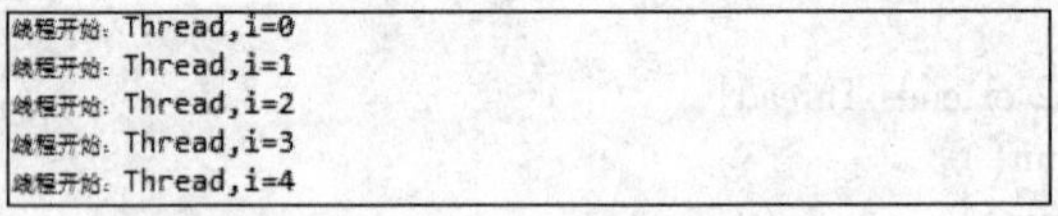

```
线程开始: Thread,i=0
线程开始: Thread,i=1
线程开始: Thread,i=2
线程开始: Thread,i=3
线程开始: Thread,i=4
```

图 2-14　Java 子线程示例效果图

从上面的代码可以得知，这段程序采用了 Runnable 的数据接口和 Thread 的构造函数，以此启动 start( )方法，从而调动 run( )方法完成线程的输出。

2.7.2　线程的同步

由于同一进程的多个线程共享同一片存储空间，在带来方便的同时，也带来了访问冲突这个严重的问题。Java 语言提供了专门机制以解决这种冲突，有效避免了同一个数据对象被多个线程同时访问。

由于开发者可以通过 private 关键字来保证数据对象只能被类成员方法访问，所以只需针对方法提出一套机制，这套机制就是 synchronized 关键字，它包括两种用法：synchronized 方法和 synchronized 块。

1. synchronized 方法

这种方法是通过在方法声明中加入 synchronized 关键字来声明 synchronized 方法。

```java
public synchronized void accessVal(int newVal);
```

synchronized 方法控制对类成员变量的访问，每个类实例对应一把锁，每个 synchronized

方法都必须获得调用该方法的类实例的锁方能执行，否则所属线程阻塞。

该方法一旦执行，就独占该锁，直到从该方法返回时才将锁释放，此后被阻塞的线程方能获得该锁，重新进入可执行状态。

示例如下。

```
public class ThreadDemo {
    public static void main(String[ ] args) {
        final Outputter output = new Outputter( );
        new Thread( ) {
            public void run( ) {
                output. output("hello") ;
            };
        }. start( ) ;
        new Thread( ) {
            public void run( ) {
                output. output("world") ;
            };
        }. start( ) ;
    }
}
class Outputter {
    public synchronized void output(String name) {
        for( int i = 0 ;i < name. length( ) ;i ++ ) {
            System. out. print( name. charAt(i)) ;
        }
    }
}
```

在这个例子中为了使大家能看清楚线程的执行，专门定义了一个 Outputter 类一个个地打印字符，看是否在打印的过程中被打断。若不将这个方法上锁，则可以预见到输出的字符会杂乱无章，读者可以做个试验，上锁后输出的结果如图 2-15 所示。

图 2-15　Java 线程执行打印内容效果图

这种机制确保了同一时刻对于每一个类实例，其所有声明为 synchronized 的成员函数中至多只有一个处于可执行状态，从而有效避免了类成员变量的访问冲突。

在 Java 中，不光是类实例，每一个类也对应一把锁，这样即可将类的静态成员函数声明为 synchronized，以控制其对类的静态成员变量的访问。

📖 synchronized 方法有一个缺陷：若将一个大的方法声明为 synchronized，则将会大大影响效率。典型地，若将线程类的方法 run( ) 声明为 synchronized，由于在线程的整个生命期内它一直在运行，因此将导致它对本类任何 synchronized 方法的调用都永远不会成功。当然读者也可以通过将访问类成员变量的代码放到专门的方法中，将其声明为 synchronized，并在主方法中调用来解决这一问题，但是 Java 为开发者提供了更好的解决办法——synchronized 块。

---

2. synchronized 块

通过 synchronized 关键字来声明 synchronized 块，语法如下。

```
synchronized(syncObject) {
    //允许访问控制的代码
}
```

synchronized 块是这样一个代码块，其中的代码必须获得对象 syncObject 的锁方能执行，具体机制同前所述。由于可以针对任意代码块，且可任意指定上锁的对象，故灵活性较高。

针对上面的例子，可以将代码改为下面的内容。

```
synchronized(this) {
    for(int i = 0; i < name. length( ); i + + ) {
        System. out. print(name. charAt(i));
    }
}
```

用这个类为这个块上锁，只有取得这个类对象才能开锁。

使用 synchronized 修饰的方法或者代码块的过程可以看成是一个原子操作。

2.7.3 线程的阻塞

1. 线程阻塞原因

阻塞指的是暂停一个线程的执行以等待某个条件发生（如某资源就绪）。阻塞的原因有以下几种：

1）线程执行了 Thread. sleep(int n)方法，线程放弃 CPU，睡眠 n 毫秒，然后恢复运行。

2）线程要执行一段同步代码，由于无法获得相关的同步锁，只好进入阻塞状态，等到获得了同步锁，才能恢复运行。

3）线程执行了一个对象的 wait( )方法，进入阻塞状态，只有等到其他线程执行了该对象的 notify( )或 notifyAll( )方法，才可能将其唤醒。

4）线程执行 I/O 操作或进行远程通信时，会因为等待相关的资源而进入阻塞状态。例如，当线程执行 System. in. read( )方法时，如果用户没有向控制台输入数据，则该线程会一直等读到用户的输入数据才从 read( )方法返回。进行远程通信时，在客户程序中，线程在以下情况可能进入阻塞状态。

请求与服务器建立连接时，即当线程执行 Socket 的带参数的构造方法，或执行 Socket 的 connect( )方法时，会进入阻塞状态，直到连接成功，此线程才从 Socket 的构造方法或 connect( )方法返回。

线程从 Socket 的输入流读取数据时，如果没有足够的数据，就会进入阻塞状态，直到读到了足够的数据，或者到达输入流的末尾，或者出现了异常，才从输入流的 read( )方法返回或异常中断。输入流中有多少数据才算足够呢？这要看线程执行的 read( )方法的类型。

2. 线程阻塞方法

Java 提供了大量方法来支持阻塞，下面将逐一分析。

（1）sleep( )方法

sleep( )允许指定以毫秒为单位的一段时间作为参数，它使得线程在指定的时间内进入阻塞状态，不能得到 CPU 时间，但是指定的时间一过，线程则重新进入可执行状态。

例如，sleep( )被用在等待某个资源就绪的情形：测试发现条件不满足后，让线程阻塞一段时间后重新测试，直到条件满足为止。

（2）suspend( )和 resume( )方法

两个方法需配套使用，suspend( )使得线程进入阻塞状态，并且不会自动恢复，必须其对应的 resume( )被调用，才能使得线程重新进入可执行状态。

例如，suspend( )和 resume( )被用在等待另一个线程产生的结果的情形：测试发现结果还没有产生后，让线程阻塞，另一个线程产生了结果后，调用 resume( )使其恢复。

（3）yield( )方法

yield( )使得线程放弃当前分得的 CPU 时间，但是不使线程阻塞，即线程仍处于可执行状态，随时可能再次分得 CPU 时间。调用 yield( )的效果等价于调度程序认为该线程已执行了足够的时间，从而转到另一个线程。

（4）wait( )和 notify( )方法

两个方法配套使用，wait( )使得线程进入阻塞状态，它有两种形式。

- 允许指定以毫秒为单位的一段时间作为参数，当对应的 notify（ ）被调用或者超出指定时间时线程重新进入可执行状态。
- 另一种没有参数，必须当对应的 notify( )被调用才可重新进入可执行状态。

📖 wait( )和 notify( )方法与 suspend( )和 resume( )方法对没有什么分别，但是事实上它们是截然不同的。区别的核心在于，前面叙述的所有方法（包括 suspend( )和 resume( )方法），阻塞时都不会释放占用的锁（如果占用了的话），而这一对方法则会释放。这个区别导致了一系列的细节上的区别。首先，前面叙述的所有方法都隶属于 Thread 类，但是 wait( )和 notify( )方法却直接隶属于 Object 类，即所有对象都拥有这一对方法。其次，前面叙述的所有方法都可在任何位置调用，但是 wait( )和 notify( )方法却必须在 synchronized 方法或块中调用。

---

wait( )和 notify( )方法的特性决定了它们经常和 synchronized 方法或块一起使用：synchronized 方法或块提供了类似于操作系统原语的功能，它们的执行不会受到多线程机制的干扰，而这一对方法则相当于 block 和 wakeup 原语。它们的结合使得开发者可以实现操作系统上一系列精妙的进程间通信的算法（如信号量算法），并用于解决各种复杂的线程间通信问题。

除了 notify( )，还有一个方法 notifyAll( )也可起到类似作用，唯一的区别在于，调用 notifyAll( )方法将把因调用该对象的 wait( )方法而阻塞的所有线程一次性全部解除阻塞。当然，只有获得锁的那一个线程才能进入可执行状态。

【例 2-4】多线程实例。

```
class Test{
    public static void main(String[ ] args){
        Queue q = new Queue( );//创建一个信箱
        Producer p = new Producer(q);//创建一个放情报线程,需要一个信箱的对象作为参数
        Consumer c = new Consumer(q);//创建一个取情报线程,需要一个信箱的对象作为参数
```

```java
                p. start( );//启动线程
                c. start( );//启动线程
        }
    }
class Producer extends Thread{
        Qucuc q;
        Producer( Queue q) {
            this. q = q;
        }
        public void run( ) {
            for( int i = 0;i < 10;i ++ ) {
                q. put( i);
                System. out. println( "Producer put " + i);
            }
        }
    }
class Consumer extends Thread{//设一次只放一个数据
        Queue q;
        Consumer( Queue q) {
            this. q = q;
        }
        public void run( ) {
            while( true) {
                System. out. println( "Consumer get " + q. get( ));
            }
        }
    }
class Queue{
        int value;
        boolean bFull = false;//设一个 Boolean 变量标识信箱中是否有情报
        public synchronized void put( int i) {//这里需要用同步的方法否则可能放到一半中断
            if( !bFull) {//如果信箱中没有情报,放情报并将 bFull 设置成 true,然后用 notify( )方法
                        //通知另一个情报员线程取情报
                value = i;
                bFull = true;
                notify( );
            }
            try{//可能开始已经有情报,这时候执行 wait( )方法等待
                wait( );//该方法会跑出异常需要捕获
            } catch( Exception e) {
                e. printStackTrace( );
            }

        }
        public synchronized int get( ) {//这里需要用同步的方法否则可能取到一半中断
            if( ! bFull) {//如果没有情报调用 wait( )方法等待
                try{
                    wait( );//该方法会跑出异常需要捕获
```

```
                    }
            catch(Exception e) {
                    e. printStackTrace( );
            }
        }
        bFull = false;//如果有情报,将 bFull 设置成 false,并用 notify( )方法通知另外一个情报
                    //员线程,然后返回情报数据
        notify( );
        return value;
    }
}
```

运行结果如图 2-16 所示。

从上述例程中可以清晰地看到多线程实例中, Producer 和 Con-
sumer 两个线程相互的交流与通信, 一方有动作则会立即通知另一
方作相应的动作。从实例结果来看, 每当 Producer 往信箱中放置一
个数字, Consumer 则会立即取得该数, 并通知 Producer 继续放置
新的数。如此而来, 形成了一个类似生产线的程序。

```
Producer put 0
Consumer get 0
Consumer get 1
Producer put 1
Consumer get 2
Producer put 2
Consumer get 3
Producer put 3
Consumer get 4
Producer put 4
Producer put 5
Consumer get 5
Producer put 6
Consumer get 6
Producer put 7
Consumer get 7
Producer put 8
Consumer get 8
Consumer get 9
Producer put 9
```

图 2-16   Java 多线程
示例效果图

2.8   Java 输入/输出流

Java 语言的输入输出功能是十分强大而灵活的, 美中不足的是
看上去输入输出的代码并不是很简洁, 因为通常情况下往往需要包
装许多不同的对象。

Java 中输入和输出机制不同于其他大多数语言。它是建立在流(Stream)上。不同的基
本流类(如 java. io. FileInputStream 和 sun. net. TelnetOutputStream)用于读写特定的数据资
源。但是所有的基本输出流使用同一种基本方法读数据。

> 流是一个很形象的概念, 当程序需要读取数据的时候, 就会开启一个通向数据源的流, 这个数据源可以
> 是文件, 内存, 或是网络连接。类似的, 当程序需要写入数据的时候, 就会开启一个通向目的地的流。
> 读者可以想象数据好像在这其中 "流动" 一样。

2.8.1   标准输入/输出流

Java 程序可通过命令行参数与外界进行简短的信息交换, 同时, 也规定了与标准输入、
输出设备, 如键盘、显示器进行信息交换的方式。而通过文件可以与外界进行任意数据形式
的信息交换。

之前编者提到的 System. out. println 就是一个标准的输入输出流。

【例 2-5】标准输入输出流。

```
public class Test {
    public static void main(String[ ] args) {
        for(int i = 0;i < args. length;i + + ) {
```

```
                    System. out. println("args[" + i + "] is < " + args[i] + " >");
                }
            }
        }
```

在 CMD 命令窗口输入 java Test AB C,运行结果如图 2-17 所示。

D:\javaworkspace>java Test AB C
args[0] is <AB>
args[1] is <C>

从程序结果可以看出,输入流"AB C"被拆分成两个参数"AB"和"C",依次输出。可以理解输入流是以空格来区分参数的。

图 2-17 Java 标准输入输出流示例效果图

System 是 Java 自带的标准数据流,定义为以下方式。

```
java. lang. System
public final class System extends Object{
    static PrintStream err;//标准错误流(输出)
    static InputStream in;//标准输入流(键盘输入流)
    static PrintStream out;//标准输出流(显示器输出流)
}
```

📖 System 类不能创建对象,只能直接使用它的 3 个静态成员。

每当 main 方法被执行时,就自动生成上述 3 个对象。

System. out 向标准输出设备输出数据,其数据类型为 PrintStream。方法如下。

```
void print(参数)
void println(参数)
```

1) System. in 读取标准输入设备(从标准输入获取数据,一般是键盘)数据,其数据类型为 InputStream。方法如下。

```
int read( ) //返回 ASCII 码。若返回值 = -1,说明没有读取到任何字节,读取工作结束
int read(byte[ ] b)//读入多个字节到缓冲区 b 中,返回值是读入的字节数
```

示例如下:

```
import java. io. * ;
public class StandardInputOutput {
    public static void main( String args[ ]){
        int b;
        try {
            System. out. println("please Input:");
            while( ( b = System. in. read( ))! = -1){
                System. out. print( (char)b);
            }
        } catch( IOException e){
            System. out. println( e. toString( ));
        }
    }
}
```

50

这个程序最后显示的结果是等待键盘输入，并且将键盘输入的内容打印出来。

2）System. err 输出标准错误，其数据类型为 PrintStream。可查阅 API 获得详细说明。

标准输出通过 System. out 调用 println 方法输出参数并换行，而 print 方法输出参数但不换行。println 或 print 方法都通过重载实现了输出基本数据类型的多个方法，包括输出参数类型为 boolean、char、int、long、float 和 double。同时，也重载实现了输出参数类型为 char[ ]、String 和 Object 的方法。其中，print（Object）和 println（Object）方法在运行时将调用参数 Object 的 toString 方法。

2.8.2　字节输出流

Java 的基本输出流如下所示。

> java. io. OutputStream
> public abstract class OutputStream

程序向输出流写入数据，从而将程序中的数据输出到外界（显示器、打印机、文件、网络、…）的通信通道。

OutputStream 的子类使用这些方法向指定媒体写入数据。

> public abstract void write(int b) throws IOException
> public void write(byte[ ] data) throws IOException
> public void write(byte[ ] data, int offset, int length) throws IOException
> public void flush( ) throws IOException
> public void close( ) throws IOException

OutputStream 的基本方法是 write(int b)。该方法将介于 0 到 255 之间的整数看作变量，并将相应的字节写到一个输出流。

该方法声明是个抽象方法，因为子类需要改变它以处理特定媒体。例如，ByteArrayOutputStream 可以使用复制的字节到其数组的纯 Java 代码来实现方法。但是，FileOutputStream 就需要使用代码，此代码应该理解如何在主机平台上将数据写入文件。

📖 尽管 write（int b）方法把整型值作为变量，但是它实际上写入的是一个无符号字节。

最后，利用完"流"之后，应当调用 close( )方法关闭流。它会释放所有与这个流相关的资源，如文件句柄或端口。一旦输出流关闭，再向其写入数据就会触发 IOException 异常。但是，有些类型可能允许对对象进行一定操作。如一个已关闭的 ByteArrayOutputStream 仍然可以转化成一个实际的字节数组，而且一个已关闭的 DigestOutputStream 仍可以返回其摘要。

2.8.3　字节输入流

Java 的基本输入流如下所示。

```
java. io. InputStream
public abstract class InputStream
```

程序从输入流读取数据源。数据源包括外界（如键盘、文件、网络等方式）输入，即将数据源读入到程序的通信通道。

InputStream 的具体子类使用这些方法从指定媒体读取数据。

```
public abstract int read( )throws IOException
public int read( byte[ ] data)throws IOException
public int read( byte[ ] data,int offset,int length)throws IOException
public long skip( long n)throws IOException
public int available( )throws IOException
public void close( )throws IOException
```

不论读取何种资源，几乎只能使用这 6 种方法。

有时开发者甚至可能不知道正在从哪种类型的流中读取数据。如隐藏在 sun. net 包中的 TelnetInputStream 是一个文档没有说明的类。TelnetInputStream 的实例由 java. net 包中的多种方法返回；如 java. net. URL 的 openStram ( )方法。但是，这些方法仅声明了返回 Input-Stream，而不是更加明确的子类 TelnetInputStream，这又是多态性在起作用了。子类的实例可以作为超类的实例透明使用。

2.8.4 文件输入流

FileInputStream 可以使用 read( )方法一次读入一个字节，并以 int 类型返回，或者是使用 read( )方法时读入至一个 byte 数组，byte 数组的元素有多少个，就读入多少个字节。在将整个文件读取完成或写入完毕的过程中，这样一个 byte 数组通常被当作缓冲区，因为该byte 数组通常扮演承接数据的中间角色。

使用方法有以下两种。

• 文件输入输出流方法一。

```
File fin = new File("d:/1. txt" );
FileInputStream in = new FileInputStream( fin);
```

• 文件输入输出流方法二。

```
FileInputStream in = new FileInputStream("d: /1. txt" );
```

实例程序效果如图 2–18 所示。

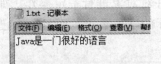

图 2–18   Java 文件输入流

实例代码为:

```
import java. io. IOException;
import java. io. FileInputStream;
;
public class Test {
    public static void main( String args[ ] ) throws IOException {
        try {
            FileInputStream rf = new   FileInputStream( "d:/1. txt" );
            int n = 512;   byte   buffer[ ] = new   byte[ n ];
            while( ( rf. read( buffer,0 ,n ) != -1 )&&( n >0 ) ) {
                System. out. println( new String( buffer ) );
            }
                System. out. println( );
                rf. close( );
        } catch( IOException   IOe ) {
            System. out. println( IOe. toString( ) );
        }
    }
}
```

最后显示如图 2-19 所示。

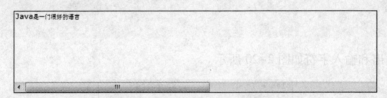

图 2-19   Java 文件输入流内容输出结果

从程序代码可以看出,程序首先打开"D:/1. txt"文件,读取其中内容到 buffer 变量中,然后将 buffer 的内容输出到控制台上,完成了文件的输入流的操作。

2.8.5   文件输出流

文件输出流是用来处理以文件作为数据输出对象数据流,或者说是从内存区读数据入文件。

FileOutputStream 类用来处理以文件作为数据输出对象数据流。创建一个文件流对象有两种方法。

● 文件输出流方法一。

```
File f = new File( "D:/1. txt " );
FileOutputStream out = new FileOutputStream( f );
```

● 文件输出流方法二。

```
FileOutputStream out = new FileOutputStream( "D:/1. txt " );
```

📖 文件中写数据时，若文件已经存在，则覆盖存在的文件；文件的读/写操作结束时，应调用 close 方法关闭流。

实例代码如下：

```java
import java.io.IOException;
import java.io.FileOutputStream;
public class Test {
    public static void main(String args[]) throws IOException {
        try {
            System.out.println("please Input from        Keyboard");
            int count, n = 512;
            byte buffer[] = new byte[n];
            count = System.in.read(buffer);
            FileOutputStream wf = new FileOutputStream("D:/1.txt");
            wf.write(buffer, 0, count);
            wf.close();// 当流写操作结束时,调用 close 方法关闭流
            System.out.println("Save to the 1.txt");
        } catch(IOException IOe) {
            System.out.println("File Write Error!");
        }
    }
}
```

控制台输出和输入字符如图 2-20 所示。

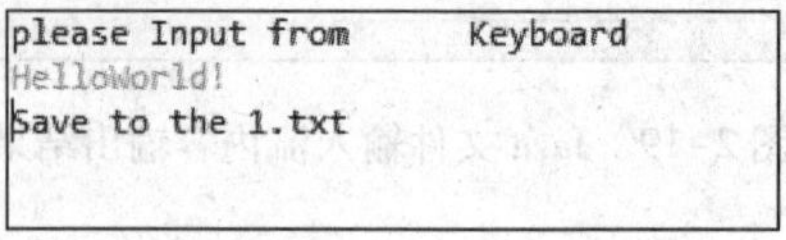

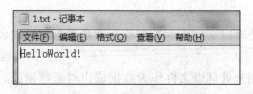

图 2-20 Java 文件输出流操作示意图

最后 txt 文件中显示如图 2-21 所示。

图 2-21 Java 文件输出流结果图

从程序可以看出，首先程序接收键盘的输入流，存储到 buffer 中，然后输出到 "D:/1.txt" 文件中，即程序中输入的 "HelloWorld!" 字符成功输出到 1.txt 文件中。

小结

本章为 Android 开发开发语言 Java 和开发基本框架介绍。本章将 Java 语言的知识点和对

应的实例一一阐述，让读者能够边学边练，快速掌握 Java 语言的精髓。通过本章的学习，使初学 Android 的读者能够对 Android 开发语言 Java 有全面的了解和掌握，已有一定 Android 开发基础的读者可以将本章作为一个知识回顾或者可直接进入后面的章节学习。

习题

1. 编译 Java App 源程序文件将产生相应的字节码文件，这些字节码文件的扩展名为（　　）。

A. java　　　　　　B. class　　　　　　C. html　　　　　　D. exe

2. Java 程序的执行过程中用到一套 JDK 工具，其中 java. exe 是指（　　）

A. Java 文档生成器　　　　　　　　B. Java 解释器

C. Java 编译器　　　　　　　　　　D. Java 类分解器对

3. Java 语言具有许多优点和特点，下列选项中，哪个反映了 Java 程序并行机制的特点（　　）

A. 安全性　　　　B. 多线程　　　　C. 跨平台　　　　D. 可移植

4. Java 编程所必需的默认引用包为（　　）

A. java. sys 包　　　B. java. lang 包　　　C. java. new 包　　　D. 以上都不是

5. 判断：Java 是区分大小写的语言，关键字的大小写不能搞错，如把类 class 写成 Class 或者 CLASS，都是错误的。（　　）

6. 判断：Java 源程序编写好之后，以文件的形式保存在硬盘或 U 盘上，源文件的名字可以随便取的，它不一定与程序的主类名一致。（　　）

7. 简述 Java 语言的主要特点。

8. 简述 Java 程序的可移植性。

第3章 Android 开发基础

本章从 Android 的资源、四大组件和 Intent 类这 3 个方面介绍 Android 的开发基础知识。Android 的资源使用是程序开发的必要操作之一，也是 Android 程序内容丰富多彩的重要原因。Android 四大组件是程序开发的组织框架，对四大组件的灵活运用直接关系到 Android 程序的质量。Intent 类是 Android 开发组件之间相互通信的纽带，对程序开发起着至关重要的作用。本章末将针对基础知识给出开发实例，在实践中深化理论知识的理解。

本章重点：

- Android 资源及其应用。
- Android 应用程序四大组件和 Intent 类消息交流机制。
- Materal Design（应用程序设计规范）。

3.1 Android 的资源

与其他平台的应用程序一样，Android 中的应用程序也会使用各种资源，Android 中的资源是指非代码部分的外部文件，比如图片、字符串等。在 HelloWorld 示例程序中，资源文件均在源码的相应文件夹下，如/res/drawable，/res/xml，/res/values/，/res/raw，/res/layout 和/assets 等。assets 中保存的一般是原生的文件，例如 MP3 文件，Android 程序不能直接访问，必须通过 AssetManager 类以二进制流的形式来读取。res 文件中的资源在 R 类资源中有一个唯一的 ID，可以通过 R 资源类进行直接访问。

3.1.1 创建资源

创建资源文件的步骤比较简单，在需要创建的资源目录下选择"新建"选项，根据提示进行操作即可。本节以新建布局文件为例。创建新的布局 XML 文件，直接在项目上单击右键，选择"新建"，进行创建一个 XML 布局文件操作，如图 3-1 所示。若添加现有的 XML 格式的资源文件，直接将该资源文件复制到项目中对应的资源文件夹下即可。

3.1.2 使用资源

res 文件中的资源可通过 R 资源类直接访问。R 类文件是自动生成，在该类中根据不同的资源类型生成了相应的内部类，该类包含了系统中使用到的所有资源文件的标识。

资源使用方式主要有如下 3 种方式。

（1）在代码中直接使用资源

通常是通过 R 类中定义的资源文件类型和资源文件名称来访问的。具体格式为：R. 资源文件类型 . 资源文件名称。

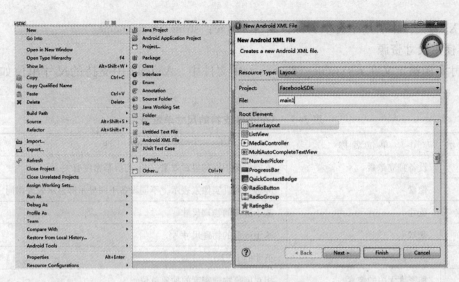

图 3-1　创建新的布局 XML 文件

（2）访问系统资源文件

除了访问用户自定义的资源文件，开发者还可以直接访问系统中的资源文件。访问系统中的资源文件的格式为：android. R. 资源文件类型. 资源文件名称。

（3）在资源文件之间的引用

开发者可以在其他资源文件中引用资源文件。例如在布局文件中引用图片、颜色资源、字符串资源和尺寸资源。在其他资源中引用资源的一般格式是：@［包名称:］资源类型/资源名称。

下面将针对这 3 种引用方式进行介绍。

1. 使用颜色资源

颜色值定义，开始是一个#号，后面是 Alpha - RGB 的格式。例如#RGB、#ARGB、#RRGGBB、#AARRGGBB。

引用资源的两种格式如下。

Java 代码中：R. color. color_name。

XML 文件中：@［package：］color/color_name。

在使用颜色资源之前，需要在 res\values\目录下定义一个 colors. xml 文件，里面存放颜色名字和颜色值的键值对。

```
< resources >
< color name = " red_bg " > #f00 </color >
< color name = " blue_text " > #0000ff </color > </resources >
```

其他资源如字符串、尺寸都是类似的方法。

2. 使用字符串资源

使用字符串资源创建文件 strings. xml，里面内容也是键值对。

引用资源的两种格式如下。

在 Java 代码中引用字符串资源：R. string. string_name。

在 XML 文件中引用字符串资源：@［package：］string/string_name。

3. 使用尺寸资源

尺寸资源被定义在 res\values\dimens. xml 文件中。Android 中支持的尺寸单位如表 3-1 所示。

表 3-1　Android 支持的尺寸单位表

单 位 表 示	单 位 名 称	说　明
dip	设备独立像素	不同设备不同的显示效果，dip 与屏幕密度有关
px	像素	屏幕上的真实像素表示，不同设备不同显示屏显示效果相同
in	英寸	基于屏幕的物理尺寸
mm	毫米	基于屏幕的物理尺寸
pt	点（磅）	英寸的 1/72
dp	和密度无关的像素	相对屏幕物理密度的抽象单位
sp	和精度无关的像素	和 dp 类似，与刻度无关的像素，主要处理字体大小

引用尺寸资源的两种格式如下。

在 Java 代码中：R. dimen. dimen_name。

在 XML 文件中：@［package：］dimen/dimen_name。

4. 使用原始 XML 资源

XML 文件在工程的 res\xml\目录下，通过 Resources. getXML( )方法来访问。

获得原始 XML 文件的方法是，通过 getResources( ). getXml( )获得 XML 原始文件，得到 XmlResourceParser 对象，通过该对象来判断是文档的开始还是结尾、是某个标签的开始还是结尾，并通过一些获得属性的方法来遍历 XML 文件，从而访问 XML 文件的内容。

5. 使用 drawable 资源

drawable 资源是一些图片或者颜色资源，主要用来绘制屏幕，通过 Resources. getDrawable( )方法获得。

drawable 资源分为 3 类：Bitmap File（位图文件）、Color Drawable（颜色）、Nine – Patch Image（九片图片）。

Android 中支持的位图文件有. png、. jpg 和. gif。

引用位图资源的两种格式如下。

Java 代码中：R. drawable. file_name。

XML 文件中：@［packag e：］drawable/file_name。

6. 使用布局资源

布局资源是 Android 中最常用的一种资源，将屏幕中组件的布局方式定义在一个 XML 文件中，类似于 Web 中的 HTML 页面。

布局文件位于 res\layout\中，名称由开发者随意输入。Android 通过 LayoutInflater 类将 XML 文件中的组件解析为可视化的视图组件。

在 Activity 中，调用 Activity. setContentView( )方法，将布局文件设置为 Activity 的界面，

使用 findViewById( )方法来得到布局中的组件。

引用布局文件格式如下。

Java 代码中：R. layout. my_layout。

XML 文件中：@［package：］layout/my_layout。

7. 使用菜单资源

任何视图组件的创建方式都有两种：一种通过在布局文件中声明创建；另一种通过在代码中创建。前面提到过，Android 中的菜单分为选项菜单、上下文菜单和子菜单，这 3 种菜单都可以在 XML 文件中声明定义，在代码中通过 MenuInflater 类使用。

菜单资源文件也是 XML 文件，放在工程 res\menu\目录下。通过 R. menu. my_menu 的方式来引用。典型菜单资源文件的结构：< menu >根元素，在根元素里会嵌套 < item > 和 < group >子元素，< item >元素中也可嵌套 < menu >形成子菜单。

3.2 Android 应用程序的四大组件

Android 应用程序通常是由基本的 4 种组件组织而成的：Activity、Broadcast Receiver、Service 和 Content Provider。但是，并不是每一个 Android 应用程序都需要这 4 种构造块。开发者需要根据所要开发的应用需要的构造块，在 AndroidManifest. xml 中登记这些构造块的清单并且使用这些构造块。AndroidManifest. xml 是一个 XML 配置文件，定义开发应用程序的组件、组件的功能及必要条件等。

3.2.1 Activity

Activity 是 Android 构造块中最基本的一种，在应用中，一个 Activity 通常就是一个单独的屏幕，相当于 C/S 程序中的窗体。每一个 Activity 都被实现为一个独立的类，并且继承于 Activity 这个基类。这个 Activity 类将会显示出几个 Views 控件组成的用户接口，并对事件做出响应。

大部分的应用都会包含多个屏幕。Activity 使用 setContentView 与 View 绑定。例如，一个短消息应用程序会有一个屏幕用于显示联系人列表，第二个屏幕用于写短消息，同时还会有用于浏览短消息及进行系统设置的屏幕。每一个这样的屏幕，就是一个 Activity。从一个屏幕导航到另一个屏幕是很简单的。

在一些应用中，一个屏幕甚至会返回值给前一个屏幕。当一个新的屏幕打开后，前一个屏幕将会暂停，并保存在历史堆栈中。用户可以返回到历史堆栈中的前一个屏幕。当屏幕不再使用时，还可以从历史堆栈中删除。默认情况下，Android 将会保留从主屏幕到每一个应用的界面所对应的屏幕。Android 使用了 Intent 这个特殊类，实现了在屏幕与屏幕之间移动。Intent 类用于描述一个应用将会做什么事。

1. 创建一个 Activity

右键单击 Android 工程（例如第 1 章中的 HelloWorld 工程），依次选择 New→Other→Android→Activity，创建 Activity 如图 3-2 所示。

选择 Blank Activity，单击 Next 按钮，命名为 SecondActivity，单击 Finish 按钮完成 Activity 的新建操作。

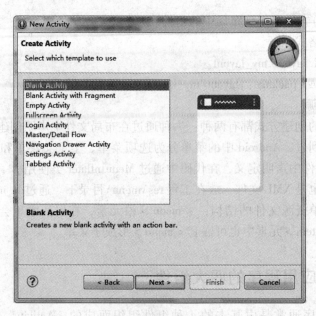

图 3-2 创建 Activity

📖 如果想手工添加一个 Activity，则需创建一个 Java 类，该类继承自 android. app. Activity，然后在 layout 文件下创建一个布局文件，并在 AndroidManifest. xml 文件中申明该 Activity 类，使用模板创建时会自动添加声明。

2. Activity 的生命周期

Activity 一共分为 7 个生命周期，覆盖了从被创建到销毁的过程。

1) 启动 Activity。系统会先调用 onCreate 方法，然后调用 onStart 方法，最后调用 onResume 方法，Activity 进入运行状态。

2) 当前 Activity 被其他 Activity 覆盖其上或被锁屏。系统会调用 onPause 方法，暂停当前 Activity 的执行。

3) 当前 Activity 由被覆盖状态回到前台或解锁屏。系统会调用 onResume 方法，再次进入运行状态。

4) 当前 Activity 转到新的 Activity 界面或按 <Home> 键回到主屏，自身退居后台。系统会先调用 onPause 方法，然后调用 onStop 方法，进入停滞状态。

5) 用户后退回到此 Activity。系统会先调用 onRestart 方法，然后调用 onStart 方法，最后调用 onResume 方法，再次进入运行状态。

6) 当前 Activity 处于被覆盖状态或者后台不可见状态。即第 2) 步和第 4) 步，系统内存不足，杀死当前 Activity，而后用户退回当前 Activity：再次调用 onCreate 方法、onStart 方法、onResume 方法，进入运行状态。

7) 用户退出当前 Activity。系统先调用 onPause 方法，然后调用 onStop 方法，最后调用 onDestroy 方法，结束当前 Activity。

Activity 的生命周期流程图如图 3-3 所示。

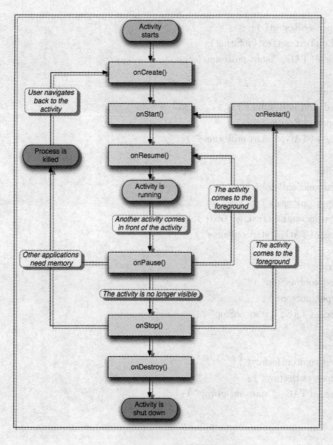

图 3-3 Activity 生命周期图解

下面将通过实例代码来直观地演示 Activity 的生命周期，新建一个 Activity，命名为"ActivityDemo"。代码如下。

```
package com. tutor. activitydemo;
import android. app. Activity;
import android. os. Bundle;
import android. util. Log;
import android. widget. EditText;
public class ActivityDemo extends Activity {
    private static final String TAG = "ActivityDemo";
    public void onCreate( Bundle savedInstanceState) {
        super. onCreate( savedInstanceState);
        setContentView( R. layout. main);
        Log. e( TAG, "start onCreate");
    }
    @ Override
    protected void onStart() {
        super. onStart();
        Log. e( TAG, "start onStart");
    }
    @ Override
    protected void onRestart() {
```

```
            super. onRestart( ) ;
            mEditText. setText( mString) ;
            Log. e( TAG, " start onRestart" ) ;
        }
        @ Override
        protected void onResume( ) {
            super. onResume( ) ;
            Log. e( TAG, " start onResume" ) ;
        }
        @ Override
        protected void onPause( ) {
            super. onPause( ) ;
            mString = mEditText. getText( ). toString( ) ;
            Log. e( TAG, " start onPause" ) ;
        }
        @ Override
        protected void onStop( ) {
            super. onStop( ) ;
            Log. e( TAG, " start onStop" ) ;
        }
        @ Override
        protected void onDestroy( ) {
            super. onDestroy( ) ;
            Log. e( TAG, " start onDestroy" ) ;
        }
    }
```

　　然后，运行该程序，在日志窗口视图中观察日志信息。用户在系统与应用之间切换的过程中，应用中的 Activity 实例也会在自己的不同生命周期中切换。例如，用户第一次打开应用，应用展现在用户的手机桌面，获取用户的输入焦点。在这个过程中，Android 系统调用了 Activity 中的一系列的生命周期方法，这些方法建立了应用组件和用户之间的联系。如果用户启动了应用中的另外一个 Activity，或者直接切换到另外一个应用，系统也调用了 Activity 生命周期中的一系列方法使应用可以在后台运行。

　　在 Activity 生命周期的回调方法中可以定义 Activity 在用户第一次进入和重新进入应用的行为。举例来说，在做一个流媒体播放器时，可以在用户切换到另外一个应用的时候暂停视频并停止网络连接，当用户切换回来的时候，重新连接网络，并且从用户之前暂停的点继续播放。

　　在 Activity 生命周期之中，系统调用了 App 生命周期中的回调方法集，这些生命周期回调方法就像一个一级一级的金字塔。Activity 生命周期的每一个阶段都对应金字塔的一个台阶。当系统创建了一个新的 Activity 实例，回调方法一级一级地从塔底向塔顶移动，当位于金字塔顶部的时候，这个 Activity 就位于用户前台，用户此时就可以与 Activity 互动了。

　　当用户要离开 Activity 的时候，系统调用另外一串方法，使 Activity 的状态从塔顶移动到塔底。在有些情况下，Activity 只是完成部分的状态迁移并且等待用户的指令，并重新回到塔顶的状态。Activity 生命周期详细图解如图 3-4 所示。

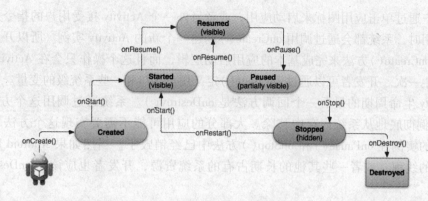

图 3-4 Activity 生命周期详解

根据 Activity 复杂度的不同，并不是所有的生命周期都要用上，但是必须掌握所有的生命周期方法，以方便日后的项目开发，而且掌握了生命周期方法是为了避免以下几点：

1）确保应用在用户使用的时候可以接电话或者切换到其他应用而不崩溃。

2）确保应用在用户不使用的时候不消耗系统资源。

3）确保用户在从其他的应用切换回此应用的时候能够继续之前的工作。

确保在用户屏幕切换或者有其他动作的时候不崩溃或者丢失用户数据。

Activity 只有 3 种稳定状态：Resumed（Activity 来到用户前台，并且完成与用户的交互）、Paused（Activity 被另外一个在前台运行的半透明的 Activity 或者被另外一个 Activity 部分盖住，在这个状态下 Activity 不能接受用户的输入，也不能执行任何代码）、Stopped（Activity 被全部盖住，对用户完全不可见。在停止状态下，Activity 的所有实例，以及它的所有状态信息都被保存，可是不能执行任何代码）。

当用户启动应用程序的时候，系统调用了 onCreate( ) 方法。此 Activity 作为应用主进入点，通过修改 AndroidManifest. xml 来实现这一点。

```
< activity
android:name = ". MainActivity"
android:label = " @ string/app_name" >
    < intent – filter >
        < action android:name = " android. intent. action. MAIN" />
        < category android:name = " android. intent. category. LAUNCHER" / >
    </ intent – filter >
</ activity >
```

📖 当用 Android SDK 建立一个工程的时候，工程中会默认包含一个 Activity，而且会被默认为启动 Activity。

上面所示的代码中，如果动作 "MAIN" 或者类别 "LAUNCHER" 在应用中被多次定义，此应用的图标将不会在用户的应用列表中出现。

Android 应用并不像普通编程中从 main( ) 函数开始运行，它是通过系统触发一个特别的 Activity 生命周期中的一个回调方法来启动一个 Activity。Android 中有一系列的回调方法启动一个 Activity，也有一系列的回调方法来终止一个 Activity。

当用户通过单击应用图标来启动应用，或者另外一个 Activity 接受用户的指令来调用一个新的应用时，系统都会通过调用 onCreate( )创建一个新的 Activity 实例。所以开发者必须通过实现 onCreate( )方法来完成基本的应用启动逻辑，而且这个操作只会在 Activity 的生命周期中发生一次。开发者可以通过 onCreate( )定义用户接口和 些系统级的变量。

Activity 生命周期的最后一个回调方法是 onDestroy( )。系统通过调用这个方法将 Activity 的实例彻底地从系统内存中移除。大部分的应用可能不需要实现这个方法，因为很多本地类的实例在 onPause( )和 onStop( )方法中已经销毁了。当然如果 Android 应用有些后台运行的线程，或者一些其他的长期占有的系统资源，开发者也应该在 onDestroy( )中销毁它们。

📖 系统一般都会在调用了 onPause( )和 onStop( )之后再调用 onDestroy( )，但是如果开发者在 onCreate( )方法中调用了 finish( )则是一个例外。

在 Android 应用的使用过程中，一个在前台的 Activity 可能会被部分地遮盖，这会导致 Activity 进入 Paused 状态。当一个 Activity 被完全遮盖时，其进入 stopped 状态。当 Activity 要进入 Pasued 状态时，系统调用 Activity 的 onPause( )方法，从而使用户有机会停止正在运行的动作，保存应该保存的信息，以保证用户回来的时候不丢失信息。

当系统调用 Activity 的 onPause( )方法时，从技术角度来说意味着 Activity 还部分可视，但一般情况下来说用户将要离开此 Activity，这个 Activity 将进入 Stopped 状态。所以开发者应该使用 onPause( )方法完成以下功能：停止一切可能会消耗 CPU 的动画效果动作；提交未保存的修改，当然是用户期望保存的修改；释放一切可能会消耗电池而应用也不需要的资源。

一般来说，开发者不需要用 onPause( )方法将用户修改存储到永久存储器上，唯一的例外就是用户期望自动存储的信息。开发应该避免执行一些消耗 CPU 的动作，以避免影响Activity 之间切换的感觉，开发者应该在 onStop( )方法中执行那些大运算量的关闭操作。

当 Activity 进入 Paused 状态时，系统如果想将 Activity 唤醒，则需要调用 onResume( )方法。所以开发者需要实现 onResume( )方法来初始化那些被 onPause( )方法释放的组件。

在重启和停止 Activity 时，应该保证该 Android 应用对用户来说是一致的，所以说要做到以下几点以实现不丢失数据：

1）首先，要保证当用户从该应用切换到其他的应用时，Activity 能够正确地停止，当用户从其他的应用切换回该应用，该应用可以正确地重启。

2）其次，当用户在该 Activity 中想要启动另外一个新的 Activity，当前 Activity 在新的 Activity 创建之后则需停止，进入 Paused 状态，当用户单击返回按钮，原先的 Activity 可以正确恢复。

3）最后，当用户在使用此应用的时候接到一个电话或短信，跳出一些系统功能时，这个 Activity 可以正确地停止。

Paused 状态还不是完全停止这个 Activity，因此 Activity 类还提供了两个生命周期方法 onStop( )和 onRestart( )，从而可以定义该 Activity 停止和重启的过程中的动作。与 Paused 状态不同，Stopped 状态保证 UI 不再可见，而用户的输入焦点在另外一个 Activity 中。

📖 在 Activity 处于停止状态时，系统还是将其保存在系统内存当中，所以开发者可以不实现 onStop( ) 和 onRestart( ) 方法，甚至可以连 onStart( ) 方法也不必实现。因为大部分 Activity 都比较简单，开发者可以通过 onPause( ) 方法来停止正在运行的动作，断开系统资源。

当某个 Activity 被使用了 onStop( ) 方法，即它已经在屏幕上不可见，所以应该释放所有用户在不使用情况下不需要的资源。当 Activity 被停止，系统可能销毁这个 Activity 实例，甚至在极端情况下杀死应用进程以恢复内存等系统资源。尽管 onPause( ) 方法在 onStop( ) 方法之前调用，但是仍需要使用 onStop( ) 方法来执行那些消耗 CPU 资源的操作，例如同步数据库。

当一个处于停止状态的 Activity 需要被唤醒到前台运行时，它的 onRestart( ) 方法将被调用，同时 onStart( ) 方法也会被调用。onRestart( ) 方法只有在系统从 Stopped 状态下被激活才会被调用，所以可以利用其来恢复那些在停止过程中被释放的资源。

但是，通过 onRestart( ) 方法来恢复 Activity 状态的做法不是非常普遍。因为 onStop( ) 方法应该将 Activity 中的资源释放，所以开发者需要在 onRestart( ) 方法中将这个资源重新实例化，同样在 Activity 创建的时候也需要将这些资源实例化，因为这个原因，一般将 onStart( ) 和 onStop( ) 做资源申请与释放上的对应。例如，用户切换应用并且长时间没有返回，onStart( ) 方法就是去确认系统资源有没有被正确设置。

当系统需要销毁 Activity 时，此时就需要调用 Activity 的 onDestroy( ) 方法。因为 Activity 已经在 onStop( ) 方法中释放了大部分的资源，onDestroy( ) 方法应当没有很多工作需要完成。这个方法是释放资源，避免内存泄露的最后的机会，所以开发者需要确保所有附加的线程等被正确地停止。

在一些情况下，Activity 因为应用的正常动作被销毁，例如用户单击返回按钮，或者应用受到 finish( ) 调用。系统也会在 Activity 长时间不用或者系统需要资源的情况下销毁 Activity。

当 Activity 因为按返回或者自我终结的方式销毁，系统就会认为 Activity 不被需要了，会在系统中消失。但是，在因为系统的限制而被销毁的 Activity，虽然其实例已经被销毁，但是系统仍然会记住其曾经存在过，当用户切换回来的时候，系统会重新创建一个实例，并且将在销毁时保存在 Bundle 中的实例状态数据传递给这个实例。

📖 Activity 在用户旋转屏幕的时候都会销毁并重新创建一个 Activity。

当 Activity 进入 Stopped 状态的时候，系统调用 onSaveInstanceState( )，可用一系列的键值对来存储目前的状态。当 Activity 需要恢复的时候，系统调用 onRestoreInstanceState( ) 将这些键值对恢复出来。

3. 在 Activity 中设置窗口标题

前面提到过，在 AndroidManifest. xml 中可以设置 android. label，也可以在 Java 代码中通过 setTitle 方法动态设置，之后会自动调用 onTitleChanged 方法来改变标题。

还可通过 setTitleColor 方法来设置标题的颜色，下面的代码是一个单击改变标题名称和颜色的示例。运行程序，单击按钮，即可看到标题发生改变。

```
public class MainActivity extends ActionBarActivity {
    private static final String TAG = "MainActivity";
    @ Override
    protected void onCreate( Bundle savedInstanceState) {
        super. onCreate( savedInstanceState);
        setContentView( R. layout. activity_main);
        setTitle("窗口标题");
        Log. v( TAG,"OnCreate");
        Button btn = ( Button) findViewById( R. id. button1);
        btn. setOnClickListener( new OnClickListener( ) {
            public void onClick( View v) {
                setTitle("改变标题");
                setTitleColor(369);
            }
        });
    }
}
```

4. 在 Activity 间传递数据

Activity 中传递数据的方式有很多种, 常见的有通过 Intent 传递数据或用 Bundle 传递数据。

首先讲解使用 Intent 传递数据, 如果数据比较少, 比如只要传一个名字, 那么只要使用 Intent 即可。Intent 可用 putExtra 方法将数据保存在 Intent 对象中, 然后在目标 Activity 中使用 get 方法获得这些数据。

新建两个 Activity——MainActivity 和 SecondActivity, 进行布局如图 3-5 所示, 两个 button 的名称分别为 button1 和 button2。

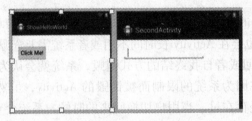

图 3-5 Activity 间传递数据示例

MainActivity 代码为:

```
public class MainActivity extends ActionBarActivity {
    private static final String TAG = "MainActivity";
    @ Override
    protected void onCreate( Bundle savedInstanceState) {
        super. onCreate( savedInstanceState);
        setContentView( R. layout. activity_main);
        Button btn = ( Button) findViewById( R. id. button1);
        btn. setOnClickListener( new OnClickListener( ) {
            public void onClick( View v) {
                Intent intent = new Intent( );
                intent. putExtra("intent_string","click me!");
```

```
                    intent. setClass( MainActivity. this,SecondActivity. class) ;
                    startActivity( intent) ;
                    MainActivity. this. finish( ) ;
                }
            } ) ;
        }
    }
```

SecondActivity 代码为：

```
public class SecondActivity extends ActionBarActivity {
    private static final String TAG = "SecondActivity" ;
    @ Override
    protected void onCreate( Bundle savedInstanceState) {
        super. onCreate( savedInstanceState) ;
        setContentView( R. layout. activity_second) ;
        TextView textview = ( TextView) findViewById( R. id. editText1) ;
        String in = getIntent( ). getStringExtra( "intent_string" ) ;
        textview. setText( in) ;
    }
}
```

运行之后，单击 MainActivity 中的按钮，会跳转到 SecondActivity，该 Text 上会显示"Click me!" 的字样。

如果数据比较多，就需要使用 Bundle 类了。Bundle 类用作携带数据，它类似于 Map，提供了各种常用类型的 putXxx( )/getXxx( )方法，如 putString( )/getString( )和 putInt( )/getInt( )。putXxx( )用于往 Bundle 对象中放入数据，getXxx( )方法用于从 Bundle 对象里获取数据。Bundle 的内部实际上是使用了 HashMap < String，Object > 类型的变量来存放 putXxx( )方法放入的值，代码如下。

```
Intent intent = new Intent( FirstActivity. this,SecondActivity. class) ;
/ * 通过 Bundle 对象存储需要传递的数据 * /
Bundle bundle = new Bundle( ) ;
/ * 字符、字符串、布尔、字节数组、浮点数等,都可以传 * /
bundle. putString( "Name" ,"ppy2790" ) ;
bundle. putBoolean( "Ismale" ,true) ;
/ * 把 Bundle 对象 assign 给 Intent * /
intent. putExtras( bundle) ;
startActivity( intent) ;
```

取值代码如下：

```
Bundle bundle = this. getIntent( ). getExtras( ) ;
/ * 获取 Bundle 中的数据,注意类型和 key * /
String name = bundle. getString( "Name" ) ;
boolean ismale = bundle. getBoolean( "Ismale" ) ;
```

5. Activity 的 XML 属性详解

Android 里的 Activity 必须在 AndroidManifest. xml 中通过 < activity >标签声明，而这个标

签中有许多属性，<activity>标签包含于<application>标签，它能够包含的元素有<intent
-filter>和<meta-data>，这个元素声明了一个 Activity（或 Activity 的子类），Activity 实
现了应用程序的可视化用户界面部分。应用程序中所有的 Activity 都必须在清单文件中用
<activity>元素来声明，没有在清单文件中声明的 Activity，系统不会看到，也不会运行它。
下面将对其属性进行探讨。首先介绍一下在 XML 文件中<activity>标签的各个属性。

```
< activity android:allowTaskReparenting = ["true" | "false" ]
          android:alwaysRetainTaskState = ["true" | "false" ]
          android:clearTaskOnLaunch = ["true" | "false" ]
          android:configChanges = ["mcc","mnc","locale","touchscreen","keyboard","key-
boardHidden","navigation","screenLayout","fontScale","uiMode","orientation","screenSize","
smallestScreenSize" ]
          android:enabled = ["true" | "false" ]
          android:excludeFromRecents = ["true" | "false" ]
          android:exported = ["true" | "false" ]
          android:finishOnTaskLaunch = ["true" | "false" ]
          android:hardwareAccelerated = ["true" | "false" ]
          android:icon = "drawable resource"
          android:label = "string resource"
          android:launchMode = ["multiple" | "singleTop" |
                                "singleTask" | "singleInstance" ]
          android:multiprocess = ["true" | "false" ]
          android:name = "string"
          android:noHistory = ["true" | "false" ]
          android:permission = "string"
          android:process = "string"
          android:screenOrientation = ["unspecified" | "user" | "behind" |
                                "landscape" | "portrait" |
                                "reverseLandscape" | "reversePortrait" |
                                "sensorLandscape" | "sensorPortrait" |
                                "sensor" | "fullSensor" | "nosensor" ]
          android:stateNotNeeded = ["true" | "false" ]
          android:taskAffinity = "string"
          android:theme = "resource or theme"
          android:uiOptions = ["none" | "splitActionBarWhenNarrow" ]
android:windowSoftInputMode = ["stateUnspecified","stateUnchanged","stateHidden","stateAlway-
sHidden","stateVisible","stateAlwaysVisible","adjustUnspecified","adjustResize","adjustPan" ] >
    . . .
    </activity >
```

（1）android:name 属性

android:name 是<activity>标签中唯一必须设置的属性，该属性表示窗口类的名称，可
用相对类名或者绝对类名设置。

（2）android:allowTaskReparenting 属性

这个属性用于设定 Activity 能够从启动它的任务中转移到另一个与启动它的任务有亲缘
关系的任务中，转移时机是在这个有亲缘关系的任务被带到前台的时候。如果该属性设置为
true，则能够转移，如果设置为 false，则这个 Activity 必须要保留在启动它的那个任务中。
如果这个属性没有设置，那么其对应的<application>元素的 allowTaskReparenting 属性值就
会应用到这个 Activity 上。它的默认值是 false。

通常，当 Activity 被启动时，它会跟启动它的任务关联，并且它的整个生命周期都会保持在那个任务中。但是当 Activity 的当前任务不再显示时，可以使用这个属性来强制 Activity 转移到与当前任务有亲缘关系的任务中。这种情况的典型应用是把应用程序的 Activity 转移到与这个应用程序相关联的主任务中。

例如，如果一个电子邮件消息中包含了一个网页的链接，单击这个链接会启动一个显示这个网页的 Activity。但是，由 E - mail 任务部分启动的这个 Activity 是由浏览器应用程序定义的。如果把它放到浏览器的任务中，那么在浏览器下次启动到前台时，这个网页会被显示，并且在 E - mail 任务再次显示时，这个 Activity 又会消失。

Activity 的亲缘关系是由 taskAffinity 属性定义的。通过读取任务的根 Activity 的亲缘关系来判断任务的亲缘关系。因此，通过定义，任务中的根 Activity 与任务有着相同的亲缘关系。因此带有 singleTask 或 singleInstance 启动模式的 Activity 只能是任务的根节点，Activity 的任务归属受限于 standard 和 singleTop 模式。

📖 Activity 有四种加载模式：standard，singleTop，singleTask 和 singleInstance。standard 是 Activity 的默认加载方法，当一个 Activity 通过 Intent 机制跳转到另一个 Activity 时，即使跳转到的 Activity 已经存在 Task 栈中，依然会新建一个实例继续压入栈中。singleTop 模式表示当跳转到的 Activity 处于栈顶时，则不再新建实例压入栈。SingleTask 模式下 Task 栈中的每个 Activity 只会存在一个实例在栈中。singleInstance 模式下 Activity 跳转的另一个 Activity 若不在已有的栈中，则新建栈用于存放另一个 Activity 实例。

（3）android:alwaysRetainTaskState 属性

这个属性用于设置 Activity 所属的任务状态是否始终由系统来维护。如果该属性设置为 true，则由系统来维护状态；如果设置为 false，那么在某些情况下，系统会允许重设任务的初始状态。默认值是 false。这个属性只对任务根节点的 Activity 有意义，其他所有的 Activity 都会被忽略。

通常，在某些情况中，当用户从主屏中重新启动一个任务时，系统会先清除任务（从堆栈中删除根节点 Activity 之上的所有 Activity）。但是，当这个属性被设置为 true 时，用户会始终返回到这个任务的最后状态，而不管中间经历了哪些操作。这样做是有好处的，例如，Web 浏览器的应用就会保留很多用户不想丢失的状态，如多个被打开的标签页。

（4）android:clearTaskOnLaunch 属性

这个属性用于设定在从主屏中重启任务时，处理根节点的 Activity 以外，任务中其他所有的 Activity 是否要被删除。如果该属性设置为 true，那么任务根节点的 Activity 之上的所有 Activity 都要被清除；如果设置为 false，就不会被清除。默认设置为 false。这个属性只对启动新任务（或根 Activity）的那些 Activity 有意义，任务中其他所有的 Activity 都会被忽略。

当这个属性值被设置为 true，用户再次启动任务时，任务根节点的 Activity 就会被显示，而不管在任务的最后做了什么，也不管任务使用 Back，还是使用 Home 按钮离开的。当这个属性被设置为 false 时，在某些情况中这个任务的 Activity 可以被清除，但不总是这样的。

例如，假设某人从主屏中启动了 Activity P，并且又从 P 中启动了 Activity Q。接下来用户单击了 Home 按钮，然后又返回到 Activity P。通常用户会看到 Activity Q，因为这是在 P 的任务中所做的最后的事情。但是，如果 P 把这个属性设置为 true，那么在用户单击 Home 按钮，任务被挂起时，Activity P 之上的所有 Activity（本例中是 Activity Q）都会被删除。因此当用户再次返回到本任务时，用户只能看到 Activity P。

如果这个属性和 android:allowTaskReparenting 属性都被设置为 true，那些被设置了亲缘关系的 Activity 会被转移到它们共享的亲缘任务中，然后把剩下的 Activity 都给删除。

（5）android:configChanges 属性

这个属性列出了那些需要 Activity 进行自我处理的配置变化。当在运行时配置变化发生的时候，默认情况下，这个 Activity 会被关掉并重启，但是用这个属性声明一个配置，就会阻止 Activity 被重启。相反，这个 Activity 会保持运行，并且它的 onConfigurationChanged( ) 方法会被调用。

表 3-2 中列出了这个属性的有效值，要设置多个值的时候，用"｜"符号连接，例如："locale｜navigation｜orientation"。

表 3-2　configChanges 属性值列表

值	说　明
mcc	IMSI 移动国家编码改变时要进行自我处理——系统发现了一个新的 SIM 卡，并且更新了 MCC
mnc	IMSI 移动网络编码改变时要进行自我处理——系统发现了一个新的 SIM 卡，并且更新了 MNC
locale	语言环境发生变化时要进行自我处理——用户选择了一种用于显示文本的新语言
touchscreen	触屏发生变化时要进行自我处理（这种情况通常不会发生）
keyboard	键盘类型发生变化时，要进行自我处理。例如用户插了一个外部键盘
keyboardHidden	键盘的可用性发生变化时，要进行自我处理。例如用户启用了硬件键盘
navigation	导航类型（轨迹球/方向板）发生变化时，要进行自我处理（这种情况通常不会发生）
screenLayout	屏幕布局发生变化时，要进行自我处理。这可能是由被激活的不同的显示方式所导致的变化
fontScale	字体的缩放因子发生变化时，要进行自我处理。如用户选择了一个新的全局字体尺寸
uiMode	用户界面发生变化时，要进行自我处理。在把设备放入桌面/轿车内或夜间模式变化时，会导致这种情况发生。它在 API 级别 8 中被引入
orientation	屏幕的方向发生变化时，要进行自我处理。用户旋转设备时会发生这种变化。如果应用程序的目标 API 级别是 13 或更高的版本，那么还应该声明 screenSize 配置，因为设备在横向和纵向之间切换时，对应的尺寸也会发生变化
screenSize	当前有效的屏幕尺寸发生变化时，要进行自我处理。这种变化意味着当前可用的相对长、宽比发生了变化，因此当用户在横向和纵向之间切换时，就会产生屏幕可用尺寸的变化。但是，如果应用程序是在 API 级别 12 或更低的版本上编译的，那么 Activity 就要始终自己来处理这种变化（这个配置的变化不会重启 Activity，即使是运行在 Android3.2 或更高版本的设备上）。这个设置在 API 级别 13 中被引入
smallestScreenSize	物理尺寸发生变化时，要进行自我处理。这种变化不关注屏幕方向的变化，只在实际的物理屏幕尺寸发生变化时才会发生，如切换到另一个显示器上的时候。这个变化对应 smallestWidth 属性的配置来进行改变。如果应用程序是在 API 级别 12 或更低的版本上编译的，那么 Activity 就要始终自己来处理这种变化（这个配置的变化不会重启 Activity，即使是运行在 Android3.2 或更高版本的设备上）。这个设置在 API 级别 13 中被引入

所有这些配置的改变都会影响到应用中所能看到的资源值。因此，当 onConfiguration-Changed( ) 方法被调用时，通常需要重新获取所有的资源（包括布局资源、可绘制资源等），以便能够正确地处理这些改变。

（6）android:enabled 属性

这个属性用于设置 Activity 是否能够被系统实例化。如果设置为 true，则可以被实例化，如果设置为 false，则不能被实例化。默认值是 true。

＜application＞元素有它自己的 enabled 属性，它的这个属性设置会用于应用程序中的所

70

有组件，包括 Activity。< application > 和 < activity > 元素的这个属性必须要设置为 true（默认情况下都是 true），以便系统能够实例化 Activity。

（7）android:excledeFromRecents 属性

这个属性用于设置由该 Activity 所启动的任务是否应该被排除在最近使用的应用程序列表之外。也就是说，当这个 Activity 是一个新任务的根节点时，这个属性决定了这个任务要显示在用户最近使用的应用程序列表中。如果该属性设置为 true，则这个任务会被排除在列表之外；如果设置为 false，则应该包含在最近使用的应用列表中。默认值是 false。

（8）android:exported 属性

这个属性用于设置该 Activity 能否由另一个应用程序的组件来启动。如果设置为 true，则可以启动，否则不能启动。如果设置为 false，那么该 Activity 只能被同一个应用程序中的组件或带有相同用户 ID 的应用程序来启动。

它的默认值要依赖于该 Activity 是否包含了 Intent 过滤器。如果没有包含任何过滤器，则意味着该 Activity 只能通过明确的类名来调用，这就暗示着该 Activity 只能在应用程序内部使用（因为其他用户不会知道它的类名），因此在这种情况下，默认值是 false。在另一方面，至少存在一个过滤器，则暗示着该 Activity 可被外部使用，因此默认值是 true。

这个属性不是限制 Activity 暴露给其他应用程序的唯一方法。还可以使用权限来限制外部实体对该 Activity 的调用。

（9）android:finishOnTaskLaunch 属性

这个属性用于设置既存的 Activity 实例，在用户再次启动（在主屏上选择这个任务）它所属的任务时，是否应该被关闭。如果该属性设置为 true，则要关闭，否则不关闭，默认值是 false。

如果这个属性和 allowTaskReparenting 属性都被设置为 true，那么这个属性要优于其他属性，Activity 的亲缘关系会被忽略。该 Activity 不会被转移父任务，而是被销毁。

（10）android:hardwareAccelerated 属性

这个属性用于设置该 Activity 是否应该启用硬件加速渲染。如果该属性设置为 true，则启用硬件加速，否则不启用。默认设置是 false。

从 Android3.0 开始，硬件加速的 OpenGL 渲染器对应用程序可用，以便改善许多共同的 2D 图形操作的性能。当硬件加速渲染器被启用时，在 Canva、Paint、Xfermode、ColorFilter、Shader 和 Camera 中大多数操作都会被加速。这样会使动画、滚动更平滑，并改善整体的响应效果，即使应用程序没有明确要使用框架的 OpenGL 类库。因为启用硬件加速会增加系统的资源需求，所以应用程序会占用更多的内存。

要注意的是，不是所有的 OpenGL 2D 操作都会被加速。如果启用了硬件加速渲染，就要对应用程序进行充分测试，以确保所使用的渲染没有错误。

（11）android:icon 属性

这个属性定义了代表 Activity 的一个图标。当 Activity 被要求显示到屏幕上时，这个图标会被显示给用户。例如，这个图标会显示在 Launcher 的窗口中，用于启动任务。这个图标经常会和 label 属性组合使用。这个属性必须被设置为一个包含图片定义的可绘制资源。如果没有设置，就会使用给应用程序设置的图标来代替。

Activity 的图标（或者是 < application > 元素设置的图标）也是所有的 Activity 的 Intent

过滤器的默认图标。

（12）android:label 属性

这个属性给 Activity 设置了一个可读的标签。当 Activity 要展现给用户的时候，这个标签会显示在屏幕上，它经常会跟 Activity 的图标一起来显示。如果这个属性没有被设置，就会使用给应用程序设置的标签来代替。

Activity 的标签（或者是 < application > 元素设置的标签）也是所有 Activity 的 Intent 过滤器的默认标签。

这个属性应该用一个字符串资源来设置。以便它能够在用户界面中用其他的语言来本地化。但是为了开发应用程序的便利，也可以用原始的字符串来设置。

（13）android:launchMode 属性

这个属性定义了应该如何启动 Activity 的一个指令。有 4 种工作模式会跟 Intent 对象中的 Activity 标记（FLAG_ACTIVITY_*常量）结合在一起，用来决定被调用 Activity 在处理 Intent 对象时应该发生的事情，这 4 种模式是：standard、singleTop、singleTask、singleInstance。默认的模式是 standard。

如表 3-3 所示，这 4 种模式被分成两组，standard 和 singleTop 为一组，singleTask 和 singleInstance 为一组。

- 带有 standard 和 singleTop 启动模式的 Activity 能够被实例化多次。其实例能够属于任何任务，并且能够在 Activity 的堆栈中被定为。通常是调用 startActivity（）方法把它们加载到任务中（除非 Intent 对象包含了一个 FLAG_ACTIVITY_NEW_TASK 指令，这种情况下会选择启动一个新的任务）。
- singleTask 和 singleInstance 启动模式的 Activity 只能启动一个任务。它们始终是 Activity 堆栈的根节点。并且设备每次只能拥有一个这样的 Activity——只有一个这样的任务。

表 3-3　launchMode 属性模式详解

使 用 场 景	启 动 模 式	是否支持多实例	解　　释
针对大多数 Activity 的启动模式	standard	支持	默认启动模式，系统总是在目标任务中创建一个新的 Activity 实例，并把 Intent 对象发送给它
	singleTop	有条件	如果这种模式的 Activity 始终存在于目标任务堆栈的顶部，系统就会通过调用它的 onNewIntent（）方法，把 Intent 对象发送给这个实例，而不是创建一个的 Activity 实例
特殊的启动模式，通常不推荐使用	singleTask	不支持	系统在一个新任务堆栈的根节点处创建这个 Activity，并且把 Intent 对象发送给它。但是，如果这个 Activity 的实例已经存在，系统就会通过调用它的 onNewIntent（）方法，把 Intent 对象发送给这个实例，而不是创建一个的 Activity 实例
	singleInstance	不支持	除了系统不能把其他的 Activity 加载到该 Activity 实例所归属的任务中之外，其他与 singleTask 模式相同。这种模式的 Activity 始终是单独存在的，并且是其任务中唯一的成员

standard 和 singleTop 模式在一个方面有所不同：对于 standard 启动模式的 Activity，每次要有一个新的 Intent 对象才能启动，系统会创建一个新的 Activity 类的实例来响应 Intent 对象的请求。每个实例处理一个 Intent 对象。同样，singleTop 启动模式的 Activity 也会创建一个新的实例来处理一个新的 Intent 对象。但是，如果目标任务中在堆栈的顶部已经有了这个

Activity 的实例，那么这个实例会接受这个新的 Intent 对象（在 onNewIntent()回调方法中调用）；而不是创建一个新的 Activity 实例。另一种情况，如果 singleTop 启动模式的 Activity 的一个实例在目标任务中已经存在，但是它没有在任务堆栈的顶部，或者是在堆栈的顶部，却不是目标任务，那么就会创建一个新的 Activity 实例，并把它压入目标任务堆栈。

singleTask 和 singleInstance 模式也在一个方面有所不同：singleTask 模式的 Activity，允许其他 Activity 作为它所在任务的一部分。它始终在所在任务的根节点，但是其他的 Activity（需要是 standard 和 singleTop 模式的 Activity）能够被加载到它的任务中。而 singleInstance 模式的 Activity，不允许其他的 Activity 做它所在任务的一部分。它是其任务中唯一的 Activity。如果要启动另外的 Activity，那么被启动的 Activity 要关联到不同的任务中——就像是在 Intent 对象中设置了 FLAG_ACTIVITY_NEW_TASK 标记一样。

如表3-3 所示，standard 模式是默认模式，并且适用于大多数 Activity。singleTop 也是一种通用的，且被很多 Activity 类型所使用的启动模式。其他模式（singleTask 和 singleInstance）是不推荐给大多数应用程序使用的，因为它们会产生用户不熟悉的交互模式，并且与大多数应用程序也会产生差异。

不管选择了哪种启动模式，都要测试 Activity 在启动期间的可用性，并且在使用 Back 按钮时能够返回到其他的 Activity 和任务。

（14）android:multiprocess 属性

这个属性用于设置 Activity 的实例能否被加载到与启动它的那个组件所在的进程中。如果设置为 true，则可以，否则不可以。默认值是 false。

通常，一个新的 Activity 实例会被加载到定义它的应用程序的进程中，以便应用程序的所有 Activity 都运行在同一个进程中。但是，如果这个属性设置为 true，那么这个 Activity 的实例就可以运行在多个进程中，允许系统在使用它们的进程中来创建实例（权限许可的情况下）。

（15）android:noHistory 属性

这个属性用于设置在用户离开该 Activity，并且它在屏幕上不再可见的时候，它是否应该从 Activity 的堆栈被删除。如果该属性设置为 true，则要删除，否则不删除。默认值是 false。

如果该属性设置为 true，则意味着 Activity 不会保留历史痕迹。也就是说，它不会保留在任务的 Activity 堆栈中，因此用户不能够再返回到这个 Activity。

这个属性在 API Level 3 中被引入。

（16）android:permission 属性

这个属性用于设定启动 Activity 的客户端或者是响应一个 Intent 对象的请求所必须要有的权限。如果 startActivity()方法或 startActivityForResult()方法的调用者没有被授予指定的权限，那么它的 Intent 对象就不会发送给对应的 Activity。

如果这个属性没有设置，那么＜application＞元素中的 permission 属性的设置就会应用到 Activity 元素上。如果＜application＞元素也没有设置，那么这个 Activity 就不会受到权限的保护。

（17）android:process 属性

这个属性用于设置 Activity 应该运行的那个进程的名字。通常，应用程序的所有组件都运行在为这个程序所创建的一个默认的进程中。它跟应用程序的包有相同的名字。＜application＞元素的 process 属性能够给所有的组件设置一个不同的默认值。但是每个组件都能够覆盖这个默认设置，允许把应用程序分离到多个进程中。

如果这个属性名的值是用"："开始，那么在需要的时候，就会创建一个应用程序私有的新的进程，这个 Activity 就会运行在这个进程中。如果进程名使用小写字母开头，那么在权限许可的情况下，该 Activity 会运行在用它命名的全局进程中。这样就能使运行不同应用程序的组件能够共享一个进程，从而减少资源的使用。

（18）android：screenOrientation 属性

这个属性用于设置 Activity 在设备上显示的方向。该属性的值可以是表 3-4 中列出的一个值。

表 3-4　screenOrientation 属性详解

值	说　明
unspecified	默认值，由系统来选择方向。它的使用策略，以及由于选择时特定的上下文环境，可能会因为设备的差异而不同
user	使用用户当前首选的方向
behind	使用 Activity 堆栈中与该 Activity 之下的那个 Activity 相同的方向
landscape	横向显示（宽度比高度要大）
portrait	纵向显示（高度比宽度要大）
reverseLandscape	与正常的横向方向相反显示，在 API Level 9 中被引入
reversePortrait	与正常的纵向方向相反显示，在 API Level 9 中被引入
sensorLandscape	横向显示，但是基于设备传感器，既可以是按正常方向显示，也可以反向显示，在 API Level 9 中被引入
sensorPortrait	纵向显示，但是基于设备传感器，既可以是按正常方向显示，也可以反向显示，在 API Level 9 中被引入
sensor	显示的方向是由设备的方向传感器来决定的。显示方向依赖于用户怎样持有设备；当用户旋转设备时，显示的方向会改变。但是，默认情况下，有些设备不会在所有的 4 个方向上都旋转，因此要允许在所有的 4 个方向上都能旋转，就要使用 fullSensor 属性值
fullSensor	显示的方向（4 个方向）是由设备的方向传感器来决定的，除了它允许屏幕有 4 个显示方向之外，其他与设置为"sensor"时情况类似，不管什么样的设备，通常都会这么做。例如，某些设备通常不使用纵向反转或横向反转，但是使用这个设置，还是会发生这样的反转。这个值在 API Level 9 中引入
nosensor	屏幕的显示方向不会参照物理方向传感器。传感器会被忽略，所以显示不会因用户移动设备而旋转。除了这个差别之外，系统会使用与"unspecified"设置相同的策略来旋转屏幕的方向

📖 在给这个属性设置的值是"landscape"或"portrait"的时候，要考虑硬件对 Activity 运行的方向要求。正因如此，这些声明的值能够被诸如 Google Play 这样的服务所过滤，以便应用程序只能适用于那些支持 Activity 所要求的方向的设备。例如，如果声明了"landscape""reverseLandscape"或"sensorLandscape"，那么应用程序就只能适用于那些支持横向显示的设备。但是，还应该使用 < uses - feature > 元素来明确应用程序所有的屏幕方向是纵向的还是横行的，例如：< uses - feature android：name = "android. hardware. screen. portrait" / >，这个设置由 Google Play 提供的纯粹的过滤行为，并且在设备仅支持某个特定的方向时，平台本身并不控制应用程序是否能够按照属性设定进行屏幕方向的调整。

（19）android：stateNotNeeded 属性

这个属性用于设置在没有保存 Activity 状态的情况下，它能否被销毁且成功的重启。如果该属性设置为 true，则不引用 Activity 之前的状态就能够被重启；如果设置为 false，重启 Activity 时，则需要它之前的状态。默认值是 false。

通常，Activity 在最终被关掉之前，会调用 onSaveInstanceState( )方法来保存资源。这个方法会用一个 Bundle 对象来保存 Activity 的当前状态，然后在这个 Activity 被重启时，再把这个 Bundle 对象传递给 onCreate( )方法。如果这个属性设置为 true，onSaveInstanceState( )方法就可以不被调用，并且调用 onCreate( )方法时，会用 null 来代替 Bundle 对象，就像 Activity 被第一次重启一样。

该属性设置为 true，会确保 Activity 在默认状态下能够被重启。例如，在主屏显示的 Activity 如果使用这个设置，即使由于某些原因导致 Activity 崩溃，也会确保它不会被删除。

（20）android:taskAffinity 属性

这个属性用于跟 Activity 有亲缘关系的任务。有相同亲缘关系的 Activity，在概念上是属于相同任务的（从用户的角度看，它们是属于同一应用程序的）。任务的亲缘关系是通过它的根节点的 Activity 的亲缘关系来判定的。

亲缘关系决定了两件事情：

● Activity 能否重新设定父任务（看 allowTaskReparenting 属性）。

● 这个任务能够包含用 FLAG_ACTIVITY_NEW_TASK 标记启动的 Activity。

默认情况下，在一个应用程序中的所有 Activity 都有相同的亲缘关系。能够通过设置这个属性把 Activity 分到不同的组中。甚至能够把定义在不同应用程序中的 Activity 放到同一个任务中。要指定一个跟任何任务没有亲缘关系的 Activity，就要把这个属性设置为空字符串。

如果这个属性没有设置，那么这个 Activity 会继承应用程序的亲缘关系（看 <application> 元素的 taskAffinity 属性）。应用程序默认的亲缘关系名称是由 <manifest> 元素的 package 属性所设定的包名。

（21）android:theme 属性

这个属性用于设定 Activity 整体主题，它会应用一个样式资源。系统会使用这个主题来自动地设置 Activity 的内容。

如果这个属性没有设置，Activity 会继承应用程序的主题（<application> 元素的 theme 属性）作它的整体样式。如果这个属性也没有设置，那么默认使用系统的主题。

（22）android:uiOptions 属性

这个属性用于设置 Activity 的 UI 的额外选项，它必须是表 3-5 中的一个值。这个属性在 API Level 14 中被引入。

表 3-5　uiOptions 属性详解

值	说　明
none	默认设置，没有额外的 UI 选项
splitActionBarWhenNarrow	在水平空间受到限制的时候，会在屏幕的底部添加一个用于显示 ActionBar 中操作项的栏，例如：在纵向的手持设备上。而不是在屏幕顶部的操作栏中显示少量的操作项。它会把操作栏分成上下两部分，顶部用于导航选择，底部用于操作项目。这样就会确保可用的合理空间不仅只是针对操作项目，而且还会在顶部给导航和标题留有空间。菜单项目不能被分到两个栏中，它们要显示在一起

（23）android:windowSoftInputMode 属性

这个属性用于设定 Activity 的主窗口与软件键盘的窗口如何交互。设置这个属性会影响以下两件事情：软键盘的状态——在 Activity 获取输入焦点时，软键盘是隐藏还是显示；调整 Activity 的主窗口——是调整 Activity 主窗口的大小，以便给软键盘腾出显示空间，还是在 Activity 窗口中的输入焦点被软键盘覆盖时，让 Activity 窗口中的内容平移，以便输入焦点能够显示给用户。

这个属性必须用表 3-6 中的一个值来设定，或者是一个 state×××的值和一个 adjust×××的值的组合。如 < activityandroid:windowSoftInputMode = " stateVisible | adjustResize" … >。这个属性设置的值会覆盖主题中设置的值，此属性在 API Level 3 中被引入。

表 3-6　windowSoftInputMode 属性详解

值	说　明
stateUnspecified	它不指定软键盘的状态（显示或隐藏）。系统会选择合适的状态，或者依赖主题中的设置。它是软键盘行为的默认设置
stateUnchanged	当 Activity 显示在前台时，软键盘会保持它最后的状态（显示或隐藏）
stateHidden	当用户选择这个 Activity 时，软键盘会隐藏。也就是说，当用户确认向前浏览到这个 Activity 的时候，而不是因为离开另一个 Activity 而返回这个 Activity 的时候
stateAlwaysHidden	当 Activity 的主窗口有输入焦点时，软键盘会始终隐藏
stateVisible	在适当的时候（通常是用户浏览到这个 Activity 的主窗口），软键盘是可见的
stateAlwaysVisible	当用户选择了这个 Activity 时，软键盘变得可见，也就是说，当用户确认向前浏览到这个 Activity 的时候，而不是因为离开另一个 Activity 而返回这个 Activity 的时候
adjustUnspecified	这个值并不指定 Activity 的主窗口是否会因软键盘的显示而进行大小的调整，也不会指定 Activity 的主窗口是否会平移，以便把因软键盘所遮挡的输入焦点显示给用户。系统会依赖内容窗口中的内容是否能够滚动自动地选择这两种模式。如果 Activity 窗口中有一个能够滚动的布局，那么这个窗口就会被调整大小，并假设通过滚动能够在一个较小的区域内来浏览窗口中所有的内容
adjustResize	为适应软键盘的显示，Activity 的主窗口始终要调整大小
adjustPan	Activity 的主窗口不会因软键盘的显示而调整大小，相反，窗口中的内容会被自动地平移，以便输入焦点不会被软键盘所遮挡，并且用户能够看到它们所输入的内容。通常很少使用这种模式，因为用户可能需要关闭软键盘，以便能够跟软键盘所遮挡的部分进行交互

3.2.2　Broadcast Receiver

Broadcast Receiver 即广播接收器，这个组件的唯一功能是接收广播消息，若开发者希望开发的应用能够对一个外部的事件（多数时候是系统发出的）做出响应，可以使用一个 Broadcast Receiver。

虽然 Broadcast Receiver 在感兴趣的事件发生时，会使用 NotificationManager 通知用户，但它并不能生成一个 UI。Broadcast Receiver 在 AndroidManifest. xml 中注册，但也可以在代码中使用 Context. registerReceiver( )进行注册。各种应用还可以通过使用 Context. broadcastIntent( )将它们自己的信息广播给其他应用程序。

在介绍广播接收器之前，首先介绍一下广播的概念。在 Android 系统中发生某些事件时，系统会发一个消息给整个 Android 系统，这类消息有开机事件、电话、短信等，称这类消息为广播。光有消息是不够的，要让应用程序知道这些消息还需要广播接收器，接下来将通过程序来介绍这个组件。

所有的接收器都是继承自 BroadcastReceiver 类的，当一个 BroadcastReceiver 类监听到广播信息的时候，系统会将 Intent 对象传给它，并且调用它的 onReceive 方法。

```
public class MyReceiver extends BroadcastReceiver {
    private static final String TAG = "MyReceiver";
    @Override
    public void onReceive(Context context, Intent intent) {
        // TODO Auto - generated method stub
        String msg = intent.getStringExtra("msg");
        Log.i(TAG, msg);
    }
}
```

下一步是为该广播接收器类注册广播地址，注册有两种方式：静态注册和动态注册。对于有序消息，动态注册的 BroadcastReceiver 总是先于静态注册的 BroadcastReceiver 被触发。对于同样是动态注册的 BroadcastReceiver，优先级别高的将先被触发，而静态注册的 BroadcastReceiver 总是按照静态注册的顺序执行。

静态注册是在 AndroidManifest.xml 文件中配置的，代码如下。

```
<receiver android:name=".MainAcivity">
    <intent - filter>
        <action android:name="android.intent.action.MY_BROADCAST"/>
        <category android:name="android.intent.category.DEFAULT"/>
    </intent - filter>
</receiver>
```

这里的 intent - filter 标签中定义了凡是 android.intent.action.MY_BROADCAST 这个地址的广播，该接收器都可以接收到。但是这种注册方式通常是常驻性，当应用程序关闭时，广播消息发出时也照样可以接收到，进行相应的调用。

静态注册当然需要权限，代码如下。

```
<uses - permission android:name="android.permission.RECEIVE_SMS"/>
<uses - permission android:name="android.permission.SEND_SMS"/>
```

动态注册是指在代码中动态地指定广播地址，通常是在一个 Activity 或者 Service 中进行注册，在 Activity 或 Service 中，编写如下代码。

```
MyReceiver receiver = new MyReceiver();
IntentFilter filter = new IntentFilter();
filter.addAction("android.intent.action.MY_BROADCAST");
registerReceiver(receiver, filter);
```

registerReceiver 是 android.content.ContextWrapper 类中的方法，因为 Activity 和 Service 都继承了 ContextWrapper，所以可以直接调用。在实际应用中，在 Activity 或 Service 中注册了一个 BroadcastReceiver，当这个 Activity 或 Service 被销毁时如果没有解除注册，系统会报一个异常，提示是否忘记解除注册。所以，开发者需要记得在特定的地方执行注销：unregisterReceiver(br)。

了解了一些基本知识后编者将通过实例来介绍一下广播接收器，里面用到了短信拦截的代码。当一个 Android 设备收到一条短信时，就会广播一个来自 android. provider. Telephony. SMS_RECEIVED 的 Intent，因此，在 Androidmanifest. xml 静态注册并添加权限。

```
< receiver android:name = ". NewReceiver"
            android:enabled = " true" >
    < intent − filter >
        < action android:name = " android. provider. Telephony. SMS_RECEIVED"/ >
    </ intent − filter >
</ receiver >
```

添加权限代码：

```
< uses − permission android:name = " android. permission. RECEIVE_SMS" / >
```

android. provider. Telephony. SMS_RECEIVED 的 Intent 是一个字符字串，需要显示地引用它。SMS（短信息服务）广播 Intent 包含了新来 SMS 的细节。为了提取包装在 SMS 广播 Intent 的 Bundle 中的 SmsMessage 对象数组，使用 pdus key 来提取 SMS pdus 数组，其中，每个对象表示一个 SMS 消息。将每个 pdu 字节数组转化成 SmsMessage 对象，调用 SmsMessage. createFromPdu，传入每个字节数组，如下面的代码所示。

```
public void onReceive( Context context,Intent intent)
{
    Bundle bundle = intent. getExtras( );
    if ( bundle !  = null)
    {
        Set < String > keys = bundle. keySet( );
        for ( String key : keys)
        {
            Log. d( " key" ,key);
        }
        Object[ ] objArray = ( Object[ ]) bundle. get( " pdus" );
        SmsMessage[ ] messages = new SmsMessage[ objArray. length];
        for ( int i = 0;i < objArray. length;i + + )
        {
            messages[i] = SmsMessage. createFromPdu(( byte[ ]) objArray[i]);
            String s = " 手机号:" + messages[i]. getOriginatingAddress( ) + " \n";
            s + = " 短信内容:" + messages[i]. getDisplayMessageBody( );
            Toast. makeText( context,s,Toast. LENGTH_LONG). show( );
        }
    }
}
```

该段程序可捕捉到短信提示，并显示手机号和短信内容，如图 3-6 所示。

同时，还可以实现对来电信息进行截获，在基于短信拦截程序的基础上，增加 onReceive( )方法，代码如下所示。

```
Notification notification = new Notification( R. drawable. icon," 来电话啦" ,System. currentTimeMillis( ) );
PendingIntent contentIntent = PendingIntent. getActivity( context,0,new Intent( context,MainActivity. class),0);
notification. setLatestEventInfo( context," 您有新的来电" ,contentIntent);
```

```
NotificationManager notificationManager = (NotificationManager) context. getSystemService
(android. content. Context. NOTIFICATION_ SERVICE);
notificationManager. notify(NOTIFICATION_ID, notification);
```

图 3-6　Broadcast Receiver 短信拦截程序示例

3. 2. 3　Service

一个 Service 是一段长生命周期的、没有用户界面的程序，例如正在从播放列表中播放歌曲的媒体播放器。在一个媒体播放器的应用中，包含多个 Activity，让使用者可以选择歌曲并播放歌曲。然而，音乐重放这个功能并没有对应的 Activity，因为使用者当然会认为在导航到其他屏幕时音乐应该还在播放。

在这个例子中，媒体播放器这个 Activity 会使用 Context. startService() 方法来启动一个 Service，从而可以在后台保持音乐的播放。同时，系统也将保持这个 Service 一直执行，直到这个 Service 运行结束。另外，还可以通过使用 Context. bindService() 方法，连接到一个 Service 上（如果这个 Service 还没有运行则将启动它）。当连接到一个 Service 之后，还可以用 Service 提供的接口与它进行通信。拿媒体播放器这个例子来说，也可以进行暂停、重播等操作。

Service 是 Android 系统中一个很重要的应用组件，Service 可以一直在后台运行，也可以跨进程访问，但它不能像 Activity 一样自己运行在前台。

Service 的生命周期阶段比起 Activity 来说简单得多，只有 3 个阶段：创建、开始和销毁，也即 onCreate()、onStart() 和 onDestroy()。其中创建和销毁只会调用一次，而开始函数会调用多次。也就是说已经创建的 Service 当你再要打开它时，它只会调用开始方法，一个 Service 同样也只能销毁一次，下面用一个程序来观察一下 Service 的生命周期。

首先新建一个 Service：

```
public class MyService extends Service
{
    @ Override
    public IBinder onBind(Intent intent)
    {
```

```
            return null;
    }
    @Override
    public void onCreate()
    {
        Toast toast = Toast. makeText(getApplicationContext(),"Service onCreate",Toast. LENGTH_LONG);
        toast. show();
        super. onCreate();
    }
    @Override
    public void onDestroy()
    {
        Toast. makeText(getApplicationContext(),"Service onDestroy",Toast. LENGTH_LONG). show();
        super. onDestroy();
    }
    @Override
    public void onStart(Intent intent,int startId)
    {
        Toast. makeText(getApplicationContext(),"Service onStart",Toast. LENGTH_LONG). show();
        super. onStart(intent,startId);
    }
}
```

在 AndroidManifest. xml 文件中注册这个 Service：

```
< service android:enabled = "true" android:name = ". MyService" / >
```

为布局文件添加两个按钮：

```
< RelativeLayout xmlns:android = "http://schemas. android. com/apk/res/android"
    xmlns:tools = "http://schemas. android. com/tools"
    android:layout_width = "match_parent"
    android:layout_height = "match_parent"
    android:paddingBottom = "@ dimen/activity_vertical_margin"
    android:paddingLeft = "@ dimen/activity_horizontal_margin"
    android:paddingRight = "@ dimen/activity_horizontal_margin"
    android:paddingTop = "@ dimen/activity_vertical_margin"
    tools:context = "com. example. servicetest. MainActivity" >

    < Button
        android:id = "@ + id/button1"
        android:layout_width = "wrap_content"
        android:layout_height = "wrap_content"
        android:layout_alignParentLeft = "true"
        android:layout_alignParentTop = "true"
        android:layout_marginLeft = "24dp"
        android:text = "Start" / >
```

```
    < Button
        android:id = "@ + id/button2"
        android:layout_width = "wrap_content"
        android:layout_height = "wrap_content"
        android:layout_alignBaseline = "@ + id/button1"
        android:layout_alignBottom = "@ + id/button1"
        android:layout_marginLeft = "36dp"
        android:layout_toRightOf = "@ + id/button1"
        android:text = "Stop" / >

</RelativeLayout >
```

MainActivity 代码为:

```
public class Main extends Activity implements OnClickListener{
    private Intent serviceIntent;
    @ Override
    protected void onCreate( Bundle savedInstanceState) {
        super. onCreate( savedInstanceState) ;
        setContentView( R. layout. activity_main) ;
        Button btnStartService = ( Button) findViewById( R. id. button1) ;
        Button btnStopService = ( Button) findViewById( R. id. button2) ;
        btnStartService. setOnClickListener( this) ;
        btnStopService. setOnClickListener( this) ;
        serviceIntent = new Intent( this,MyService. class) ;
    }

        @ Override
    public void onClick( View v) {
        // TODO Auto - generated method stub
        switch ( v. getId( ) )
        {
            case R. id. button1 :
                startService( serviceIntent) ;
                break;
            case R. id. button2 :
                stopService( serviceIntent) ;
                break;
        }
    }
}
```

接下来试验程序,首次单击 Start 按钮,显示调用 onCreate( )方法,之后再单击 Start 按钮,便显示调用 onStart( )方法;首次单击 Stop 按钮,表示调用 onDestroy( )方法,之后再次单击则无显示,如图 3-7 所示。

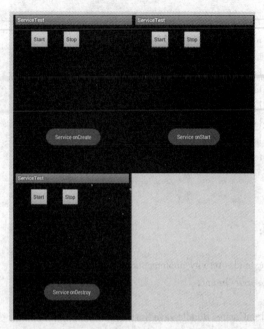

图 3-7　Service 组件示例程序运行效果

3.2.4　Content provider

应用程序能够将它们的数据保存到文件、SQL 数据库中，甚至是任何有效的设备中。当开发者需要将应用数据与其他的应用共享时，Content provider 将会很有用。一个 Content provider 类实现了一组标准的方法，从而能够让其他的应用保存或读取此 Content provider 处理的各种数据类型。

Content provider 是 Android 提供的一个修改、增加、删除、查询外部数据的功能的中间层。Content provider 作为 Android 应用程序四大组件之一，为存储和查询数据提供了统一的接口，实现程序间数据的共享，通过 Content provider，可将程序内部的数据向其他程序公开。Android 系统内一些常见的数据，如音乐、视频、图像等，都内置了一系列的 Content provider。

和 Activity 类似，在 Content provider 中使用的查询字符串有别于标准的 SQL 查询。很多诸如 select，add，delete，modify 等操作都使用一种特殊的 URI（统一资源标识符）来进行，URI 代表了要操作的数据，因此常需要解析 URI，并从 URI 中获取数据。

URI 通常由 3 个部分组成：Scheme、主机名和路径。

1）Scheme 已经由 Android 确定为 content://。

2）主机名是唯一的，用来标识这个 Content provider。

3）路径名是用来表示要操作的数据，是根据数据的具体位置来改变的。

应用程序间共享数据有两种方式：

1）创建子类继承于 Content provider，重写该类用于数据存储和查询的方法。

2）直接使用已经存在的 Content provider，如联系人等。

Android 系统提供了主要的两个工具类，用于操作 URI，分别是 UriMatcher 和 ContentUris。

1）UriMatcher 是用来匹配 URI，和它的名字一样，首先把所需要匹配的 URI 路径全部给注册上，新建一个 UriMatcher：

```
uriMatcher uriMatcher = new UriMatcher( UriMatcher. NO_MATCH) ;
```

然后再在此 UriMatcher 上添加需要匹配的 URI，如果匹配则会返回匹配码 1，匹配码是
addURI 方法的第 3 个参数。

```
uriMatcher. addURI( "com. provider. contactprovider" , "contact" ,1) ;
```

2）ContentUris 是用来获取 URI 路径后面的 ID 部分，可以用 withAppendedId 方法为路径
加上 ID 部分，parseId 方法用于从路径中获取 ID 部分。

3.3　Android 的 Intent 类

Intent 是不同组件之间相互通信的纽带，封装了不同组件之间通信的条件。因为 Android
系统不允许直接访问四大组件（我们前面提到过的 Activity、Service、Broadcast Receiver 和
Content provider），Intent 对象被用于 Activity、Service 和 Broadcast Receiver。Intent 对象从本
质上来说相当于一个信使，用于保存和传输各种数据。

3.3.1　Intent 类简介

Intent 本身是定义为一个类别，一个 Intent 对象表达一个目的（Goal）或期望（Expecta-
tion），叙述其所期望的服务或动作，或与动作有关的数据等。Android 则根据此 Intent 对象
的叙述，负责配对，找出相配的组件，然后将 Intent 对象传递给所找到的组件。

Intent 在 Google 官方文档中是这样描述的：当接收到 ContentResolver 发出的请求后，内
容提供者被激活。而其他 3 种组件被一种叫作 Intent 的异步消息所激活。Intent 是一个保存
着消息内容的 Intent 对象。对于 Activity 和服务来说，它指明了请求的操作名称以及作为操
作对象的数据的 URI 和其他一些信息。比如说，它可以承载对一个 Activity 的请求，让它为
用户显示一张图片，或者让用户编辑一些文本。而对于广播接收器而言，Intent 对象指明了
声明的行为。比如，它可以对所有感兴趣的对象声明照相按钮被按下。

3.3.2　Intent 对象对 Activity 类的应用

通过传递一个 Intent 对象至 Context. startActivity( )或 Activity. startActivityForResult( )以载
入（或指定新工作给）一个 Activity。相应的 Activity 可以通过调用 getIntent( ) 方法来查看
激活它的 Intent。Android 通过调用 Activity 的 onNewIntent( )方法来传递给激发它的 Intent。

一个 Activity 经常启动了下一个 Activity。如果它期望它所启动的那个 Activity 返回一个
结果，它会以调用 startActivityForResult( )来取代 startActivity( )。比如说，如果它启动了另外
一个 Activity 以使用户挑选一张照片，它也许想知道哪张照片被选中了。结果将会被封装在
一个 Intent 对象中，并传递给发出调用的 Activity 的 onActivityResult( )方法。

3.3.3　Intent 对象对 Service 类的应用

通过传递一个 Intent 对象至 Context. startService( )将启动一个服务（或给予正在运行的
服务以一个新的指令）。Android 调用服务的 onStart( )方法并将 Intent 对象传递给它。

与此类似，一个 Intent 可以被调用组件传递给 Context. bindService( )以获取一个正在运行的目标服务的连接。这个服务会经由 onBind( )方法的调用获取这个 Intent 对象（如果服务尚未启动，bindService( )会先启动它）。比如说，一个 Activity 可以连接至前述的音乐回放服务，并提供给用户一个可操作的用户界面以对回放进行控制。这个 Activity 可以调用 bind-Service( ) 来建立连接，然后调用服务中定义的对象来影响回放。

3.3.4　Intent 对象对 Broadcast Receiver 类的应用

应用程序可以凭借将 Intent 对象传递给 Context. sendBroadcast( )，Context. sendOrderedBroadcast( )，以及 Context. sendStickyBroadcast( )和其他类似的方法来产生一个广播。Android 会调用所有对此广播有兴趣的广播接收器的 onReceive( )方法将 Intent 传递给它们。

3.3.5　Intent 的使用

Intent 包含 3 个元素，action、category、data，以及一个额外的可选元素集合。动作和类别都是 String，数据是以 URI 对象的形式定义的。URI 是通用的 URI，包括方案（Scheme）、授权（Authority）和可选的路径。

Intent 类有多种方法，下面将对其中两种着重介绍。

1. setClass 方法

这种方法和 Intent 类的构造方法相同，是完全等效的，其定义方式为：

```
Intent intent = new Intent( );
intent. setClass( MainActivity. this, AActivity. class) ;
```

setClassName 方法允许指定具体的应用程序和组件类的全名。setComponent 方法通过 ComponentName 对象指定 PackageName、ClassName 等信息。

2. putExtra 方法

Intent 通常会用 putExtra 方法传递附加数据，Extras 是传递给 Intent 的额外数据，以 Bundle 的形式定义。Intent 类有多个重载的 putExtra 方法，这些方法用于向 Intent 对象写入不同类型的数据。putExtra 方法有两个参数，第一个参数是 key，第二个参数是 value。

以下是使用 putExtra 方法传递 int、string 和 char 的例子。

```
public class MainActivity extends ActionBarActivity {
    private static final String TAG = "MainActivity";
    private SeekBar seekbar;
    @ Override
    protected void onCreate( Bundle savedInstanceState) {
        super. onCreate( savedInstanceState) ;
        setContentView( R. layout. activity_main) ;
        Button btn = ( Button) findViewById( R. id. button1) ;
        btn. setOnClickListener( new OnClickListener( ) {
            public void onClick( View v) {
                Intent intent = new Intent( ) ;
                intent. putExtra( "intent_string", "click me!") ;
                intent. putExtra( "intent_int", 1) ;
                intent. putExtra( "intent_char", 'i') ;
```

```
                    intent. setClass(MainActivity. this, AActivity. class);
                    startActivity(intent);
                    MainActivity. this. finish();
                }
            });
        }
    }
```

接收 Intent 传来的数据的代码如下。

```
public class SecondActivity extends ActionBarActivity {
    @ Override
    protected void onCreate(Bundle savedInstanceState) {
        super. onCreate(savedInstanceState);
        setContentView(R. layout. activity_second);
        String in = getIntent(). getStringExtra("intent_string");
        char in_ch = getIntent(). getCharExtra("in_char", '');
        int in_in = getIntent(). getIntExtra("in_int", 0);
    }
}
```

3.4　Material Design（应用程序设计规范）

谷歌公司在 I/O 2014 开发者大会上宣布了全新的设计语言"Material Design"（原质化语言），在官方视频中展示了日历、Gmail、地图等一系列应用的效果图。同一时刻，谷歌上线http://www. google. com/design/网站帮助开发者和设计师了解和体验全新的"Material Design"。编者参考了 http://design. 1sters. com/的 Material Design 中文版介绍，在此对这一全新语言进行深入剖析，帮助读者更好地了解和运用 Material Design 语言。

3.4.1　Material Design 设计规范简介

谷歌的开发宗旨是"以用户体验为核心"，不断寻求在同等条件下创造极佳的用户体验。谷歌不断挑战自我，希望将经典设计理论同创新科技相结合，创造出一个全新的视觉语言。同时，谷歌希望创造一种独一无二的底层系统，在这个系统的基础之上，构建跨平台和超越设备尺寸限制的统一体验。遵循基本的移动设计定则，同时支持触摸、语音、鼠标、键盘等输入方式。Material Design 是谷歌的一个非常成功的开发成果。

Material Design 设计原则包括以下几点。

1. 实体感是一种隐喻

合理利用空间和系统化的动作体系的有机结合构成了物质隐喻。实体通过表面和边缘来给用户提供真实的视觉体验，熟悉的触感能够帮助用户更好更快地熟悉一个应用。实体的多样性使得谷歌的开发者能够呈现出与真实世界的设计效果一样而不脱离客观的物理规律的设计。这些设计充分考虑了光线、表面和运动这 3 个反映物体运动、交互和存在于空间的决定性因素之间的相互作用，并将其运用到应用的设计当中，给用户几近真实物理世界的体验。

2. 鲜明、形象、有针对性

传统的纸质设计在对基本元素的处理上对于视觉处理有很强的可借鉴性。这些基本元素不仅能给用户愉悦的视觉体验，还能够创造视觉层次、深刻含义和独特聚焦。精心配色，挑选图像，合适的字体和留白，力求构建出鲜明形象的用户界面，让用户沉浸其中。Material Design 设计语言强调根据用户行为凸显核心功能，进而为用户提供操作指引。

3. 动作创造意义

用户是原始的动作执行者，动作是一种对应于意图的响应和尊重。所有的动作都在单一环境当中执行。即使在动作过程中某一对象被改变了，也能够在不破坏用户体验连贯性的前提下呈现给用户。动作应该是合理且有意义的，动作的反馈需要细腻、清晰，动作的转换需要高效、连贯。

3.4.2 Material Design 设计规范详解

Google Material Design 官方网站发布了一系列设计规范原则，从静态、动态两方面全面地对界面设计进行了规范和解释。

1. 动作效果（Animation）

（1）仿真的动作效果（Authentic Animation）

对物体的触感有助于我们控制物体。通过观察物体的运动情况，能够知道其轻重情况、灵活程度和尺寸大小。在 Material Design 语言当中，动作不仅是优美的运动，更是空间中的关系、功能和系统趋势信息的提供者。

1）体积和重量。在现实世界中，物体是有体积的，只有当力作用在物体上时该物体才会运动。因此，物体不会瞬间开始或停止运动。突然的开始、停止动画或者在动画过程中突然转向都是不自然的，会降低用户体验。优秀的动画设计应当保持物体在物理世界的真实性，同时不失整体设计的简洁大方、优雅流畅。比如，快速的加速和平缓的减速过程在我们看来是自然的，线性运动则是机械化的。

📖 特例：进入和退出场景（Frame）。当对象进入场景时，以最快速度平稳地运动，退出场景时也要保持速度。避免加速进入或者减速退出的情况，这样会导致用户被对象的速度变化所吸引而转移注意力，对于开发者来说，这是不希望发生的事情。

2）随机应变。不是所有的物体都遵循一样的运动规律。小或者轻的物体变速所需的作用力小，在相同作用力下，速度变化比一般的更快，大或者重的物体反之。因此，开发者需要根据界面中每一个对象的特征调整它们的运动参数，使整个界面的对象都合理地运动。

（2）响应式交互（Responsive Interaction）

优秀的响应式交互界面能够获得用户的信任，吸引用户的关注。当用户使用一个外观优美，操作流畅、符合逻辑的应用程序时，他们会觉得满足甚至是惊喜。这样的应用程序应当是考虑周到、目的明确而非随机性的，它可以有适当的异想天开但不能过分分散用户的注意力。

在 Material Design 当中，应用程序响应而且渴望用户的操作：触摸、语音、鼠标和键盘，这些是首要考虑的操作输入；UI 中的元素虽然可以触摸，但与用户之间隔着一层屏幕，通过及时处理输入和暗示后续操作，UI 和用户之间的隔阂能够被消除。

响应式交互使得原本只有传递信息功能的应用程序上升到与用户交流信息的层次。

1）表层响应。当界面接收到一个输入事件时，系统立即在输入事件发生点提供一个视觉确认。输入事件可以是触摸事件、语音输入、键盘输入等。

2）元素响应。和表层响应一样，每个元素也能根据输入事件做出响应。元素可以在触控时增大，告知用户其处于活跃状态。用户可以通过点击、拖动来生成、改变元素，或者直接对元素进行处理。在实现过程中，要注意新产生的元素应该从输入点出现，方便用户建立两者之间的因果联系。

3）径向响应。所有的用户交互行为中都会有一个特定的交互点，他们想通过该点来与系统交互。对于用户关注的交互点，应该绘制一个明显的视觉效果来让用户清晰地感知自己的输入（触摸屏幕、语音输入等），方便用户将交互点与动作关联起来。

（3）精良的转换设计（Meaningful Transitions）

在用户使用一个应用程序的过程中，有时可能很难知道应该将注意力放在页面的哪个地方。为了避免此类情况，设计者应当在转换设计中下功夫，揣摩如何在页面的转换中始终引导用户关注应该关注的地方。页面转换不仅应当美观大方，还应充分为功能服务。

1）视觉连贯性（Visual Continuity）。两种视觉状态的转换过程应当是流畅、简单并且对用户来说是清晰易懂的。转换操作通常涉及以下3种类别的元素。

新出现的元素：新建立的元素要介绍给用户，从已有场景转变过来的要重新被用户识别。

被替代的元素：与当前场景不相关的元素应当以合适的方式被移除。

用的元素：在转换过程中不需改变的元素，可以是一个细微的图标或者一个主题的视图。

设计思路：进行转换设计时，应当思考以下3点：

- 如何引导用户的注意力？新入、淡出和通用元素的转换处理应如何被强调或弱化？
- 设计视图时预先考虑到转换操作，在不同场景通过色彩和通用元素让用户形成视觉联系。
- 慎重添加动画。仔细考虑每个元素的移动，使得整个转换过程更加清晰和悦目。避免瞬间转换场景，这样会显得很突兀，不利于提升用户体验。

2）层次分明的时序（Hierarchical Timing）。在建立转场的时候，对于元素移动的顺序和时机都要详加考虑。要确保这个动画能使信息的展示具有层次感。也就是说，它能引导用户的关注力，将最重要的内容传递给用户。在设计过程中，应当展现递次的动画引导用户的注意力，避免界面所有元素同时变动，无法突出重点。

3）连贯的编排（Consistent Choreography）。由于屏幕中转换动作的元素在整屏范围里移动，因此所有元素应该以一种整体协调的方式运动。尤其是对于起到引导视觉焦点作用的元素，在转换设计过程中要保证其整个移动过程都要有意义、有秩序，避免随机的动画而分散用户的注意力。一个协调有序的应用能够很快帮助用户学习和使用这个应用。反之则会让用户在混乱无序的应用中失去兴趣。

连贯的编排需要注意以下几点：

- 避免线性的转换动作。如果某一动画被限制在一个轴上或者与其他元素一起往某个点协调地移动，才可以考虑线性转换。

- 保证转换过程中每一个元素运动的方向都是相互协调有序的，避免互相冲突或者相互重叠的路径。
- 充分考虑转换过程中的层次：哪个运动在哪个运动之上进行，为什么是这样？
- 检查当所有元素的移动路径显示在屏幕上的时候，是否有看起来美观整齐，是否创造了一个清晰的图像，明确提示了应当被注意的点？
- 通过新入和退出元素的连贯性转换动作来表现空间上的关系。
- 保证转换动画是和谐一致，清晰有序，能够引导用户注意力的。避免混乱不连贯的动画造成的用户的困惑。

（4）绝妙的细节设计（Delightful Details）

动画效果在应用程序中广泛存在，旨在为用户创造美观大方、无缝连接的精彩体验。动画效果最基本的用途即在转换动作当中。恰到好处的动画，即使再细微也能够给用户绝妙的体验。比如一个菜单图标变成一个箭头或者播放控制按钮，这种服务间的无缝切换不仅能够让用户感知，更能够凸显整个应用程序的设计精良。

2. 风格（Style）

（1）色彩（Color）

色彩设计从当代建筑、路标、人行横道以及运动场馆中获取灵感，由此引发出大胆的颜色表达，与单调乏味的周边环境形成鲜明的对比。对阴影效果和突出显示的强调，能获得意想之外的活力无限的颜色效果。

1）UI 调色板。调色板以一些基础色为基准，通过填充光谱来为 Android、Web 和 iOS 环境提供一套完整可用的颜色。基础色的饱和度是 500。

2）UI 颜色应用。选择调色板：限制颜色的数量，选择 3 个基本色度以及一个二级的强调色。强调色可以选择是否需要一个备用选项（Fall Back Options）。

鼓励在 UI 中的大块区域内使用醒目的颜色。UI 中不同的元素适合主题中不同的色彩。工具栏和大色块适合使用饱和度 500 的基础色，作为应用程序的主要颜色。状态栏适合使用更深一些的饱和度 700 的基础色。如图 3-8 所示。

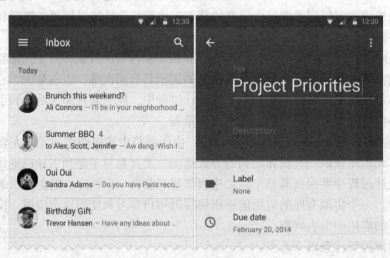

图 3-8　应用程序状态栏色调示例

3）强调色。鲜艳的强调色用于主要操作按钮以及组件，如开关或滑片。左对齐的部分图标或章节标题也可以使用强调色。

4）备用强调色。如果采用的强调色相对于背景色太深或者太浅，默认的做法是选择一个更浅或者更深的备用颜色。若强调色无法正常显示，那么在白色背景上会使用饱和度 500 的基础色。如果背景色就是饱和度 500 的基础色，那么会使用 100% 的白色或者 54% 的黑色。

5）主题。主题是对应用提供一致性色调的方法。样式指定了表面的亮度、阴影的层次和字体元素的适当不透明度。为了提高应用间的一致性，提供两种主题选择：轻色调、重色调。

（2）字体排版（Typography）

1）Roboto 字体集。自从 Ice Cream Sandwich 发布以来，Roboto 都是 Android 系统的默认字体集。在这个版本中，Roboto 字体集得到了进一步的全面优化，能够适配更多平台。宽度和圆度都轻微提高，从而提升了清晰度，并且看起来更加愉悦。Roboto 字体集参见光盘的第 3 章。

2）标准样式（Standard Styles）。字体排版的缩放和基本样式（Typographic Scale & Basic Styles）。同时使用过多的字体尺寸和样式会破坏整个布局。采用字体排版的缩放，即有限的、和谐统一的、整体的字体尺寸的集合，能够很好地适应布局设置。几种基本的样式集合是基于 12，14，16，20 和 34 的字体排版的缩放。这些尺寸和样式在经典应用场合中很好地平衡内容密度和阅读舒适度。字体尺寸通过 SP（Scaleable Pixels，可缩放像素数）指定可以让大尺寸字体获得更好的可接受度。

3）基本色/色彩对比度（Basic Colors/Color contrast）。众所周知，当文本和背景是同一种颜色的时候，用户很难阅读文本。但较少人知道的是，文本和背景颜色太过强烈的对比也会造成用户眩晕的感觉，难以阅读。这种情况在黑色背景中尤其明显。文本与背景的对比度最小值是 4.5∶1，（根据明度值计算而来），7∶1 的对比度是最适合阅读的。这些色彩的组合同样考虑了非典型颜色感受人群的不同反应。

4）大号字/动态字体尺寸（Big Type/Dynamic Type Sizes）。如果应用得当，大字号字体能够使应用程序看起来更有趣，使用户容易辨别页面的布局结构，以帮助用户快速理解内容。动态字体尺寸让大号字可以在文本长度未知的情况下保持在容器之内。动态尺寸是根据可用空间和预估的字符空间，从字体排版缩放中选择的。除非万不得已，尽量避免轻率地使用小号字来适配较小的容器。

5）行高（Line Height）。行高是通过每个样式各自的尺寸和粗细决定的，以获得良好的可读性和合适的间距。只有"主体""次要标题""大纲"等类似的样式中才允许使用自动换行。其他所有样式应当以单行形式出现。

样例对比如图 3-9 所示。

6）换行规则/连字符（Line Breaking Rules/Hypenation）。

尽量保证每行的字数一致，避免在段落中间的某一行空格太多，影响整体的美观大方。

7）每行长度包含的字符（Characters Per Line Lengths）

可读性和行长度参考了来自 Baymard Institute 的建议：

"要得到良好的阅读效果，每行应当包含 60 个字符左右。每行所包含的字符数量是决定阅读舒适度的关键因素。"

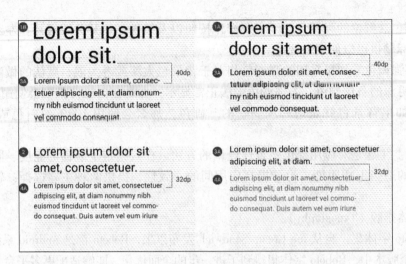

图 3-9　行高样例对比图

"过宽：如果每行文本过多，用户的眼睛将难以找到在文本上对焦。这是因为过长的文字导致用户难以判断一行的起始点，甚至在大段文字中出现读错行的现象。"

"过窄：如果每行文本过少，会导致眼睛来回扫视过于频繁，破坏阅读的节奏。过短的内容还会给人压力，导致用户完成本行阅读前过早跳转到下一行阅读（因此会错过潜在的重要信息）。"

8）字间距（Tracking and Kerning）。字间距控制的是字与字之间的距离，谷歌对此设置了几项标准，如图 3-10 所示。

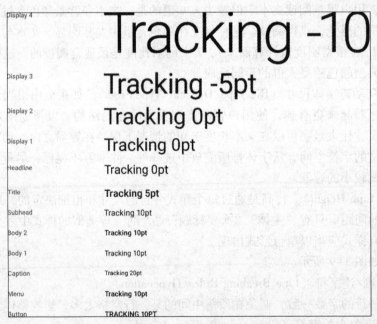

图 3-10　字间距示意图

（3）图标（Icon）

1）系统图标（System Icon）。

● 定义

系统图标，或称 UI 图标，代表一个命令、文件、设备或者目录。系统图标也能够代表一些常用的操作，例如回收垃圾、打印和保存等。

系统图标的设计要简洁友好，有潮流感，有时候也可以设计地古怪幽默一点，如图 3-11 所示。要把很多含义精简到一个很简化的图标上表达出来，当然要保证在这么小的尺寸下，图标的意义仍然是清晰易懂。

● 设计原则

简洁鲜明的图形在采用对称一致的设计时，一样能够拥有独特的韵味。

● 网格、比例和大小

图标网格是所有图标的基准网格，并且具有特定的组成成分和比例。图标由一些对齐图标网格的平面几何形状组成。基本的平面几何形状有 4 种，具有特定尺寸以保证所有图标有一致的视觉感和比例。两种形状相同、尺寸不同的图标集可供在应用程序中使用：状态栏、上下文图标集和操作栏、桌面图标集，如图 3-12 所示。

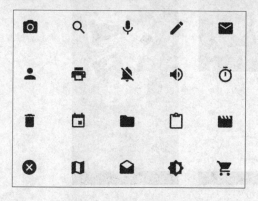

图 3-11　系统图标示意图

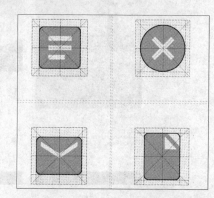

图 3-12　系统图标设计网格示意图

所有的笔画或者线条组成的图标都有尖角。将圆角巧妙地融入正方形和长方形的图形当中，则会在图形中添加一种柔和的感觉，避免了尖角带来的单调感。同时使用圆角和尖角，也有助于图形的凹凸感。每一个尺寸的系统图标集使用不同大小的圆角以保证视觉一致性。注意，同一图标的两个不同尺寸，如果圆角一样大会显得一个圆润、一个尖锐，因此要根据图标的尺寸进行圆角大小的调整。

一致性是非常重要的设计原则。在设计不同的应用程序时，尽可能地使用系统图标。

图 3-13 列举了系统图标（左侧）和非系统图标（右侧），读者应尽量使用系统图标。

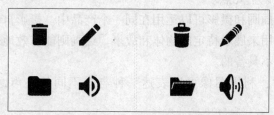

图 3-13　系统图标与非系统图标

2）上下文和应用中的图标。图标网格决定了图标位于一个固定大小（24dp）的区域内。切忌图标大小不一。

- 图像

图像不仅仅是一种装饰，鲜明、图形化、有目的性的图像能够有效地吸引用户。图像是一种产品推广工具，能够有效地展现产品特色。

- 设计原则

当使用绘画和摄影提升用户体验时，选择能够表达个人关联、信息和恰到好处的图像。这些设计原则旨在帮助用户通过图像关联内容，更好地掌握这款应用程序。

如图 3-14 所示，图 3-14a 体现了个人关联的图像，通过在主页上显示出联系人的头像，建立其用户与应用程序的情感联系。图 3-14b 图像体现的是传达特定信息的图像，在界面上设定 San Francisco 的风景图，形象地说明了飞行的目的地，帮助用户创建智能的感官体验。图 3-14c 体现了一个恰到好处的图像，在界面上显示了存放文件的示意图，与 "Add files to Drive" 相互呼应，能够以意想不到的方式来取悦用户，让用户在体验过程中感受到惊喜。

图 3-14　图像设计优秀案例

- 场景赏析

在图像设计中要将应用程序的逻辑性作为考虑因素，确保图像是动感的，并且显示出场景智能性和相关性。带有预测性的视觉效果能够彰显出智能的水准，从而能大大改善用户体验。

- 身临其境

要勇于运用遮盖的方法，或是对色彩和内容的叠加来构成对画面主角的印象，抑或是构成一幅缩略图。

优秀的设计应注意以下几点。

- 多媒体的运用：插画和摄影可以运用在同一个产品中。摄影自动暗含了一定程度的特定性，从而应该用来展示特定的物体和故事。绘画则能有效地表现出概念和隐喻，而这一点是摄影所不具备的。

- 避免使用库图片：利用图像可以表达一种与众不同的心声，还可以展现出绝佳的创意。

- 焦点明确：图像设计过程中应当注意要有一个标志性的焦点。小到单一物体，大到整体布局，都可以成为焦点。确保能够通过一个让人印象深刻的方法，传递给用户一个清晰的概念。

- 叙事性强：创建一个让人感觉身临其境的故事和上下文场景。
- 避免过度修改：保持图像的原始完整性。不要过度使用高度滤镜或高斯模糊，尤其是当试图去隐藏劣化的时候。

3）UI 集成。

- 分辨率：确保采用的图像大小适应其边框并且支持跨平台。该结构强调大幅图像。理想情况下，素材应该不会出现像素化。在测试应用程序过程中，为特定的比率和设备选择合适的分辨率大小。
- 大小调整：利用不同大小的图像来创造视觉上的重要性。
- 文字保护：添加文字保护纱（Protection Scrims）来使图像上的文字显示清晰易读。暗纱（Dark Scrims）理想的透明度应当在 20% ~ 40% 之间，亮纱（Light Scrims）理想的透明度应当在 40% ~ 60% 之间，都要视具体内容来定。避免过度使用文字保护纱遮挡住图像内容。

如图 3-15 所示，左图在风景图中特定区域加入文字保护纱而避免了覆盖整个图像，右图则使用了过度的保护纱，整个风景图都被弱化了，是不提倡的处理方式。

图 3-15　文字保护纱运用示例

4）头像和缩略图。头像和缩略图代表实体或内容，可以是摄影或者概念性的插画。通常来讲，它们是横置目标（Tap Targets），可以让人对事物和内容有一个初步印象。

5）主角图像。主角图像通常被固定在很明显的位置，大小比普通大小略大，比如屏幕顶部的横幅。主角图像能够吸引用户，提供内容相关的背景，或加强品牌。

6）图集。图集图片（Gallery Images）通常风格醒目，且它们的布局基本相同，比如网格布局，或是单一的图像。图集图片的显示方式通常有两种，照片墙方式和图片展览方式。

3. 布局（Layout）

（1）准则（Principles）

Material Design 的设计借鉴了印刷文化的一些设计标准，如基准线和通用网格。布局排版旨在让页面设计能够适应不同的屏幕尺寸，促进 UI 开发，帮助研究者开发出可扩展的应用程序。布局指南也通过使用相同的视觉元素、结构网格和通用的行距规则，让应用程序在不同平台与屏幕尺寸上拥有一致的外观和感觉。结构和视觉上的一致创造了一个可识别的跨平台产品的用户环境，它给用户提供高度的熟悉感和舒适性，让产品更便于使用。

在深入地研究布局细节之前，读者应明确什么是 Material Design：一种基于纸页质感的设计。这就要求读者对纸质的设计和使用过程有一个清晰的认识。

1）页面制作。在 Material Design 里，每一个像素点都可以看作应用程序在一张纸上画出的点。每个页面都有一个平滑的背景颜色，通过调节每个页面的大小，能够达到不同的效果。一个典型的布局通常就是由多层页面组成的。

2）页面布置。当两个页面共享一条相同长度的边时，需要设计一个接缝处（Seams）。两个页面通过接缝处连接在一起后，通常会形成一个整体，一起发生移动等动作。两张 Z 轴位置不同的纸片重叠会产生层阶（Step），因此它们通常是彼此独立移动的。

3）页面工具栏。工具栏是一个主要展示操作的条状页片。这些操作通常聚集在工具栏的左边缘和右边缘。与导航相关的操作（一个抽屉菜单（Drawer Menu），一个向上的箭头（up arrow））呈现在左边，而适用于当前情境的操作呈现在右边。在工具栏左边和右边的操作不会被另一个页面分离。然而，工具栏的宽度被限制到小于页片的宽度。工具栏经常在别的页面上形成一个叠层，用来显示与工具栏操作相关的内容。工具栏有一个标准的高度，但也可以更高。

4）浮动操作。浮动操作指的是与工具栏分离的圆形页片。浮动操作代表在当前情境下单独的提升操作。当与产生这个层阶的页面内容相关联时，浮动操作可以跨越这个层阶。浮动操作在与产生这个叠合线的两个页面内容相关联时，可以跨越这个缝合线。需要注意的是：永远不要仅仅为了给操作提供一个支撑点而引入一条装饰性的缝合线。

5）自适应性原则。在设计跨设备的布局文件时，对于网格的设置有固定（Fixed）、黏性（Sticky）和流畅 3 种策略。下面列举了一些简单的设计指导：

- 遵循用户的习惯。
- 更大的屏幕≠更好的认知。
- 线段的长度要适宜。
- 角度设计要合适。
- 去除多余的内容：注意留白，不要被固定的工具栏所限制。
- 在多重层次等级结构中使用策略，例如屏幕层级和卡片层级。

6）深度设计考虑。深度设计的考虑不仅仅是为了起装饰效果。深度设计应当优先考虑元素的 Z 轴空间而非绝对的位置。应用程序中的深度应该表达出元素的层级和重要性，帮助用户集中注意力在正进行的任务上。

7）阴影。阴影包括两层：顶层和底层。顶层用来体现阴影的深度，底层用来体现阴影的边界。

（2）度量与边框（Metrics and Keylines）

1）基准网络。所有组件都与间隔为 8dp 的基准网格对齐。排版/文字与间隔为 4dp 的基准网格对齐。在工具条中的图标同样与间隔为 4dp 的基准网格对齐。这些规则适用于移动设备、平板设备以及桌面应用程序，如图 3-16 所示。

2）边框与边距。本书光盘第 3 章包括了移动设备、平板设备和桌面应用程序的屏幕示例供读者参考。读者还可参阅官网简介：https://www.google.com/design/spec/layout/metrics –

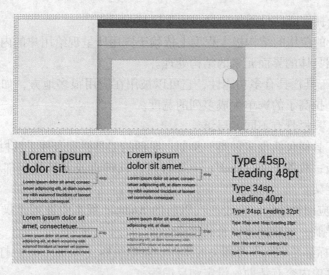

图 3-16　网格设计示意图

and – keylines. html#metrics – and – keylines – keylines – and – spacing。

3）比率边框。比率边框是指应用于移动设备屏幕的宽度和移动设备、平板设备以及桌面应用程序中 UI 元素的宽度。

4）增量边框。增量边框定义了一个增量，比如动作条的高度，然后使用几倍于这个增量的数字来决定应用中其他元素的尺寸和位置。增量边框大多应用于桌面应用程序，有些也适用于平板设备，很少应用在移动设备中。增量的数量会根据窗口的尺寸来改变。增量边框设计示意图如图 3 – 17 所示。

5）触摸目标尺寸。最小的触摸尺寸是 48dp。当有图标（24dp）或者头像（40dp）出现在页面布局中，尤其要记得这个触摸尺寸。触摸控件之间不允许有重叠现象，会造成混乱。

（3）结构（Structure）

1）用户界面区域和指南。设计宗旨为：

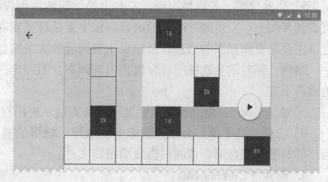

- 自顶向下。
- 呈现内容。
- 功能突出。
- 顶层视图策略。
- 用户界面清晰。

图 3-17　增量边框设计示意图

本章节涵盖了从移动应用到桌面应用的高级层次结构，同时包含几点指导建议。

- 不同种类的应用需要处理不同的需求。
- 在单一屏幕操作单一集中活动的应用（如计算器、相机和游戏）。
- 主要用于不同活动之间切换并且不需要很深入指导的应用（如手机的电话功能会提供收藏，最近联系记录和联系人）。
- 包含多样化的数据视图，并支持深层浏览的应用（如一个拥有不同文件夹的邮件应用程序或一个拥有商品分类的购物应用程序）。

● 开发者设计的应用的结构极大程度上依赖于应用所呈现给用户的内容及任务。

下面依次介绍具体的界面元素的结构处理。

2）工具栏。工具栏具有多功能性，它可以被用在应用很多地方，如全宽度，默认高度的选单；全宽度，拉高了的选单生成多列的宽度。

具有列宽的工具栏具有不同的层级。

总的来说，工具栏包括很多种类，例如：灵活的工具栏和卡片工具栏；浮动工具栏；分离的工具栏调色板；放置于架（shelf）上并且附在软键盘或者其他底部元素顶部的底部工具栏；底部工具栏架。

3）应用栏。应用栏结构：应用栏在以前的 Android 版本中被叫作操作栏，用来显示应用的标识、应用导航、内容搜索以及其他操作。

图 3-18 的图标都是应用本身相关的操作。菜单图标（Menu Icon）打开的是一个溢出菜单，里面包括的菜单内容有帮助、设定和反馈等。

图 3-18　应用栏设计示例

应用栏设计针对不同的设备有不同的尺寸标准。一般来说，手机横屏（Landscape）为 48 dp；手机竖屏（Portrait）为 56 dp，平板电脑/电脑桌面（Tablet/Desktop）为 64 dp，对于拉高了的选单，它的高度等于默认高度加上内容高度。

4）菜单。菜单类似于临时的一张纸，这张纸经常覆盖到应用栏，但并不是应用栏的拓展。

5）边界导航。若侧栏出现，左右边的导航抽屉可以被固定一直显示或者浮动显示临时覆盖到界面上。左边的导航栏的内容应该主要是导航或者识别类型的。而右边导航栏的内容应该主要是更深层次的信息，及该页主要内容的次级信息。

结构：临时的导航抽屉可以覆盖内容画布。而固定的导航抽屉应该放置在内容画布的侧边或者下方。

尺寸（手机）：侧边导航栏宽度 = 屏幕宽度 - 应用栏高度（浮动的最大宽度：304dp）。

6）白框。在平面，分层和阴影上使用统一规格的基础上，白框可以提供不同的设计结构。详情参见光盘第 3 章的白框页面布局文件。

4. 部件（Components）

（1）底部动作条（Bottom Sheets）

底部动作条是一个从屏幕底部边缘向上滑出的一个面板，使用这种方式向用户呈现一组功能。底部动作条提供了简单、清晰、无需额外解释的一组操作。

1）用法介绍。底部动作条特别适合有 3 个或者 3 个以上的操作需要提供给用户选择，并且不需要对操作有额外解释的情景。如果只有两个或者更少的操作，或者需要详加描述的，可以考虑使用菜单或者对话框替代。

底部动作条有两种方式：列表和网格。网格通常能够增加视觉的清晰度。

2）内容设置。在一个标准的列表样式的底部动作条中，每一个操作应该有一句描述和一个左对齐的图标。如果需要的话，也可以使用分隔符对这些操作进行逻辑分组，也可以为分组添加标题或者副标题。一个可以滚动的网格样式的底部动作条，可以用来包含标准的分享操作。

3）动作设计。显示底部动作条的时候，动画应该从屏幕底部边缘向上展开。根据上一步的内容，向用户展示用户上一步的操作之后能够继续操作的内容，并提供模态的选择。点击其他区域会使得底部动作条伴随下滑的动画关闭掉。如果这个窗口包含的操作超出了默认的显示区域，这个窗口可以滑动。滑动操作应当向上拉起这个动作条的内容，甚至可以覆盖整个屏幕。当窗口覆盖整个屏幕的时候，需要在上部的标题栏左侧增加一个收起按钮。

📖 模态：模态的对话框需要用户必须选择一项操作后才会消失，比如 Alert 确认等；而非模态的对话框并不需要用户必须选择一项操作才会消失，比如页面上弹出的 Toast 提示。

4）规格设置。对于底部动作条的规格，下面几幅图展示了提供给手机应用使用的字体、颜色和区域规格标准。

图 3-19 展示了列表样式的底部动作条设计规格。

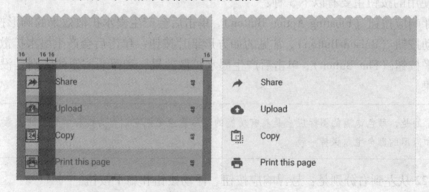

图 3-19　列表样式的底部动作条设计规格

图 3-20 展示了带头部的列表样式的底部动作条设计规格。

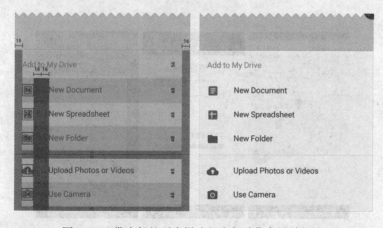

图 3-20　带头部的列表样式的底部动作条设计规格

图 3-21 展示了包含跳转到其他程序入口的标准网格样式底部动作条设计规格。

图 3-21　包含跳转到其他程序入口的标准网格样式底部动作条设计规格

（2）按钮（Buttons）

按钮由文字和/或图片组成，文字或图片能够清晰地告诉用户单击这个按钮时能够发生什么样的动作。

广泛使用的按钮主要有以下 3 种：

- 悬浮响应按钮（Floating Action Button），单击后会产生墨水扩散效果的圆形按钮。
- 浮动按钮（Raised Button），常见的如方形纸片按钮，单击后会产生墨水扩散效果。
- 扁平按钮（Flat Button），单击后产生墨水扩散效果，和浮动按钮的区别是没有浮起的效果。

📖 需要注意的是，颜色饱满的图标应当是具有功能的，尽量避免把它们作为纯粹装饰用的元素。按钮的设计应当和应用的颜色主题保持一致。

图 3-22 从左到右分别是：悬浮响应按钮、浮动按钮和扁平按钮。

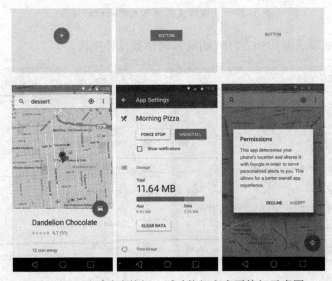

图 3-22　悬浮响应按钮、浮动按钮和扁平按钮示意图

1）主按钮。按钮类型应该基于主按钮、屏幕上容器的数量以及整体布局来进行选择。首先，审视一遍所有的按钮功能；然后，基于放置按钮的容器以及屏幕上层次堆叠的数量来选择使用浮动按钮还是扁平按钮。而且应该避免过多的层叠。最后，检查布局。一个容器应该只使用一种类型的按钮。只在比较特殊的情况下（比如需要强调一个浮起的效果）才应该混合使用多种类型的按钮。

2）对话框中的按钮。对话框中通常使用扁平按钮作为主要按钮类型以避免过多的层次叠加。

3）按钮内边距。根据特定的布局来选择使用扁平按钮或者浮动按钮。对于扁平按钮，应该在内部四周留出足够的空间（内边距）以使按钮清晰可见。注意：不可在底部固定按钮的区域内使用浮动按钮。底部固定按钮也可以用在内容可拉动的对话框中，前提是要加上分隔线。

4）悬浮响应按钮。悬浮响应按钮是促进动作里的特殊类型，是一个圆形的漂浮在界面之上的、拥有一系列特殊动作的按钮。这些动作通常和变换、启动，以及它本身的转换锚点相关。

悬浮响应按钮有两种尺寸：默认尺寸和迷你尺寸。迷你尺寸仅仅用于配合屏幕上的其他元素制造视觉上的连续性。

5）浮动按钮。浮动按钮使按钮在比较拥挤的界面上更清晰可见。能给大多数扁平的布局带来层次感。图3-23显示了两种浮动按钮设计，左图是优秀的设计，按钮突出；右图是不好的设计，按钮不明显，不方便用户使用。

6）扁平按钮。一般用于对话框或者工具栏，可避免页面上过多无意义的层叠。图3-24展示了两种扁平按钮的设计，左图是优秀的设计，右图层次感太重，不是好的设计。

7）扁平和浮动按钮的状态。浮动按钮看起来像一张放在页面上的纸片，单击后会浮起来并表现出色彩。扁平按钮会一直保持和页面

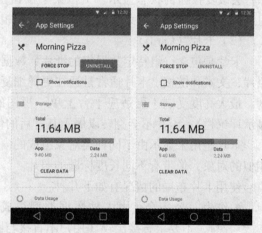

图3-23　浮动按钮设计对比图

贴合的状态，单击后会填充颜色。墨水效果会跟着焦点的改变从一个按钮转换到另一个按钮。聚焦状态的动画会表现出正常状态和单击状态间来回切换的过渡效果。

模拟按钮状态的时候，可以使用图形轮换来表现动画。注意聚焦状态会一直处于动画的状态。

8）其他按钮。

- 图标开关：图标适合用在应用导航条或者工具条上，作为动作按钮或者开关。图标开关可以在它的范围内呈现弹性或者非弹性的墨水扩散涟漪效果。
- 移动端下拉菜单按钮。可以用来控制对象状态，一般会有两个甚至更多的状态。按钮会显示当前状态以及一个向下的箭头。当按钮触发后，一个包含所有状态的菜单会在按钮周围弹出（通常都是在下方）。

菜单中的状态通常会以字符、调色板、图标或者其他的形式呈现出来。单击任意一个状

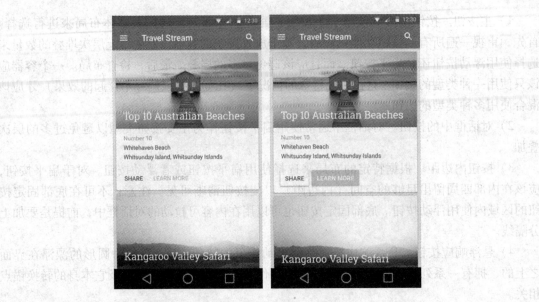

图 3-24　扁平按钮设计对比图

态将会改变按钮的状态显示。下拉菜单按钮主要有溢出下拉菜单按钮、分段式下拉菜单按钮、可编辑分段式下拉菜单按钮和桌面下拉相关按钮多个类别。

（3）卡片（Cards）

卡片是包含一组特定数据集的纸片，数据集含有各种相关信息，例如，关于单一主题的照片、文本和链接。卡片通常是通往更详细复杂信息的入口。卡片有固定的宽度和可变的高度。最大高度受制于可适应平台上单一视图的内容，但如果需要它可以临时扩展（例如，显示评论栏）。卡片不会翻转以展示其背后的信息。

卡片是用来显示由不同种类对象组成的内容的便捷途径。它们也适用于展示尺寸或操作相似的对象，像带有不同长度标题的照片。

使用卡片布局的情况有如下几种：

- 作为一个集合，由多种数据类型组成（例如，卡片集包含照片、电影、文本、图像），不要求直接比较（用户不直接与图像或字符串比较）。
- 包含可变长度内容，例如评论。
- 由富内容或互动操作组成，例如"+1"按钮、滑块、评论。
- 如果使用列表需要显示超过 3 行文本。
- 如果使用网格列表需要显示更多文本来补充图像。

卡片集是卡片的一个平面布局。每张卡片包含一组特定数据集：带操作的确认表、带操作的笔记、带照片的笔记。卡片有几点特征：带圆角、支持多种（至少 3 种）操作、可以忽略和重排。与卡片类似的一种效果是瓦片（Tile），瓦片带直角，支持少于两种操作。卡片和瓦片的区别如图 3-25 所示。

在需要突出整体设计的需求情况下是不适合使用卡片效果的。如快速扫描页面和图集显示页面。图 3-26 和图 3-27 显示了不适合卡片效果的几种情形。在这些情况下，使用卡片效果会造成内容的隔离，不仅对于用户来说程序的功能不明显，而且对于设计者修改界面效果也带来了不便。

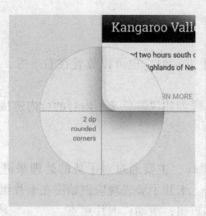

图 3-25 卡片与瓦片区别效果图

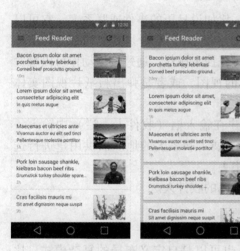

图 3-26 不适合卡片效果示例一

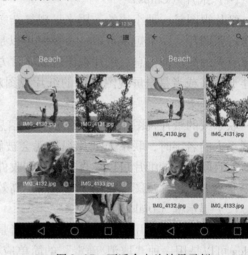

图 3-27 不适合卡片效果示例二

1）卡片布局准则。

字体设计：正文，14 sp 或 16 sp；标题，24 sp 或更大。

扁平按钮：Roboto Medium，14 sp，10 sp 字间距。

移动设备上的卡片间距：屏幕边界与卡片间留白，8 dp；卡片间留白，8 dp。

内容留白：16 dp。

2）内容设置。卡片内容类型和数量可以很大程度上根据传递的内容变化。卡片提供上下文及通往更复杂信息与视图的入口；确保不要滥用带有无用信息或操作的卡片。放置主要内容在卡片顶部。使用层级结构来引导用户注意到卡片上最重要的信息。

3）动作设计。卡片中的主要操作通常是卡片本身。包括追加操作和弹出菜单操作。

● 追加操作。

卡片的追加操作通过图标、文本和 UI 控制准确地呼出，这些通常放置在卡片底部。追加操作通常放置在主要内容中，用户使用追加操作触发 UI 控制，调整界面的主要内容的外观。常见的例子包括，滑块来选择日期，星星来给内容评分，或者分段的按钮来选择日期范围。此外，追加操作可以在一组卡片间根据内容类型和期望结果变化，例如，播放电影和打开书籍。一组卡片中，始终有定位操作。除弹出菜单外，为避免混乱，单个界面当中的追加操作最多限制为两项以内。

- 弹出菜单操作。

弹出菜单（可选）通常放置在卡片的右上方，但它也可以放置在右下方，如果这样安排可以改善内容布局和易读性。

注意：不要滥用带过多操作的弹出菜单；强烈建议避免义本内容的行内链接；谨慎使用并且记得卡片是通往更复杂详细信息的入口。

4）行为设计。

行为设计主要指用户对程序进行的行为操作，主要通过对手势的处理来进行分辨和处理。手势是指支持单张卡片基准上的滑动手势。卡片手势表现应该始终在卡片组中实现，常见的卡片手势主要包括：卡片集筛选、排序和重组；滚动；卡片焦点。

（4）纸片（Chips）

纸片视图是一种小块的，用来呈现复杂实体的块，比如说日历的事件或联系人。它可以包含一张图片，一个短字符串（必要时可以是被截取的字符串），或者是其他的一些与实体对象有关的简洁的信息。纸片视图可以非常方便地通过托拽来操作。通过按压动作可以触发悬浮卡片（或者是全屏视图）中的纸片视图对应实体的视图，或者是弹出与纸片视图实体相关的操作菜单。

联系人的纸片视图用于呈现联系人的信息。当用户在输入框（收件人一栏）中输入一个联系人的名字时，联系人纸片视图就会被触发，用于展示联系人的地址以供用户进行选择。而且联系人的纸片可以被直接添加到收件人一栏中去。

联系人的纸片视图主要用于帮助用户高效地选择正确的收件人。

（5）提示框（Dialogs）

提示框用于提示用户做一些决定，或者是完成某个任务时需要的一些其他额外的信息。Dialog可以是用一种"取消/确定"的简单应答模式，也可以是自定义布局的复杂模式，比如说一些文本设置或者是文本输入。

1）用法介绍。提示框最典型的应用场景是提示用户去做一些被安排好的决定，而这些决定可能是当前任务的一部分或者是前提条件。提示框可以用于告知用户具体的问题以便他们做出重要的决定（起到一个确认作用），或者是用于解释接下来的动作的重要性及后果（起到一个警示作用）。一些复杂的操作，尤其是每个决策都需要相关解释说明的情况下是不适合使用提示框形式的。

一般来说，提示框包含了标题（可选）、内容、事件。

- 标题：主要是用于简单描述选择类型。它是可选的，需要的时候赋值即可。
- 内容：主要是描述要做出一个什么样的决定。
- 事件：主要是允许用户通过确认一个具体操作来继续下一步活动。

2）内容设置。

- 提示框标题：提示框的标题是可选的，用于说明提示的类型。可以是与之相关的程序名，或者是选择后会影响到的内容。提示框标题应该作为提示框的一部分被整体地显示出来。
- 提示框内容：提示框的内容是变化多样的。但是通常情况下，是由文本 和（或）其他UI元素组成的，并且主要是用于聚焦某个任务或者某个步骤。

3）动作设计。提示框事件：提示框呈现的是一组聚焦和有限的事件，通常是由一个肯定的事件和否定（与肯定的事件对立）的事件组成。

肯定的事件是放于提示框的右边并且可以继续接下来的步骤。肯定的事件可以是具有破坏性的，如"删除"，"移除"（肯定的事件主要是指产品期望用户的一个决策，与按钮文字呈现的语意无关）。否定的事件是放于提示框的左边。用于返回用户原始的屏幕或者是步骤（一般就是关闭提示框作用）。事件的按钮排列类型可以是并列的，也可以是竖向叠加加宽型的。这取决于事件按钮里面的文字长短。

4）行为介绍。

- 滚动。提示框是与父视图分隔开的。不会随着父视图滚动。如果可以，请尽量保持提示框里面的内容不需要滚动。如果滚动的内容太多了，那么可以考虑使用其他的容器或者是呈现方式。然而，如果内容是滚动的，那么请使用较明显的方式来提示用户。比如说被让文字或者控件露一截出来。
- 手势。触摸提示框外面的区域可以关闭提示框。
- 提示框焦点。提示框的焦点是整个屏幕。提示框在关闭前或者是用户选择了一个事件（比如说选择了一个选项）前都会持有焦点。

（6）分隔线（Dividers）

分隔线主要用于管理和分隔列表与页面布局内的内容，以便让内容生成更好的视觉效果及空间感。示例中呈现的分隔线是一种弱规则，弱到不会去打扰用户对内容的关注。

分隔线的用法主要包括6个方面，没有锚点的项、基于图片的内容、分隔线类型、内凹分隔线、子标题和分隔线。

1）没有锚点的项。当在列表中没有像头像或者是图标之类的锚点元素时，单靠空格并不足以区分每个数据项（瓦片）。这种情况下使用一个等屏宽的分隔线就会帮助区别开每个数据项目，使其看起来更独立和更有韵味，如图3-28所示。

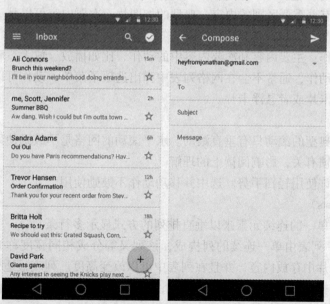

图3-28　分隔线设计示例图

2）基于图片的内容。由于网格列表本身属性而造成的视觉效果，这就导致在网格列表中是不需要分隔线来区别子标题与内容的。在这种情况下，子标题与内容间的空白区域就可以分隔每块的内容了。

3）分隔线类型。

- 等屏宽分隔线。
- 内凹分隔线：在有锚点元素（头像或者是图标）并且有关键字的标题列中，可以使用内凹分隔线。

4）子标题和分隔线。在使用分隔的子标题时，可以将分隔线置于子标题之上，加强子标题与内容关联度。

（7）网格（Grids）

网格列表是一种标准列表视图的可选组件。网格列表与应用于布局和其他可视视图中的网格有着明显的区别。

1）用法介绍。网格列表最适合用于同类数据。网格列表是一个连续元素，该元素由棋盘式、规律性的小格子构成，通常称这些格子为单元格，单元格中包含有瓦片。单元格在网格中以垂直和水平的方式排列。瓦片用以存放内容，并且可以跨越一个或者多个垂直或水平的单元格。如果瓦片中的文本需要与其他主要内容有着足够显著的区别，可以考虑使用一个容器，比如列表或者卡片。这样可以优化文本显示、增强阅读理解的便利性。

网格和列表、卡片之间有明显的区别。

- 列表：增强阅读理解的便利性，尤其是在比较一组具有多种数据类型的数据时。
- 卡片：用于不同格式的内容，比如带有不同长度标题的图片；用于不同类内容的数据集合中，比如具有图片、视频和图书的混合式数据集。

2）内容设置。

- 瓦片中的内容：包括主要内容（Primary Content）和次要内容（Secondary Content）。主要内容是有着重要区别的内容，典型的如图片。次要内容可以是一个动作按钮或者文本。
- 瓦片中的动作：主要内容和次要内容中的动作，比如播放、放大、删除或者选择，是一种瞬时性动作，通常不会在网格列表中弹出选项子菜单。动作可以打开一个随后的视图，比如卡片或者悬浮卡片。

3）行为设计。

- 滚动：网格典型的滚动只有垂直滚动。水平滚动的网格是不鼓励使用的，这通常与用户的阅读习惯有关，影响阅读上的理解。
- 手势：不允许使用轻扫手势。选中并移动动作不鼓励使用。

（8）列表（Lists）

列表作为一个单一的连续元素来以垂直排列的方式显示多行条目。

1）用法介绍。列表由单一连续的列构成，该列又等分成相同宽度称为行的子部分。行是瓦片的容器。瓦片中存放内容，并且在列表中可以改变高度。列表最适合应用于显示同类的数据类型或者数据类型组，比如图片和文本，目标是区分多个数据类型数据或单一类型的数据特性，使得理解起来更加简单。

注意：如果有超过3行的文本需要在列表中显示，换用卡片代替。如果内容的主要区别来源于图片，换用网格列表。

2）文本内容。列表瓦片以一致的格式来显示一组相关的内容，为一致性的类型或者一组内容指定优先顺序来体现层次感，以获取更好的可读性。列表瓦片可以包含 3 行的文本，并且文本的字数可以在同一列表的不同瓦片间有所不同。要显示多于 3 行的文本，使用卡片。将最有区别的内容放在瓦片的最左侧和多行文字中的第一行。

3）文本动作。列表瓦片中空间大部分应用于主要的动作。由于动作并不能用来区分列表中的各个瓦片，所以会设置额外的动作（一般将额外的动作放置在瓦片的右边）。主要动作和额外动作，比如播放、放大、删除和选择，是瞬时性的，并且通常不会在列表中弹出选项子菜单。动作可以打开一个随后的视图，如卡片或者悬浮卡片。

4）行为设计。

- 滚动：列表只支持垂直滚动。
- 手势：在列表中，每个瓦片的滑动动作应当是一致的。
- 在操作正确时，瓦片可以在列表和下拉目标间移动（比如，移动一个文件到文件夹）或者可以被选中并且在列表中可以手动改变顺序。
- 文本过滤与排序：列表瓦片可以通过数据、文件大小、字母顺序或者其他参数来编程改变各个瓦片间的顺序或者实现文本过滤的操作。
- 边框：文本的字数可以在同一列表的不同瓦片间有所改变。

在单行列表中，每个瓦片包含了单行的文本。文本字数可在同一列表的不同瓦片间有所改变。

在两行列表中，每个瓦片最多包含两行的文本。文本字数可在同一列表的不同瓦片间有所改变。

在 3 行列表中，每个瓦片最多包含 3 行文本。

（9）列表控制（List Control）

1）用法介绍。列表控制分为如下 4 种：状态；主操作（包括文本字符串）；次要操作；次要信息。

状态和主操作放在标题列表的左边。列表里面的文本内容也被认为是主操作的操作目标的一部分。不要把两个展示图标和操作图标放在一起，比如复选框和头像。如果列表的主操作是做导航作用的，那么就不要使用图标。列表本身以及它的上下文就已经可以让用户明白这个列表的用处是什么。次要操作以及信息应该放在标题的右边，次要操作通常要和主要操作分开单独可单击，因为越来越多的用户希望每个图标都能触发一个动作。

2）列表控制的类型。列表控制的类型包括复选框、开关、重新排序、展开/折叠、Leave Behinds。

📖 不推荐的做法：导航列表控制。通常情况下，列表本身的内容就已经隐含了导航信息，因此，列表里面就不需要额外的图标。

（10）菜单（Menus）

1）用法介绍。菜单是临时的一张纸，由按钮、动作、点或者包含至少两个菜单项的其他控件触发。每一个菜单项是一个离散的选项或者动作，并且能够影响到应用、视图或者视图中选中的按钮。菜单不应该用作应用中主要的导航方法。

- 菜单依赖于它们距屏幕边的距离。

如果菜单的高度使得菜单项不能完全显示，那么菜单会支持内部滚动。一个典型的例子是在手机横屏状态下查看菜单。

- 菜单可以是级联的。

每一个菜单项限制为单行文本，并且能够说明在菜单项选中时所发生的动作。菜单项的文本一般是单个单词或者短语，但是也可能包含了图标和帮助文本，比如快捷键，同时也可包含像复选标记之类的控件来标识多选条目或状态。可以参考列表控件。带有静态文本的菜单应当在菜单的上部放置最常使用的菜单项。带有动态文本的菜单可能具有其他行为，比如在菜单上部放置预先使用的字体。

- 菜单项可以内嵌自己的子菜单。

顺序可以根据用户的动作而改变。尝试着将菜单层级限制在一级，因为导航多级内嵌子菜单是困难的。将动作菜单项显示为禁用状态，而不是移除它们，可以让用户知道在正确条件下它们是存在的。

- 菜单控制的类型包括选中和内联信息。

选中：仅适用于菜单，用来表示当前列表是否通过不同的操作之后被选中。

内联信息（次要信息）：仅适用于菜单。内联信息是列表中的一小段文字，用来提供当前标题相关的信息或者提示，比如快捷键。不能被删除。

2）行为设计。菜单出现在所有的应用内部的 UI 元素之上。通过单击菜单以外的部分或者单击触发按钮（如果按钮可见），可以让菜单消失。通常，选中一个菜单项后菜单也会消失，一个特例是当菜单允许多选时，比如使用复选标记。菜单显示在触发它的元素处，当前选中的菜单项显示在触发元素的顶部。

📖 不要重复显示选中的菜单项。菜单不要与触摸的位置水平对齐。

（11）进度和动态（Progress and Activity）

在用户可以查看并与内容进行交互之前，尽可能地减少视觉上的变化，尽量使应用加载过程。每次操作只能由一个活动指示器呈现，例如，对于刷新操作，你不能既用刷新条，又用动态圆圈来指示。

在操作中，对于完成部分可以确定的情况下，使用确定的指示器，它们能让用户对某个操作所需要的时间有个快速的了解。但对于完成部分不确定的情况下，用户需要等待一定的时间，无需告知后台用户的情况以及所需时间，这时可以使用不确定的指示器。

指示器的类型有两种：线形进度指示器和圆形进度指示器。开发者可以使用其中任何一项来指示确定性和不确定性的操作。

（12）滑块（Sliders）

滑块控件（Sliders，简称滑块）可以让使用者通过在连续或间断的区间内滑动锚点来选择一个合适的数值。区间最小值放在左边，对应的，最大值放在右边。滑块可以在滑动条的左右两端设定图标来反映数值的强度。这种交互特性使得它在设置诸如音量、亮度、色彩饱和度等需要反映强度等级的选项时成为一种很好的选择。

1）连续滑块（Continuous Slider）。在不要求精准、以主观感觉为主的设置中使用连续滑块，让使用者做出更有意义的调整（带有可编辑数值的滑块，用于使用者需要设定精确数值的设置项，可以通过点触缩略图、文本框来进行编辑）。

2）间续滑块（Discrete Slider）。间续滑块会恰好咬合到在滑动条上平均分布的间续标记（Tick Mark）上。在要求精准、以客观设定为主的设置项中使用间续滑块，让使用者做出更有意义的调整。应当对每个间续标记设定一定的等级区间进行分割，使得其调整效果对于使用者来说显而易见。这些生成区间的值应当是预先设定好的，使用者不可对其进行编辑（附带数值标签的滑块，用于使用者需要知晓精确数值的设置项）。

（13）Snackbars 与 Toast

Snackbar 是一种针对操作的轻量级反馈机制，常以一个小的弹出框的形式，出现在手机屏幕下方或者桌面左下方。它们出现在屏幕所有层的最上方，包括浮动操作按钮。它们会在超时或者用户在屏幕其他地方触摸之后自动消失。Snackbar 可以在屏幕上滑动关闭。当它们出现时，不会阻碍用户在屏幕上的输入，并且也不支持输入。屏幕上同时最多只能显示一个 Snackbar。Android 也提供了一种主要用于提示系统消息的胶囊状的提示框 Toast。Toast 同 Snackbar 非常相似，但是 Toast 并不包含操作，也不能从屏幕上滑动关闭。

1）短文本。通常 Snackbar 的高度应该仅仅用于容纳所有的文本，而文本应该与执行的操作相关。Snackbar 中不能包含图标，操作只能以文本的形式存在。

2）暂时性。为了保证可用性，Snackbar 不应该成为通往核心操作的唯一方式。作为在所有层的上方，Snackbar 不应该持续存在或相互堆叠。

3）提示框和可用性规则。0 或 1 个操作，不包含取消按钮：当一个动作发生的时候，应当符合提示框和可用性规则。当有 2 个或者 2 个以上的操作出现时，应该使用提示框而不是 Snackbar，即使其中的一个是取消操作。如果 Snackbar 中提示的操作重要到需要打断屏幕上正在进行的操作，那么应当使用提示框而非 Snackbar。

4）不要阻挡了浮动操作按钮。应垂直移动浮动操作按钮到 Snackbar 的上方。

（14）副标题（Subheaders）

副标题是特殊的列表区块，它描绘出一个列表或是网格的不同部分，通常与当前的筛选条件或排序条件相关。副标题可以内联展示在区块里，也可以关联到内容里，例如，关联在相邻的分组列表里。在滚动的过程中，副标题一直固定在屏幕的顶部，除非屏幕切换或被其他副标题替换。为了提高分组内容的视觉效果，可以用系统颜色来显示副标题。

1）列表副标题。区块高度是 48dp。副标题字体为 Roboto Medium 14sp。副标题应该跟列表中头像或是图标左对齐，除非那个地方有进阶操作（Promoted Action）。如果有跟列表中的头像或图标左对齐的进阶操作，副标题则需要和列表中的文字左对齐。

2）网格副标题。区块高度是 48dp。副标题字体为 Roboto Medium 14sp。副标题跟左边缘距离为 16dp。

（15）开关（Switches）

开关允许用户选择选择项。一共有 3 种类型的开关：复选框、单选按钮和 on/off 开关。注意：下面示例中所示的图形环代表一个动画，并不是实际按钮的外观。

1）复选框。复选框允许用户从一组选项中选择多个。如果需要在一个列表中出现多个 on/off 选项，复选框是一种节省空间的好方式。如果只有一个 on/off 选择，不要使用复选框，而应该替换成 on/off 开关。通过主动地将复选框换成勾选标记，可以使去掉勾选的操作变得更加明确且令人满意。复选框通过动画来表达聚焦和按下的状态。

2）单选按钮。单选按钮只允许用户从一组选项中选择 个。如果你认为用户需要看到所有可用的选项并排显示，那么请为排他选择使用单选按钮。否则，考虑相比显示全部选择更节省空间的下拉。单选按钮通过动画来表达聚焦和按下的状态。

3）开关。on/off 开关切换单一设置选择的状态。开关控制的选项以及它的状态，应该明确地展示出来并且与内部的标签一致。开关应该为单选按钮呈现相同的视觉特性。开关通过动画来传达被聚焦和被按下的状态。开关滑块上标明"on"和"off"的做法被弃用。仅在支持触屏操作的情况下，对在交互中被完全遮挡的元素使用外部径向扩张效果。桌面使用的是鼠标，不需要这个额外的指示。

（16）标签（Tabs）

在一个应用中，标签使在不同的视图和功能间探索与切换以及浏览不同类别的数据集合变得简单。

1）用法介绍。标签用来显示有关联的分组内容，简要地描述内容。移动设备的标签、桌面环境的标签实例参见官网介绍，此处限于篇幅，不再赘述。

2）使用规范。划分成更易理解的分组，可以在不需要切换出当前上下文的情况下，有效地进行内容导航和内容组织。尽管标签的内容让人自然地联想到导航（例如，道路选项可以切换地图的视图，搜索结果将从当前正在运行的程序转到其他网站），但标签本身并不是用来导航的。标签也不是用于内容切换或是内容分页的（例如，应用中页面之间的切换）。

标签特性：标签应该显示在一行内。标签不应该被嵌套。

标签的内容：标签中呈现的内容多种多样，不同的标签所展示的内容可以千差万别。因此，标签应该合乎逻辑的组织相关内容，并提供有意义的区分。

3）标签类型。根据平台和使用环境，标签的内容可以表现为固定的标签或者是滚动（滑动）的标签。

● 固定的标签。

固定的标签同时显示所有标签，最适合用于快速相互切换的标签（例如，在地图中切换线路的交通方式）。视图的宽度限制了标签的最大数量。可以通过单击标签或者是在内容区域中左右滑动来在固定的标签间进行导航。

● 滚动的标签。

滚动的标签用于显示标签的子集，可以在任何时候使用，并且可以包含更长的标签和更多的标签数量，最适合用于触摸操作的浏览环境，并且用户不需要直接比较标签。可以通过单击标签、在标签上左右滑动或者在内容区域中左右滑动来在滚动的标签间进行导航。

（17）文本框（Text fields）

文本框可以让用户输入文本。它们可以是单行的，带或不带滚动条，也可以是多行的，并且带有一个图标。点击文本框后显示光标，并自动显示键盘。除了输入，文本框可以进行其他任务操作，如文本选择（剪切、复制、粘贴）以及数据的自动查找功能。

文本框可以有不同的输入类型。输入类型决定了文本框内允许输入什么样的字符，有的可能会提示虚拟键盘并调整其布局来显示最常用的字符。常见的类型包括数字、文本、电子邮件地址、电话号码、个人姓名、用户名、URL、街道地址、信用卡号码、PIN 码以及搜索查询。

文本框主要有以下几种类型。

- 单行文本框：当文本输入光标到达输入区域的最右边，单行文本框中的内容会自动滚动到左边。
- 带有滚动条的单行文本框：当单行文本框的输入内容很长并需跨越多行的时候，则文本框应该以滚动形式容纳文本。在滚动文本框中，一个图形化的标志出现在标线的下面。单击省略号，光标返回到字符的开头。
- 浮动标签：浮动内嵌标签，当用户在输入文本时，标签会浮动到输入内容的上方。
- 多行文本框：当光标到达最下缘，多行文本框会自动让溢出的文字断开并形成新的行，使文本可以换行和垂直滚动。
- 全宽文本框：全宽文本框适用于更深入的工作。
- 字符计数器：当要限制字符时可在文本框中使用字符计数器。
- 单行字符计数器，多行文本框的字符计数器，全宽文本框的字符计数器。
- 自动补全文本框：使用自动补全的文本框去呈现即时建议或补全弹出窗口，可让用户更准确、更高效地输入信息。
- 搜索过滤器：应用栏可以作为一个文本框。当用户输入时，文本框下方会显示已过滤和排序的内容。

（18）工具提示（Tooltips）

对同时满足以下条件的元素使用工具提示：具有交互性且主要是图形而非文本。

工具提示不同于悬浮卡片，后者用来显示图片和格式化的文本等更为丰富的信息。工具提示也不同于 ALT 属性，后者用来提示静态图片的主旨。

光标和键盘的工具提示：文本，Roboto Medium 10 sp；背景填充，90% 不透明度；

触摸屏 UI 的工具提示：文本，Roboto Medium 14 sp；背景填充，90% 不透明度。

5. 格局（Patterns）

（1）内容选取（Selection）

1）项目选取。在下列情况中对列表和网格容器支持多项选择功能并不是必需的，唯一的操作仅仅是针对单个选项（例如电话号码列表中，拨号就是唯一的操作，且只针对一个号码）。

- 在执行环境中很明显的表现为单项操作（例如在 Android 的主屏上移动图标）。
- 在初始化选择时，可以通过拖拽手势来选择多个项目，从而代替长按和双指单击。
- 在拖拽起止点间的项目也会被选中。
- 在桌面系统中，一个始发于所有项目边界之外的拖动也经常被用来初始化多选（例如，从一个列表的左边开始拖动，向下延伸到右边以从列表中选择项目）。

初始化选择完成后，可以通过以下方式进行修改：单击未选中项加入选择或者单击已选中项来取消选择（"Shift + 单击项目" 来将其和中间的项目加入已选项）。

2）文本选取。文本选取表现为高亮所选文字范围。在移动平台上，所选文本的前后两端各会添加一个选择操作钮。对于文字相关操作的弹出菜单，所选文本的上方是理想的位置（但最好不要重叠）。因为选择必须是连续的文本块，所以文本选择事实上是单选操作。不过选区可以通过以下几种用户行为改变：

- 初始化选择的过程中拖动来增加选区。
- 拖动选区两端的选择操作钮来增加或者减少选区。
- 在选区内多次单击来增加选区。
- 键盘快捷键：

Shift + 左/右方向键 ⇒ 逐字符地更改选区

Shift + 上/下方向键 ⇒ 逐行地更改选区

Ctrl/Command + A ⇒ 全选

（2）手势（Gestures）

手势控制分为触发动作和触发行为。这是因为同样的触发动作（如单次触击）在不同情境下可能会带来不同的结果（如轻触、取消、on/off 指示）。同样单次触发行为（如放大）可能是由多种触发动作（如捏放、双次触击、双次触击拖拽等）实现。

触发动作是用户的手指在界面上做了什么。触发动作有：单次触击、双次触击、拖拽、轻滑和快掷等。

触发行为是指界面上特定动作在特定情境下引发的结果。如点触，取消或退出，on/off 指示等，详情参见官网介绍。

（3）改进的操作（Promoted Actions）

浮动按钮：浮动按钮是改进操作的一个特殊例子。它有一个浮在整个界面之上的图标，并且在改变、启动、转换锚点时有特殊的动作，这使得浮动按钮与其他的按钮区别开来。浮动按钮的大小有两种：默认大小和迷你大小。迷你大小的浮动按钮只应在需要和屏幕上的其他元素产生视觉上的延续性时使用。

- 相关内容。

不是每个界面都需要一个浮动按钮。浮动按钮应该包含一个应用里最主要的操作。在屏幕的左侧的界面中，它最主要的操作是通过单击屏幕来打开图库里的图片，所以这里不需要浮动按钮。而在屏幕的右侧的界面里，它最主要的功能是添加文件。对于这种情况，放置一个浮动按钮是比较合适的。

- 相关动作。

把多出来的操作放在工具栏的"溢出"菜单里面，而非浮动按钮里面。

- 放置位置。

可以根据图框的间距规则放置浮动按钮，也可以把浮动按钮吸附在扩展的应用栏的边上。

（4）设置（Settings）

应用设置允许用户选择他们对应用行为的偏好。它们授予用户真实的控制感，并且避免用户被同样的问题反复打扰。

1）访问设置。由于用户并不需要经常使用设置，所以它们在 UI 中并不显眼。应用中访问设置时：在任何情况下，进入设置的按钮都应简单命名为"设置"。如果当前的页面支持左导航栏，那么把设置放在导航栏中除"帮助及反馈"外的所有按钮的下方。另外，如果当前页面里有工具栏，把设置放在工具栏的更多操作中除"帮助及反馈"外的所有按钮的下方。

2）合理使用设置。当用户访问设置时，这个页面应该是组织良好且符合常规的。需要特别指出的是，它应该避免用过多的选项淹没用户。设计产品应遵循简洁的原则，各类设置和功能一目了然，切勿一味地添加设置。

对于每个考虑放入设置里的控制，通过下列问题来确保其可行性：

这确实是一个用户偏好吗？如果不是用户偏好，就不要把它当作一个设置。

这个选项经常被用户更改吗？用户每次访问这个选项要多次操作会觉得负担重吗？如果是这样，不要把它作为一个设置。

如果这个设置项被移除了，会对那些不再能改变这一设置项的少数用户造成危害吗？如果会，或者你不清楚，那么合适的做法是将它作为一个设置项保留。

3）分组的设置。当你有很多设置项时，最好通过分组来把一个长列表变成几个短一些的列表。设置项的数量决定了分组的策略。

4）默认选项。用户通常期望每个设置项都有合理的默认值。以下问题可以帮助你做决定：

在没有默认选项时，大多数用户最有可能选择的是哪个？

哪个选项最中立或最中庸？

哪个选项风险、争议或言过其实的可能性最小？

哪个选项用的电量和移动数据最少？

哪个选项最尊重用户的注意力，只在最重要的时候打断用户？

（5）影像处理（Imagery Treatment）

在交错的期间，插图和照片可以在 3 个维度下载入和过渡，而不是只依靠透明度的改变。调节等级是为了达到曝光上的低对比度和颜色上的低饱和度。在最后的阶段，图片只有在透明度已经达到 100% 之后，才会达到一个全彩色的饱和度。较暗图像的低对比度的效果是伽马值的升高和黑色通道输出的升高组合产生的。

- 光圈与显影：要用那种会把白色部分去除的方式调节等级，因为这会造成一种通过相机镜头光圈过度曝光的效果。最好把照片想成是在照片显影过程中逐渐浮现。
- 载入和过渡：用透明度、对比度和饱和度 3 个维度的比例来满足载入和过渡时的需求。建议载入时变换的持续时间长一些，过渡时变换时间短一些。
- 加入动画：在图片的顶部添加一小段位移来处理一些案例，例如账号切换。

（6）搜索（Search）

1）应用内搜索。当应用内包含大量信息的时候，用户希望能够通过搜索快速地定位到特定内容。最基本的搜索包括以下过程：打开一个搜索文本框；输入查询并提交；显示搜索结果集。然而，可以通过加入一些增强功能来显著提升搜索体验：启用语音搜索，提供基于用户最近历史查询的搜索建议，即使是在输入查询之前；提供满足应用数据中实际结果的自动完成搜索建议。应用内搜索有两种主要的模式：持久性搜索和可扩展搜索。

2）持久性搜索（Persistent Search）。当搜索是应用中的主要关注点时，适合使用持久性搜索。一个已准备好接受焦点的文本框显示在内嵌的搜索框中。用户可以单击麦克风按钮来激活语音搜索。当搜索文本框获得焦点的时候，搜索框展开以显示历史搜索建议。

3）可扩展搜索（Expandable Search）。当搜索不是应用中的主要关注点时，适合使用可扩展搜索。通过工具条中的搜索按钮（标记为一个放大镜图标）来代替搜索文本框。

当用户开始输入查询，搜索建议转换为自动补全。搜索框中的"X"按钮可以清除查询文本。选择一个建议或者按回车键（Return Key）提交搜索。当显示搜索结果的时候，工具条的搜索状态仍然保持但默认不具有焦点。屏幕键盘将隐藏以显示更多的搜索结果。搜索结果显示在工具条下的页面主体中。

6. 实用性（Usability）

一个产品，如果对于任何人（无论能力）而言，都是非常容易掌握、理解并可以用之来完成他们的目标的话，那么这个产品就是易用的。一个成功的产品对于任何可能的使用者来说都应该是易用的。

考虑在以下影响易用性的关键领域使用：导航，可读性，指导与反馈。

- 导航：帮助用户快速和有效地浏览信息。给网页添加导航是非常快速有效的（例如，跳到重点区段或回到主导航栏）。
- 可读性：确保你的产品在使用大字体的情况下依旧可用。确保关键的文本信息具有足够的对比度。不要仅仅只使用颜色来传达重要信息。
- 指导和反馈：确保用户交互和控制界面很清楚明了。提供图像和视频的替代文字描述。提供指导手册和帮助文档。给你的链接赋予意义。

7. 资源（Resources）

（1）布局模板（Layout Templates）

本书光盘第3章收录了针对移动设备的10种模板，针对平板设备的14种模板，桌面环境的4种模板，供读者进行参考。

值得一提的是线稿的概念。线稿（Whiteframes）提供了各种各样的由风格一致的面、层和阴影组成的布局结构，常用作局部模板。

（2）贴片集（Sticker Sheets）

结构组件贴片包含组成布局的许多种不同元素，其中包括状态栏、应用操作条、底部工具条、卡片、下拉菜单、搜索条、分割线、侧滑导航、对话框和浮动操作按钮，以及浅色、深色两种主题。相关文件见本书光盘第3章。

（3）Roboto字体（Roboto Font）

最新版本的Roboto字体能同时满足移动设备和Web页面的需求。本书光盘第3章包含了Roboto字体的样式。

（4）调色板（Color Palettes）

本书光盘项目第3章里的color_swatches压缩包里包含可安装的Adobe Photoshop和Adobe Illustrator调色板，以及一个介绍如何给Photoshop安装.aco文件和如何给Illustrator安装.ase文件的Read_Me.pdf文档。

3.5 Android 开发基础实例——多 Activity 交互程序

本节将编写一个简单的 Android 程序，并从其中学习 Android 程序的架构，了解具体到每一个目录和文件是做什么的。

3.5.1 建立 Android 项目

按照 1.3.3 节的介绍创建 Android 工程，将工程名称设为"ShowHelloWorld"。

3.5.2 多 Activity 交互程序构架

在工程文件的 package explorer 中，可以看到如下结构，如图 3-29 所示。

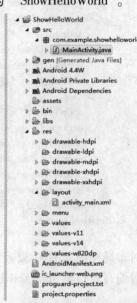

- src 文件夹中存放 Java 源代码文件。
- gen 文件夹是 ADT 自动生成的，其中 R. java 文件中定义与资源相对应的资源 ID。
- assets 文件夹存放资源文件，编译 Android 程序时会将其中的文件放到 apk 文件中。
- res 文件夹中存储指定类型的资源。
- drawable 存放图片资源。
- layout 存放布局（layout 下面不能再建立子目录）。
- AndroidManifest. xml 是整个工程的配置文件，里面是对 Android 程序中各种组件的配置。

图 3-29　Android 项目文件目录

3.5.3 多 Activity 交互实现

在 layout 文件夹中打开 activity_main. xml，进行控件编写。可通过直接编写 Java 代码或者布局文件的方式来放置控件，如图 3-30 放置一个 Button。

在 values 下面的 strings. xml 中添加一个名为 button1 的 String，value 为"click me！"，如图 3-31所示。

图 3-30　Android 布局文件编写

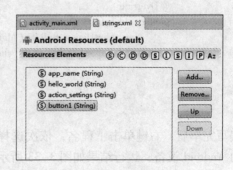

图 3-31　设置按钮示意图

编写 activity_main 的代码：

```xml
< RelativeLayout xmlns:android = "http://schemas.android.com/apk/res/android"
    xmlns:tools = "http://schemas.android.com/tools"
    android:layout_width = "match_parent"
    android:layout_height = "match_parent"
    android:paddingBottom = "@dimen/activity_vertical_margin"
    android:paddingLeft = "@dimen/activity_horizontal_margin"
    android:paddingRight = "@dimen/activity_horizontal_margin"
    android:paddingTop = "@dimen/activity_vertical_margin"
    tools:context = "com.example.showhelloworld.MainActivity" >
    < TextView
        android:id = "@ + id/textView1"
        android:layout_width = "wrap_content"
        android:layout_height = "wrap_content"
        android:text = "@string/hello_world" />
    < Button
        android:id = "@ + id/button1"
        android:layout_width = "wrap_content"
        android:layout_height = "wrap_content"
        android:layout_alignLeft = "@ + id/textView1"
        android:layout_below = "@ + id/textView1"
        android:layout_marginTop = "16dp"
        android:text = "@string/button1" />
</RelativeLayout >
```

此时布局视图如图 3-32 所示。

接着编写窗口类 MainActivity，主代码如下：

```java
public class MainActivity extends ActionBarActivity {
    @Override
    protected void onCreate(Bundle savedInstanceState) {
        super.onCreate(savedInstanceState);
        setContentView(R.layout.activity_main);
        Button btn = (Button)findViewById(R.id.button1);
        btn.setOnClickListener(onClick);
    }
    private OnClickListener onClick = new OnClickListener() {
        @Override
        public void onClick(View v) {
            new AlertDialog.Builder(MainActivity.this).setTitle("Title").setMessage("HelloWorld").setPositiveButton("OK", null).show();
        }
    };
}
```

编写完毕后，右键单击工程名，依次选择 Run As→Android Application，选择要运行该程序的 Android 设备，运行结果如图 3-33 所示。

图 3-32 Android 布局文件效果图　　图 3-33 Android 程序运行效果图

小结

本章为 Android 开发基础介绍。通过对 Android 资源、四大组件和 Intent 类的介绍，系统地概括了 Android 开发的基础知识，并且在本章第 5 小节配套了一个简单的 Android 程序实例。通过本章的学习，Android 的初学者能够进行初步的 Android 应用开发；已有一定 Android 开发基础的读者可以将本章作为一个知识回顾或者直接进入后面章节的学习当中。

习题

1. Android SDK 提供一些开发工具可以把应用软件打包成_____格式的 Android 文件。

2. Android. jar 是一个标准的压缩包，其内容包含的是编译后的_____，包含了全部_____。

3. Android 应用程序的四大组件是什么？

4. Android 应用工程文件结构有哪些？

5. 如何将一个 Activity 设置成窗口的样式？

6. 在 AndroidManifest. xml 文件中注册 BroadcastReceiver 的方式正确的是（　　）。

A.

```
< receiver android:name = " NewBroad" >
        < intent - filter >
                < action    android:name = " android. provider. action. NewBroad"/ >
                < action >
        </ intent - filter >
    </ receiver >
```

B.

```
< receiver android:name = " NewBroad" >
        < intent − filter >
                android:name = " android. provider. action. NewBroad"/ >
        </ intent − filter >
    </ receiver >
```

C.

```
< receiver android:name = " NewBroad" >
        < action
            android:name = " android. provider. action. NewBroad"/ >
        < action >
    </ receiver >
```

D.

```
< intent − filter >
        < receiver android:name = " NewBroad" >
            < action >
                android:name = " android. provider. action. NewBroad"/ >
            < action >
        </ receiver >
    </ intent − filter >
```

7. Android 项目工程下面的 assets 目录的作用是什么（　　　）。

A. 放置应用到的图片资源

B. 主要放置多媒体等数据文件

C. 放置字符串、颜色、数组等常量数据

D. 放置一些与 UI 相应的布局文件，都是 XML 文件

8. 关于 res/raw 目录说法正确的是（　　　）。

A. 这里的文件是原封不动地存储到设备上，不会转换为二进制的格式

B. 这里的文件是原封不动地存储到设备上，会转换为二进制的格式

C. 这里的文件最终以二进制的格式存储到指定的包中

D. 这里的文件最终不会以二进制的格式存储到指定的包中

9. 简要解释一下 Activity、Intent、Intent filter、Service、Broadcase、BroadcaseReceiver。

10. Android 引入广播机制，有何用意？

第4章 Android 界面编程

本章将重点介绍 Android 界面编程的相关知识，从 AndroidManifest. xml 文件、Android 项目的布局、Android 的 View 类、Menu、Webview 和 AngularJS 这些方面对界面编程进行全面的介绍。章末配有 Android 界面编程实例，以加深读者对界面编程的理解。

本章重点：

- AndroidManifest. xml 文件和项目布局文件。
- Android 的 View 类、Menu 和 WebView 机制。
- Android 前端 JS 开发框架 AngularJS。

4.1 AndroidManifest. xml 文件

每一个 Android 程序都有一个特殊的文件，那就是 AndroidManifest. xml，前面提到过这个文件是整个工程的配置文件，在这个文件中定义了该程序的基本信息，比如组件信息、java 包等。它有如下功能：

1）文件中定义了程序中所使用到的组件，其中保存了各个组件所对应的类名和这些组件所对应的功能，从而让程序知道怎么去处理这些组件。

2）确定哪一个 Activity 是最开始运行的 Activity。Activity 中的 android：label 是该 Activity 的标题名。

3）定义了应用程序使用的 java 包，这个包名将作为程序的唯一标志。

4）定义了 Android 应用程序所需要的最小 API 级别。

5）指定了所引用的程序库。

4.2 Android 项目的布局

为了适应各式各样的界面风格，Android 系统提供了 5 种布局，这 5 种布局分别是：LinearLayout（线性布局）、TableLayout（表格布局）、RelativeLayout（相对布局）、bsoluteLayout（绝对布局）、FrameLayout（框架布局）。

4.2.1 Android 的五大布局

利用 Android 的 5 种布局，可以在屏幕上将控件随心所欲地摆放，而且控件的大小和位置会随着屏幕大小的变化做出相应的调整。图 4-1 是这 5 种布局在 View 的继承体系中的关系。FrameLayout 布局直接基于 View 基类；AbsoluteLayout、LinearLayout、RelativeLayout 3 个布局是基于 ViewGroup 基类，ViewGroup 同样是基于 View 基类；TableLayout 则在此基础上继承自 LinearLayout 布局。

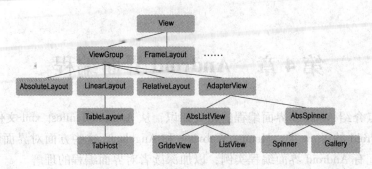

图 4-1　Android 布局关系图

4.2.2　FrameLayout（框架布局）

框架布局是最简单的布局形式。所有添加到这个布局中的视图都以层叠的方式显示。第一个添加的控件被放在最底层，最后一个添加到框架布局中的视图显示在最顶层，上一层的控件会覆盖下一层的控件。因为单帧布局在新定义组件的时候都会将组件放置在屏幕的左上角，即使在此布局中定义多个组件，后一个组件总会将前一个组件所覆盖，除非最后一个组件是透明的。

这就像 Photoshop 中的图层一样，每一层有各自的属性可以调节，接下来看看这一部分的代码。

源代码文件：/ch04/FrameLayout/res/layout/activity_main. xml

```
< ? xml version = "1. 0" encoding = "utf - 8" ? >
< FrameLayout xmlns:android = "http://schemas. android. com/apk/res/android"
    android:layout_width = "match_parent"
    android:layout_height = "match_parent" >
    < ImageView
        android:id = "@ + id/imageView1"
        android:layout_width = "fill_parent"
        android:layout_height = "fill_parent"
        android:src = "@ drawable/duolaameng" / >
    < Button
        android:id = "@ + id/button1"
        android:layout_width = "wrap_content"
        android:layout_height = "wrap_content"
        android:layout_marginTop = "40dp"
        android:layout_gravity = "center"
        android:text = "Button" / >
</ FrameLayout >
```

这里有几个基本的属性。android:layout_width 指的是当前视图的宽度，可以设定为固定的值，也有 3 个枚举值：wrap_content、fill_parent 和 match_parent。android:layout_height 是指当前视图的高度，枚举值也与 layout_width 一样。android:layout_gravity 是当前视图在父视图中的位置，有上下左右中几个位置。android:layout_marginTop 是指当前视图上边缘到某条基线的距离，android:layout_marginBottom 是指当前视图下边缘到某条基线的距离。

4.2.3 LinearLayout（线性布局）

线性布局是常用的布局方式之一，线性布局的形式可以分为两种，第一种是横向线性布局，第二种是纵向线性布局，总而言之都是以线性的形式一个个排列出来的。纯线性布局的缺点是修改控件的显示位置很不方便，所以开发中经常会以线性布局与相对布局嵌套的形式设置布局。

线性布局是通过 android:orientation 属性设置线性布局，该属性的可取值是 horizontal 和 vertical，默认值是 horizontal。还可以借用 gravity 属性来辅助调整控件所在的位置。

比如图 4-2 所示的例子，利用 orientation 和 gravity 来调整 Button 所在的位置。

源代码文件：/ch04/LinearLayout/res/layout/activity_main. xml

```
< LinearLayout xmlns:android = "http://schemas. android. com/apk/res/android"
    xmlns:tools = "http://schemas. android. com/tools"
    android:layout_width = "match_parent"
    android:layout_height = "match_parent"
    android:paddingBottom = "@ dimen/activity_vertical_margin"
    android:paddingLeft = "@ dimen/activity_horizontal_margin"
    android:paddingRight = "@ dimen/activity_horizontal_margin"
    android:paddingTop = "@ dimen/activity_vertical_margin"
    android:orientation = "vertical"
    android:gravity = "right"
    tools:context = "com. example. linearlayout. MainActivity" >
    < Button
        android:id = "@ + id/button1"
        android:layout_width = "wrap_content"
        android:layout_height = "wrap_content"
        android:text = "Button" / >
    < Button
        android:id = "@ + id/button2"
        android:layout_width = "wrap_content"
        android:layout_height = "wrap_content"
        android:text = "Button" / >
</LinearLayout >
```

若将 gravity 属性改为 left，则是如图 4-3 所示的效果。

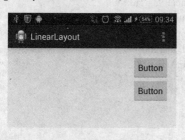
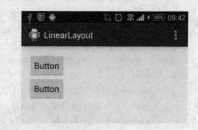

图 4-2　线性布局示例　　　　图 4-3　修改属性后的线性布局示例

此外，还可使用 layout_gravity 属性来设置每一个视图的位置，其设置方法和 gravity 一样。

4.2.4 RelativeLayout（相对布局）

相对布局是最容易牵一发而动全身的布局。每个 View 都是相对另一个 View 来确定位置，如果要删除某个 View，则很可能牵扯其他的 View。

相对布局都是以一个元素为参照物来布局的，可用的属性如表4-1所示。

表4-1　相对布局可用属性表

android:layout_toLeftOf	该组件位于引用组件的左方
android:layout_toRightOf	该组件位于引用组件的右方
android:layout_above	该组件位于引用组件的上方
android:layout_below	该组件位于引用组件的下方
android:layout_alignParentLeft	该组件是否对齐父组件的左端
android:layout_alignParentRight	该组件是否对齐父组件的右端
android:layout_alignParentTop	该组件是否对齐父组件的顶部
android:layout_alignParentBottom	该组件是否对齐父组件的底部
android:layout_centerInParent	该组件是否相对于父组件居中
android:layout_centerHorizontal	该组件是否横向居中
android:layout_centerVertical	该组件是否垂直居中

在下面这个例子中，右边的按钮位置是根据左侧按钮位置来确定的，效果如图4-4所示。

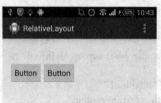

图4-4　相对布局示例

代码如下。

源代码文件：/ch04/RelativeLayout/res/layout/activity_main.xml

```
< RelativeLayout xmlns:android = "http://schemas. android. com/apk/res/android"
    xmlns:tools = "http://schemas. android. com/tools"
    android:layout_width = "match_parent"
    android:layout_height = "match_parent"
    android:paddingBottom = "@dimen/activity_vertical_margin"
    android:paddingLeft = "@dimen/activity_horizontal_margin"
    android:paddingRight = "@dimen/activity_horizontal_margin"
    android:paddingTop = "@dimen/activity_vertical_margin"
    tools:context = "com. example. relativelayout. MainActivity" >
    < Button
        android:id = "@ + id/button1"
        android:layout_width = "wrap_content"
        android:layout_height = "wrap_content"
        android:layout_alignLeft = "@ + id/textView1"
        android:layout_below = "@ + id/textView1"
        android:layout_marginTop = "37dp"
        android:text = "Button" / >
    < Button
        android:id = "@ + id/button2"
        android:layout_width = "wrap_content"
```

```
        android:layout_height = "wrap_content"
        android:layout_alignBaseline = "@ + id/button1"
        android:layout_alignBottom = "@ + id/button1"
        android:layout_toRightOf = "@ + id/button1"
        android:text = "Button" / >
    </RelativeLayout >
```

4.2.5 TableLayout （表格布局）

表格布局是最规矩的布局，其实就是在 LinearLayout 基础上进一步扩展，用 LinearLayout
合成一个横向加纵向的特有布局。表格布局
类似 HTML 里面的 Table。每一个 TableLayout
里面有表格行 TableRow，TableRow 里面可以
具体定义每一个元素，设定它的对齐方式。
一个表格布局是由 <TableLayout> 标签和
<TableRow> 标签共同组成的，图 4-5 即是
一个例子。

图 4-5　表格布局示例

源代码文件：/ch04/TableLayout/res/layout/Activity_main.xml

```
        < ? xml version = "1.0" encoding = "utf - 8"? >
        < TableLayout xmlns:android = "http://schemas.android.com/apk/res/android"
            android:layout_width = "match_parent"
            android:layout_height = "match_parent" >
        < TableRow android:paddingTop = "20dp" >
            < Button
                android:id = "@ + id/button2"
                android:layout_width = "wrap_content"
                android:layout_height = "wrap_content"
                android:text = "Button" / >
            < Button
                android:id = "@ + id/button3"
                android:layout_width = "wrap_content"
                android:layout_height = "wrap_content"
                android:text = "Button" / >
            < Button
                android:id = "@ + id/button4"
                android:layout_width = "wrap_content"
                android:layout_height = "wrap_content"
                android:text = "Button" / >
            < Button
                android:id = "@ + id/button1"
                android:layout_width = "wrap_content"
                android:layout_height = "wrap_content"
                android:text = "Button" / >
        </TableRow >
        < Button
            android:id = "@ + id/button5"
            style = "? android:attr/buttonStyleSmall"
            android:layout_width = "wrap_content"
            android:layout_height = "wrap_content"
```

```
            android:text = " Button" / >
        < Button
            android:id = "@ + id/button6"
            android:layout_width = " wrap_content"
            android:layout_height = " wrap_content"
            android:text = " Button" / >
    </TableLayout >
```

4.2.6 AbsoluteLayout（绝对布局）

在此布局中的子元素的 android:layout_x 和 android:layout_y 属性将生效，用于描述该子元素的坐标位置。屏幕左上角为坐标原点（0，0），第一个 0 代表横坐标，向右移动，此值增大；第二个 0 代表纵坐标，向下移动，此值增大。在此布局中的子元素可以相互重叠。绝对布局犹如 div 指定了 absolute 属性，用 X，Y 坐标来指定元素的位置。

在实际开发中，通常不采用此布局格式，因为它的界面代码过于刚性，以至于有可能不能很好地适配各种终端。

4.2.7 布局高级技术

布局高级技术主要包括重用布局、动态装载布局和 Splash 添加程序启动界面这 3 个技术。本小节将依次介绍这 3 个主要技术。

1. 重用布局

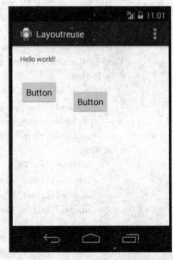

在一个复杂的程序中往往要在很多地方使用相同的布局，当然，可以在每个地方将布局重写一遍，但这不是一种很好的方法，因为在整体布局需要变化时，我们得一个文件一个文件地去修改大量布局代码，这对编程效率带来了很大的影响，所以可以用 < include > 标签实现对布局的重用。

通过 < include > 标签可以在一个布局文件中引用另外一个布局文件，这样就可以把在多处使用的布局文件，单独放在一个或多个布局文件中，在需要使用的时候用 < include > 标签引用。首先编写一个 activity_main. xml，如图 4-6 所示。

图 4-6 重用布局示例效果

源代码文件：ch04/Layoutreuse/res/layout/activity_main. xml

```
< RelativeLayout xmlns:android = " http://schemas. android. com/apk/res/android"
    xmlns:tools = " http://schemas. android. com/tools"
    android:layout_width = " match_parent"
    android:layout_height = " match_parent"
    android:paddingBottom = " @ dimen/activity_vertical_margin"
    android:paddingLeft = " @ dimen/activity_horizontal_margin"
    android:paddingRight = " @ dimen/activity_horizontal_margin"
    android:paddingTop = " @ dimen/activity_vertical_margin"
    tools:context = " com. example. layoutreuse. MainActivity" >
```

```
        < TextView
            android:id = "@ + id/textView1"
            android:layout_width = "wrap_content"
            android:layout_height = "wrap_content"
            android:text = "@ string/hello_world" / >

        < Button
            android:id = "@ + id/button1"
            android:layout_width = "wrap_content"
            android:layout_height = "wrap_content"
            android:layout_alignParentLeft = "true"
            android:layout_below = "@ + id/textView1"
            android:layout_marginTop = "33dp"
            android:text = "Button" / >

        < Button
            android:id = "@ + id/button2"
            android:layout_width = "wrap_content"
            android:layout_height = "wrap_content"
            android:layout_alignTop = "@ + id/button1"
            android:layout_centerHorizontal = "true"
            android:layout_marginTop = "19dp"
            android:text = "Button" / >

    </RelativeLayout >
```

在另外一个 XML 文件 reuse1. xml 上对 activity_main. xml 进行重用，代码如下。

源代码文件：ch04/Layoutreuse/res/layout/reuse1. xml

```
    < ? xml version = "1.0" encoding = "utf - 8"? >
    < LinearLayout xmlns:android = "http://schemas. android. com/apk/res/android"
        android:layout_width = "match_parent"
        android:layout_height = "match_parent"
        android:orientation = "vertical" >
        < include android:id = "@ + id/re1" layout = "@ layout/activity_main"/ >
    </LinearLayout >
```

此时就对上面的布局进行了重用，该布局显示和上面一样。

< include > 标签只有 Layout 属性是可选的，该属性不需要 Android 命名空间作为前缀。Layout 属性值是布局文件的资源 ID，如"@ layout/activity_main, android:id"属性指定的是引用的该 XML 文件中根节点的 android:id 属性值，如果根节点已经设置了，那么该值就会覆盖根节点的值。

还可以在 < include > 标签里面重新定义布局参数（所有 android:layout_ * 参数），例如：

```
    < include android:id = "@ + id/news_title"
        android:layout_width = "match_parent"
        android:layout_height = "match_parent"
        layout = "@ layout/title"/ >
```

还可以使用 < merge > 标签来引入部分布局。

< merge > 标签可以消除不必要的 View Group。例如 ，如果主布局是一个垂直方向的 Linear-

Layout，而里面引用了另外一个可重用的布局，该布局同样是垂直方向的 LinearLayout，这样的话最终的布局里面会有两个垂直方向的 LinearLayout，而引用的那个 LinearLayout 是多余的。

为了避免这种多余的 View Group 出现，可以使用 < merge > 标签作为可重用布局的根标签，如下所示。

```
< merge xmlns:android = "http://schemas. android. com/apk/res/android" >
    < Button
        android:layout_width = "fill_parent"
        android:layout_height = "wrap_content"
        android:text = "@ string/add" / >
    < Button
        android:layout_width = "fill_parent"
        android:layout_height = "wrap_content"
        android:text = "@ string/delete" / >
</ merge >
```

这样，当在其他的布局中引用这个布局的时候（使用 < include > 标签），系统将会忽略 < merge > 标签，然后把那两个按钮直接放到 < include > 标签的位置。

2. 动态装载布局

在一些实际情况中，需要动态装载布局，如下面这个例子。

首先建立一个总的布局：activity_main. xml。

源代码文件：ch04/Dynamicload/res/layout/activity_main. xml

```
< LinearLayout xmlns:android = "http://schemas. android. com/apk/res/android"
    xmlns:tools = "http://schemas. android. com/tools"
    android:layout_width = "match_parent"
    android:layout_height = "match_parent"
    android:paddingBottom = "@ dimen/activity_vertical_margin"
    android:paddingLeft = "@ dimen/activity_horizontal_margin"
    android:paddingRight = "@ dimen/activity_horizontal_margin"
    android:paddingTop = "@ dimen/activity_vertical_margin"
    tools:context = "com. example. dynamicload. MainActivity"
    android:orientation = "vertical" >
</ LinearLayout >
```

这个是 LinearLayout 布局，之后编写每一行的布局：item. xml，如图 4-7 所示。

图 4-7 动态装载布局示例

源代码文件：ch04/Dynamicload/res/layout/item. xml

```
< ? xml version = "1. 0" encoding = "utf - 8"? >
< LinearLayout xmlns:android = "http://schemas. android. com/apk/res/android"
    android:layout_width = "match_parent"
    android:layout_height = "match_parent"
    >
```

```
            < TextView
                android:id = "@ + id/textView1"
                android:layout_width = "wrap_content"
                android:layout_height = "wrap_content"
                android:layout_marginLeft = "0dp"
                android:ems = "10" / >
            < Button
                android:id = "@ + id/button1"
                android:layout_width = "wrap_content"
                android:layout_height = "wrap_content"
                android:text = "Button" / >
        </LinearLayout >
```

再在 activity_main 对应的 Activity 中编写代码,在此代码中使用 LayoutInflater. inflate( )方法创建了一个新的视图对象,最后展示的是这个视图对象,代码如下。

源代码文件:ch04/Dynamicload/src/com/example/dynamicload/mainactivity. java

```
        public class MainActivity extends ActionBarActivity {
            @ Override
            protected void onCreate( Bundle savedInstanceState) {
                super. onCreate( savedInstanceState) ;
                LinearLayout parent = (LinearLayout)getLayoutInflater(). inflate(R. layout. activity_main,null) ;
                for( int i = 1 ;i < 11 ;i + + ) {
                    View view = getLayoutInflater(). inflate( R. layout. item,null) ;
                    TextView textview = (TextView)view. findViewById( R. id. textView1) ;
                    textview. setText("user" + i) ;
                    parent. addView( view) ;
                }
                setContentView( parent) ;
            }
        }
```

最后展示如图 4-8 所示。

图 4-8 动态装载布局示例运行效果

3. Splash 添加程序启动界面

Splash 是应用程序启动之前先启动的画面，上面可以简单地介绍应用程序的厂商、厂商的 Logo、名称和版本等信息，多为一张图片，显示几秒钟后会自动消失，然后显示出应用程序的主体页面。

在 PC 上，常见的各种平台的应用程序都会有这种画面显示，多半是一张图片显示在屏幕中央，如 Microsoft Office 系列，或者 GIMP 等。在各种游戏中 Splash 是最常见的，几乎所有的游戏开始都会有一张全屏的图片，上面通常都显示厂商的 Logo、游戏的名称等。在手机、平板电脑等移动设备上，类似 PC 的 Splash 很少，起码对于 Android 和 iOS 来讲原生的应用程序都没有这种 Splash，但是不知从何时起，这种 Splash 开始在第三方应用中流行起来，几乎所有的第三方应用程序都有启动 Splash。这些 Splash 的特点是占满整个屏幕，上面显示厂家 Logo、厂商的名字、应用的名字版本或是一些广告等，大约 3 到 5 秒后，Splash 自动消失，应用的主页面显示出来。很多应用在 Splash 页面也显示加载过程。

一般来讲使用 Activity 作为 Splash，这可能也是最常用的方式，方法就是用一个 Activity，给它设置一个背景，或者要显示的信息，让它延迟显示几秒钟，然后通过调用 finish() 函数结束这个 Activity，并启动应用主体 Activity。

SplashActivity 代码如下：

```java
public class SplashActivity extends ActionBarActivity {
    private final int SPLASH_DISPLAY_LENGTH = 2000;
    @Override
    protected void onCreate(Bundle savedInstanceState) {
        super.onCreate(savedInstanceState);
        setContentView(R.layout.activity_splash);
        new Handler().postDelayed(new Runnable() {
            @Override
            public void run() {
                Intent mainIntent = new Intent(SplashActivity.this, MainActivity.class);
                SplashActivity.this.startActivity(mainIntent);
                SplashActivity.this.finish();
            }
        }, SPLASH_DISPLAY_LENGTH);
    }
}
```

布局文件代码如下：

```xml
<RelativeLayout xmlns:android = "http://schemas.android.com/apk/res/android"
    xmlns:tools = "http://schemas.android.com/tools"
    android:layout_width = "match_parent"
    android:layout_height = "match_parent"
    android:paddingBottom = "@dimen/activity_vertical_margin"
    android:paddingLeft = "@dimen/activity_horizontal_margin"
    android:paddingRight = "@dimen/activity_horizontal_margin"
    android:paddingTop = "@dimen/activity_vertical_margin"
    tools:context = "com.example.showhelloworld.SplashActivity" >
    <ImageView
        android:id = "@ + id/imageView1"
```

```
            android:layout_width = " wrap_content"
            android:layout_height = " wrap_content"
            android:layout_alignParentLeft = " true"
            android:layout_alignParentTop = " true"
            android:src = " @ drawable/splash" / >
    </RelativeLayout >
```

当然现在推荐的做法是不使用 Splash，或者最多在应用程序安装后第一次使用时出现。因为从用户角度来讲，它毫无意义，所以 Android 或 iOS 的原生应用中都没有 Splash 之类的东西。应该让应用直接进入正题，让用户立刻进到他最关心的页面。同样，应用程序的使用提示也是无用的东西，真正优秀的应用应该是简洁且操作简单，不用学就会的，而不是搞出一大堆教程或者提示。与其花时间精力设计 Splash 或使用提示，还不如多想想如何简化操作。

4.3 Android 的 View 类

可视控件 View 类是用户接口的基础构件，主要提供了控件绘制和时间处理的方法。任何可视化视图控件都需要从 android. view. View 中继承，如 TextView、Button、Checkbox 等。View 表示屏幕上的一块矩形区域，负责绘制这个区域和事件处理。

View 是 Android UI 组件的基类，View 类的派生类 ViewGroup 是容纳 UI 组件的容器。简单来说，Android UI 界面是由 View 和 ViewGroup 及其派生类组合而成的。

View 类常用属性及对应方法说明如表 4-2 所示。

表 4-2　View 常用属性及其方法

属性名称	对应方法	描　述
android:background	setBackgroundResource(int)	设置背景
android:clickable	setClickable(boolean)	设置 View 是否响应单击事件
android:visibility	setVisibility(int)	控制 View 的可见性
android:focusable	setFocusable(boolean)	控制 View 是否可以获取焦点
android:id	setId(int)	为 View 设置标识符，可通过 findViewById 方法获取
android:longClickable	setLongClickable(boolean)	设置 View 是响应长单击事件
android:soundEffectsEnabled	setSoundEffectsEnabled(boolean)	设置当 View 触发单击等事件时是否播放音效
android:saveEnabled	setSaveEnabled(boolean)	如果未做设置，当 View 被冻结时将不会保存其状态
android:nextFocusDown	setNextFocusDownId(int)	定义当向下搜索时应该获取焦点的 View,如果该 View 不存在或不可见,则会抛出 RuntimeException 异常
android:nextFocusLeft	setNextFocusLeftId(int)	定义当向左搜索时应该获取焦点的 View
android:nextFocusRight	setNextFocusRightId(int)	定义当向右搜索时应该获取焦点的 View
android:nextFocusUp	setNextFocusUpId(int)	定义当向上搜索时应该获取焦点的 View,如果该 View 不存在或不可见,则会抛出 RuntimeException 异常

下面将介绍几个 View 类和 ViewGroup 类的主要派生类。

4.3.1　ImageView（图片视图）

ImageView 直接继承自 View 类，用于显示任意图像，例如图标。ImageView 可以在页面布局中加载任意图片资源，并且对资源的属性进行调整，表4-3列出了ImageView的常用属性，供读者参考。

表4-3 ImageView 属性详解

属 性 名 称	描 述
android:maxHeight	设置 View 的最大高度，需与 setAdjustViewBounds 一起使用。 如果想设置图片固定大小，又想保持图片宽高比，需要如下设置： 1）设置 setAdjustViewBounds 为 true。 2）设置 maxWidth、MaxHeight。 3）设置 layout_width 和 layout_height 为 wrap_content
android:maxWidth	设置 View 的最大宽度。同上
android:scaleType	设置图片的填充方式
android:src	设置 View 的 drawable（如图片）
android:tint	将图片渲染成指定的颜色

4.3.2 TextView（文本视图）

TextView 类是 View 类的直接子类，主要用于静态文本的显示。TextView 的属性繁多，包括文本的字体、大小、颜色和位置等各个方面的设置。表4-4列出了 TextView 的常用属性供读者参考。

表4-4 TextView 属性详解

属 性 名 称	描 述
android:autoLink	设置在文本为 URL 链接/Email/电话号码/map 时，文本是否显示为可单击的链接：none/web/email/phone/map/all
android:autoText	设置是否开启自动纠正输入值拼写
android:lines	设置文本显示的行数
android:lineSpacingExtra	设置行间距
android:password	以密码格式（.）显示文本
android:text	设置显示的文本
android:textColor	设置文本颜色
android:textSize	设置文本大小
android:textStyle	设置文本字体
android:height	设置文本区域的高度，支持度量单位：px/dp/sp/in/mm
android:width	设置文本区域的宽度

4.3.3 EditText（编辑视图）

EditText 类是 TextView 类的子类，其特征是允许用户编辑内容，如表4-5所示。

表4-5 EditText 类属性特征

属 性 名 称	描 述
android:autoLink	设置是否当文本为 URL 链接/Email/电话号码/map 时，文本显示为可单击的链接 none/web/email/phone/map/all
android:autoText	自动拼写帮助
android:capitalize	设置英文字母大写类型。设置如下值：sentences，仅第一个字母大写；words，每一个单词首字母大小，用空格区分单词；characters，每一个英文字母都大写

属性名称	描述
android:digits	设置允许输入哪些字符。如"1234567890. + – */% \ n()"
android:editable	设置是否可编辑。仍然可以获取光标，但是无法输入
android:gravity	设置文本位置
android:hint	Text 为空时显示的文字提示信息
android:inputMethod	为文本指定输入法，需要完全限定名（完整的包名）
android:inputType	设置文本的类型，用于帮助输入法显示合适的键盘类型。有如下值设置：none、text、text-CapCharacters 字母大小、textCapWords 单词首字母大小、textCapSentences 仅第一个字母大小、textAutoCorrect、textAutoComplete 自动完成、textMultiLine 多行输入、textImeMultiLine 输入法多行（如果支持）、textNoSuggestions 不提示、textEmailAddress 电子邮件地址、textEmailSubject 邮件主题、textShortMessage 短信、textLongMessage 长信息、textPersonName 人名、textPostalAddress 地址、textPassword 密码、textVisiblePassword 可见密码、textWebEditText 作为网页表单的文本、textFilte 文本筛选过滤、textPhonetic 拼音输入、numberSigned 有符号数字格式、numberDecimal 可带小数点的浮点格式、phone 电话号码、datetime 时间日期、date 日期、time 时间
android:maxLength	限制输入字符数
android:lines	设置文本的行数
android:lineSpacingExtra	设置行间距
android:password	以小点"."显示文本
android:phoneNumber	设置为电话号码的输入方式
android:singleLine	设置单行显示
android:text	设置显示文本
android:textColor	设置文本颜色
android:textColorHighlight	被选中文字的底色，默认为蓝色
android:textColorHint	设置提示信息文字的颜色，默认为灰色
android:textScaleX	设置文字之间间隔，默认为1.0f。参见 TextView 的截图
android:textSize	设置文字大小，推荐度量单位"sp"，如"15sp"
android:textStyle	设置字形，例如 bold（粗体）0，italic（斜体）1，bolditalic 2
android:typeface	设置文本字体，必须是以下常量值之一：normal 0；sans 1；serif 2；monospace(等宽字体)3
android:height	设置文本区域的高度，支持度量单位：px/dp/sp/in/mm
android:width	设置文本区域的宽度，支持度量单位：px/dp/sp/in/mm

4.3.4 Button（按钮）

Button 是按钮控件，Button 类继承自 TextView 类，是页面布局中非常常用的一种控件，最主要的功能是监听单击事件触发相应操作。Button 的属性和 TextView 有共通之处，因其主要作用是处理单击事件，所以按钮的重点在于事件处理。

Button 控件实例代码：

```
< Button
android:id = "@ + id/Buttonid"
android:layout_width = "wrap_content"
android:layout_height = "wrap_content"
android:text = "@ string/text button" >
</Button >
```

1. ToggleButton（开关按钮）

ToggleButton 开关按钮，继承自 android. widget. CompoundButton，在 android. widget 包中。

常用的属性设置有两个：

```
android:textOn = "on_text"          //on_text 为选择状态下出现的文字
android:textOff = "off_text"        //off_text 为未选择状态下出现的文字
```

2. RadioButton（单选按钮）

RadioButton 单选按钮，继承自 android. widget. CompoundButton，在 android. widget 包中。
RadioButton 控件实例代码：

```
< RadioGroup
android:id = "@ + id/radioGroup"
android:contentDescription = "Gender"
android:layout_width = "wrap_content"
android:layout_height = "wrap_content" >
    < RadioButton
        android:layout_width = "wrap_content"
    android:layout_height = "wrap_content"
    android:id = "@ + id/radioMale"  android:text = "Male"
    android:checked = "true" >
    </RadioButton >
    < RadioButton
        android:layout_width = "wrap_content"
        android:layout_height = "wrap_content"
        android:id = "@ + id/radioFemale"
        android:text = "Female" >
    </RadioButton >
</RadioGroup >
```

3. CheckBox（复选框）

CheckButton 复选按钮继承自 android. widget. CompoundButton，在 android. widget 包中。
CheckButton 控件实例代码：

```
< CheckBox
    android:text = "@ + id/Red"
    android:id = "@ + id/RedBtn"
    android:layout_width = "wrap_content"
    android:layout_height = "wrap_content" >
</CheckBox >
< CheckBox
    android:text = "@ + id/Blue"
    android:id = "@ + id/BlueBtn"
    android:layout_width = "wrap_content"
    android:layout_height = "wrap_content" >
</CheckBox >
< CheckBox
    android:text = "@ + id/Green"
    android:id = "@ + id/GreenBtn"
    android:layout_width = "wrap_content"
    android:layout_height = "wrap_content" >
</CheckBox >
```

图 4-9 是本章实例程序中的一个页面，包含了 Button、RadioButton、CheckBox 3 种按钮。

图 4-9 多种 Button 示例图

4.3.5 ImageButton (图片按钮)

ImageButton 与 Button 类似，特别之处是 ImageButton 采用资源覆盖按钮界面，资源通常为图片。其余功能与普通 Button 一致。

ImageButton 控件实例代码：

```
< ImageButton
android:id = "@ + id/ImageButton"
android:layout_width = "wrap_content"
android:layout_height = "wrap_content"
android:src = "@ drawable/ImageBtnSrc"
/ >
```

然后界面上即显示该图片按钮：　。

4.3.6 ListView (列表视图)

ListView 是一个经常用到的控件，ListView 里面的每个子项 Item 可以是一个字符串，也可以是一个组合控件。

ListView 的实现过程如下：

● 定义 ListView 控件，准备 ListView 要显示的数据，通常是一个 XML 文件。
● 使用一维或多维动态数组保存数据，通常在对应的类文件中进行操作。
● 构建适配器。适配器就是 Item 数组，动态数组有多少个元素就生成多少个 Item。
● 把适配器添加到 ListView，并显示出来。

4.3.7 GridView (格式视图)

GridView 是另一种常用的布局控件，是实现九宫格等格式视图的首选控件。GridView 同 ListView 的实现方式类似，在此不再赘述。

GridView 几项常用属性如下。

- android:numColumns，GridView 的列数设置，auto_fit 为自动设置。
- android:columnWidt，每列的宽度。
- android:stretchMode，缩放模式。
- android:verticalSpacing，两行之间的边距。
- android:horizontalSpacing，两列之间的边距。

GridView 控件实例代码：

```
< GridView xmlns:android = "http://schemas. android. com/apk/res/android"
    android:id = "@ + id/gridview"
    android:layout_width = "fill_parent"
    android:layout_height = "fill_parent"
    android:numColumns = "auto_fit"
    android:verticalSpacing = "10dp"
    android:horizontalSpacing = "10dp"
    android:columnWidth = "90dp"
    android:stretchMode = "columnWidth"
    android:gravity = "center"
/ >
```

4.3.8   ProgressBar （进度栏）

ProgressBar 是进度条控件，通常表示程序运转的过程。ProgressBar 有圆形和长条形两种风格，通过 style 属性进行设置。style 属性有以下几种参数。

- progressBarStyleLarge：超大号圆形进度条。
- progressBarStyleSmall：小号圆形进度条。
- progressBarStyleSmallTitle：标题型进度条。
- progressBarStyleHorizontal：长条形进度条。

通过设置进度条的 style 属性，可以对进度条控件进行修改，达到需要的效果。

4.3.9   Spinner （下拉列表）

Spinner 的继承结构比较复杂，在继承结构树当中有 AdapterView，通过 Adapter 为 Spinner 设置下拉列表。

Spinner 的重点问题就是下拉列表项的配置，通过之前组件的了解，资源组件的配置有两种方式，一种是通过 XML 文件来配置，一种是通过程序来配置。而从 Spinner 的文档中可以看到，对它的配置需要使用 Adapter 类的实现。

下面介绍 Spinner 的使用，在 Eclipse 中创建 SpinnerDemo 项目，编写代码：

```
< TextView
    android:id = "@ + id/degreeLabel"
    android:layout_width = "fill_parent"
    android:layout_height = "wrap_content"
    android:text = "请选择您的学历" / >
< Spinner
```

```
        android:id = "@ + id/degree"
        android:layout_width = "fill_parent"
        android:layout_height = "wrap_content"
        android:entries = "@ array/degrees"
android:prompt = "@ string/degrees_prompt"/ >
```

android:entries 属性可引用 array 文件中的 degrees. xml 项目组作为 Spinner 的列表项。
定义 Spinner 组件的选项 degrees. xml：

```
    < string – array name = "degrees" >
        < item > 初中及以下 </ item >
        < item > 高中 </ item >
        < item > 大学 </ item >
        < item > 研究生及以上 </ item >
    </ string – array >
```

用 android:prompt 来设置 Spinner 弹出框的标题，提示用户选择的主题。这里不能直接
输入文本，需要在 string. xml 文件中定义一个 String，并再次引用这个 String。

界面效果图如图 4-10 所示。

图 4-10　Spinner 控件实例效果图

4.4　Menu（菜单）

菜单是许多应用程序不可或缺的一部分，无论是计算机上的程序还是智能移动终端上的
程序，Android 中更是如此，所有搭载 Android 系统的手机甚至都要有一个 "Menu" 键，由
此可见菜单在 Android 程序中的特殊性。Android SDK 提供的菜单有如下几种：选项菜单
（OptionsMenu）、上下文菜单（ContextMenu）和子菜单（SubMenu）。

4.4.1　创建选项菜单

创建选项菜单的主要方法有如下几种。

- public boolean onCreateOptionsMenu（Menu menu）：使用此方法调用 OptionsMenu。
- public boolean onOptionsItemSelected（MenuItem item）：选中菜单项后发生的动作。
- public void onOptionsMenuClosed（Menu menu）：菜单关闭后发生的动作。
- public boolean onPrepareOptionsMenu（Menu menu）：选项菜单显示之前，可通过调用。
- onPrepareOptionsMenu 方法，以此来根据当时的情况调整菜单。
- public boolean onMenuOpened（int featureId，Menu menu）：菜单打开后发生的动作。

首先编者将介绍创建选项菜单的方法：使用 onCreateOptionsMenu 方法。

首先是 activity_main. xml 的代码。

源代码文件：ch04/menu1/res/layout/activity_main. xml

```
< LinearLayout xmlns:android = "http://schemas. android. com/apk/res/android"
  android:orientation = "vertical" android:layout_width = "fill_parent"
  android:layout_height = "fill_parent"  >

  < TextView android:layout_width = "wrap_content"
    android:layout_height = "wrap_content" android:text = "请点击 Menu 键显示选项菜单"
    android:id = "@ + id/TextView02" / >
</ LinearLayout >
```

其次是 MainActivity. java 的代码。

源代码文件：ch04/menu1/src/com/example/menu1/MainActivity. java

```
public class MainActivity extends ActionBarActivity {
    @ Override
    protected void onCreate(Bundle savedInstanceState) {
        super. onCreate(savedInstanceState) ;
        setContentView( R. layout. activity_main) ;
    }
    @ Override
    public boolean onCreateOptionsMenu( Menu menu) {
        menu. add( Menu. NONE, Menu. FIRST +4,1,"添加") . setIcon(
        android. R. drawable. ic_menu_add) ;
        menu. add( Menu. NONE, Menu. FIRST +2,2,"保存") . setIcon(
        android. R. drawable. ic_menu_edit) ;
        menu. add( Menu. NONE, Menu. FIRST +6,3,"发送") . setIcon(
        android. R. drawable. ic_menu_send) ;
        menu. add( Menu. NONE, Menu. FIRST +5,4,"详细") . setIcon(
        android. R. drawable. ic_menu_info_details) ;
        menu. add( Menu. NONE, Menu. FIRST +1,5,"删除") . setIcon(
        android. R. drawable. ic_menu_delete) ;
        menu. add( Menu. NONE, Menu. FIRST +3,6,"帮助") . setIcon(
        android. R. drawable. ic_menu_help) ;
        return true;
    }
    @ Override
    public boolean onOptionsItemSelected( MenuItem item) {
        switch ( item. getItemId( ) ) {
```

```
            case Menu. FIRST +1:
                Toast. makeText(this,"删除菜单被点击了",Toast. LENGTH_LONG). show();
                break;
            case Menu. FIRST +2:
                Toast. makeText(this,"保存菜单被点击了",Toast. LENGTH_LONG). show();
                break;
            case Menu. FIRST +3:
                Toast. makeText(this,"帮助菜单被点击了",Toast. LENGTH_LONG). show();
                break;
            case Menu. FIRST +4:
                Toast. makeText(this,"添加菜单被点击了",Toast. LENGTH_LONG). show();
                break;

            case Menu. FIRST +5:
                Toast. makeText(this,"详细菜单被点击了",Toast. LENGTH_LONG). show();
                break;
            case Menu. FIRST +6:
                Toast. makeText(this,"发送菜单被点击了",Toast. LENGTH_LONG). show();
                break;
            }
            return false;
        }
        @ Override
        public void onOptionsMenuClosed(Menu menu) {
            Toast. makeText(this,"选项菜单关闭了",Toast. LENGTH_LONG). show();
        }
        @ Override
        public boolean onPrepareOptionsMenu(Menu menu) {
            Toast. makeText(this,
                    "选项菜单显示之前 onPrepareOptionsMenu 方法会被调用,你可以用此方法来
根据当时的情况调整菜单",
                    Toast. LENGTH_LONG). show();
            return true;
        }
    }
```

上述代码中 menu. add（groupId, itemId, order, title）方法是向菜单中添加一个菜单项，它一共有 4 个参数。

- groupId：组 ID，可将多个菜单项分为一组，对一组进行整体控制，如果不想分组就在这个参数填上 Menu. NONE。
- itemId：添加的菜单项的 ID，用以标识该项。
- order：事件处理时会用到 order 控制菜单项的显示顺序。
- title：默认按添加的顺序进行显示 title 菜单项的标题，即当单击 Menu 键时，显示出菜单每项上的文字。

该方法有返回值 MenuItem 类型，即得到添加的 MenuItem。开发者可以对 MenuItem 进行特别的处理，比如调用 setIcon 方法为其设置显示图标。

图 4-11 是上面 Android 程序的运行结果。

4.4.2　动态设置菜单

在实际运用 Android 程序的过程中，需要程序对使用者的动作进行响应，从而动态更改菜单。在 Android 中主要是通过重写 onPrepare-OptionsMenu()方法，开发者可以每次在菜单项显示时基于应用程序的状态来修改菜单。它允许程序动态地删除、添加菜单项，设置菜单项可见性以及修改菜单文本。

为了动态地修改菜单项，开发者可以在 onCreateOptionsMenu()方法中，在创建菜单项时保留一个对它们的引用，或者可以使用 menu. findItem 方法，如下面的代码片段所示，onPrepareOptionsMenu()方法被重写。

图 4-11　菜单创建
示例运行效果

```java
@ Override
public boolean onPrepareOptionsMenu( Menu menu) {
    super. onPrepareOptionsMenu( menu);
    MenuItem menuItem = menu. findItem( MENU_ITEM);
    / * modify menu items . . .  */
    return true;
}
```

4.4.3　上下文菜单

当用户长时间按住按键不放时，弹出的菜单就是上下文菜单。就像单击鼠标右键一样，在程序中，有很多地方需要用到上下文菜单。

上下文菜单不同于选项菜单，选项菜单服务于 Activity，而上下文菜单则是注册到某个 View 对象上的。如果一个 View 对象注册了上下文菜单，用户可以通过长按该 View 对象以呼出上下文菜单。上下文菜单不支持快捷键，其菜单选项也不能附带图标，但是可以为上下文菜单的标题指定图标。

以下就用一段程序来讲解如何创建上下文菜单，首先创建一个 main. xml。

```xml
< ? xml version = "1.0" encoding = "utf – 8" ?  >
< LinearLayout android:id = "@  + id/LinearLayout01"
    android:layout_width = "fill_parent"
    android:layout_height = "fill_parent"
    android:orientation = "vertical"
    xmlns:android = "http://schemas. android. com/apk/res/android" >
    < EditText android:text = "第一文本框"
        android:id = "@  + id/editText01"
        android:layout_width = "fill_parent"
        android:layout_height = "wrap_content" / >
    < EditText android:text = "第二文本框"
        android:id = "@  + id/editText02"
        android:layout_width = "fill_parent"
        android:layout_height = "wrap_content" / >
</LinearLayout >
```

接着编写 MainActivity. java。

```java
public class MainActivity extends Activity {
    private EditText editText01 = null;
    private EditText editText02 = null;

    private final int MENU1 = 1;
    private final int MENU2 = 2;
    private final int MENU3 = 3;
    private final int MENU4 = 4;
    private final int MENU5 = 5;

    @Override
    protected void onCreate(Bundle savedInstanceState) {
        super.onCreate(savedInstanceState);
        setContentView(R.layout.main);
        editText01 = (EditText)findViewById(R.id.editText01);
        editText02 = (EditText)findViewById(R.id.editText02);
        this.registerForContextMenu(editText01);
        this.registerForContextMenu(editText02);
    }
    @Override
    public void onCreateContextMenu(ContextMenu menu, View v,
            ContextMenuInfo menuInfo) {
        menu.setHeaderIcon(R.drawable.abc_ab_bottom_solid_dark_holo);
        switch (v.getId()) {
        case R.id.editText01:
            menu.add(0, MENU1, 0, "菜单项1");
            menu.add(0, MENU2, 0, "菜单项2");
            menu.add(0, MENU3, 0, "菜单项3");
            break;
        case R.id.editText02:
            menu.add(0, MENU4, 0, "菜单项4");
            menu.add(0, MENU5, 0, "菜单项5");
            break;
        }

    }
    @Override
    public boolean onContextItemSelected(MenuItem item) {
        switch (item.getItemId()) {
        case MENU1:
        case MENU2:
        case MENU3:
            editText01.append("\n" + item.getTitle() + "被按下");
            break;
        case MENU4:
        case MENU5:
            editText02.append("\n" + item.getTitle() + "被按下");
            break;
        }
        return true;
```

```
            }
        }
```

registerForContextMenu( )方法是一个注册方法，用来将该上下文菜单向 View 注册。onCreateContextMenu( )方法是创建上下文菜单方法，和创建选项菜单的方法类似。onContext-ItemSelected( )方法是响应菜单被单击的动作。

4.5　WebView（网页视图）

在 Android 应用程序中还可以嵌入网页。WebView 可以使得网页轻松地内嵌到应用里，还可以直接跟 JS 相互调用，使编程更加灵活有趣。

WebView 类有两个方法：setWebChromeClient( )和 setWebClient( )。setWebClient( )主要用来处理解析，渲染网页等浏览器做的事情。setWebChromeClient( )是用来辅助 WebView 处理 JavaScript 的对话框、网站图标、网站 title、加载进度等。WebViewClient( )帮助 WebView 处理各种通知、请求事件。

接下来我们一个例子来看一下 WebView 是怎么用的，首先在布局中添加一个 WebView 控件。

```
< WebView
    android:id = "@ + id/webView"
    android:layout_width = "match_parent"
    android:layout_height = "match_parent" / >
```

再在 AndroidManifest. xml 文件中打开权限，该段代码写在 < application > < /application > 后面。

```
< uses - permission android:name = "android. permission. INTERNET" / >
```

再在主 Action 中定义一个 WebView 类，并加载 WebView 控件。

```
private WebView webview;
webview = (WebView) this. findViewById(R. id. webView);
webview. loadUrl("http://www. baidu. com/");
```

接着调用 setWebChromeClient( )函数，当 newProgress 到达 100 的时候，设置标题为加载完成。

```
webview. setWebChromeClient(new WebChromeClient( ) {
        @ Override
    public void onProgressChanged (WebView view, int newProgress) {
    if (newProgress == 100) {
        setTitle (" 加载完成");
    } else {
    setTitle (" 加载中……");
```

```
        }
    }
});
```

接着调用 setWebViewClient( ) 函数，重写 shouldOverridceUrlLoading( ) 方法是为了保证单击网页里面的链接还是在当前的 WebView 里跳转，而不是跳到 Android 设备自带的浏览器。

```
webview. setWebViewClient( new WebViewClient( ) {
    @ Override
    public boolean shouldOverrideUrlLoading( WebView view,String url) {
        view. loadUrl( url) ;
        return true;
    }
});
```

最后实现的效果如图 4-12 所示。

图 4-12 WebView
示例运行效果

4.6 AngularJS（前端 JS 开发框架）

AngularJS 是一款优秀的前端 JS 框架，它诞生于 2009 年，由 Misko Hevery 等人创建，后被 Google 收购，现在已经被用于 Google 的多款产品当中，它可通过 < script > 标签被加载到 HTML 页面。AngularJS 有着诸多特性，最为核心的是：MVVM、模块化、自动化双向数据绑定、语义化标签、依赖注入等。

4.6.1 AngularJS 语言简介

AngularJS 是为了克服 HTML 在构建应用上的不足而设计的，因为 HTML 虽说是一个很好的为静态文本展示设计的声明式语言，但是要构建 Web 应用的话它就有些逊色了，因此就出现了以下的技术来解决静态网页技术在构建动态应用上的不足。

- 类库：类库是一些函数的集合，例如 JQuery，它能帮助编写 Web 应用。
- 框架：框架是一种特殊的已经实现了的 Web 应用，但是需要往里面填充具体的内容。
- AngularJS：AngularJS 尝试去弥补 HTML 本身在构建应用方面的缺陷。它通过使用标识符的结构，让浏览器能够识别新的语法。

AngularJS 试图成为 Web 应用中一种端对端的解决方案，这就是说它不只是 Web 应用的一小部分，而是一个完整的端到端的解决方案，这会让 AngularJS 在构建增删改查应用时没有很多其他的方式。

AngularJS 把应用程序的数据绑定到 HTML 元素上，并可以克隆和重复 HTML 元素；AngularJS可以隐藏和显示 HTML 元素；AngularJS 可以在 HTML 元素背后添加代码；Angular 支持输入验证。

以下是一段简单的 AngularJS 代码。

```
< !doctype html >
< html ng – app >
    < body >
      Hello ||'World'||!
       < script src = "file:///D:/angular. min. js" > </script >
      </body >
</html >
```

这段代码是简单的 HelloWorld 程序，在页面上会显示"Hello World!"。

大括号代表 < html ng – app >，ng – app 标记代表是用 AngularJS 处理整个 HTML 页面并引导应用。< script src = "file:///D:/angular. min. js" > </script > 是用来将 AngularJS 脚本载入。

AngularJS 脚本下载地址为：https://angularjs. org/。

📖 建议把载入脚本的语句放在 < body > 元素的底部。这会提高网页加载速度，因为 HTML 加载不受制于脚本加载。

需要注意的是，使用双大括号"||||"标记的内容是问候语中绑定的表达式，这个表达式是一个简单的字符串"World"。

4.6.2 AngularJS 语言入门

本节将介绍 AngularJS 语言入门知识，从组成、指令、表达式和实例 4 方面全面地讲述 AngularJS 语言开发基础知识。

1. 一个有趣的例子

编写如下代码。

```
< !doctype html >
< html ng – app >
   < body >
     < div >
       < label > Name: </label >
       < input type = "text" ng – model = "yourName" placeholder = "Enter a name
here" >
       < hr >
       < h1 > Hello ||yourName||! </h1 >
      </div >

     < script src = "file:///D:/angular. min. js" > </script >
     </body >
</html >
```

显示为：

Name: AngularJS

Hello AngularJS!

140

这个例子是把问候语绑定成为动态表达式，它是 AngularJS 的双向绑定。

```
< input type = " text"  ng – model = "yourName"  placeholder = " Enter a name
here" >
```

这个语句是将文本输入指令 < input ng – model = "yourName"/ > 绑定到一个 yourName 的模型变量上面。正如所看到的那样，AngularJS 指令是以 ng 为前缀的 HTML 属性。

```
< h1 > Hello ||yourName||!  </h1 >
```

这个语句里面的双大括号标记将 yourName 模型变量添加到问候语文本，所以不需要为该应用注册一个事件侦听器和事件处理程序，它会动态变化。

现在往输入框键入用户的名称，用户键入的名称会立即更新显示在网页中。之后只要更改，任何变化都会立即显示。

2. AngularJS 的组成

AngularJS 应用程序分为 3 个组成部分：模板、逻辑和行为、模型数据。

模板是用 HTML 和 CSS 编写的文件所展现应用的视图。可以给 HTML 添加新的元素、属性标记，作为 AngularJS 编译器的指令。AngularJS 编译器是完全可扩展的，这意味着通过 AngularJS，开发者可以在 HTML 中构建自己的 HTML 标记。

应用程序的逻辑和行为是开发者自己用 JavaScript 定义的控制器。AngularJS 与标准 Ajax 应用程序不同，不需要另外编写侦听器或文档对象模型（Document Object Model，DOM）控制器，因为它们已经内置到 AngularJS 中了。这些功能使应用程序的程序逻辑很容易编写、测试、维护和理解。

数据模型是从 AngularJS 作用域对象的属性引申的。模型中的数据可能是 JavaScript 对象、数组或基本类型，这都不重要，重要的是，它们都属于 AngularJS 作用域对象。

AngularJS 通过作用域来保持数据模型与视图界面 UI 的双向同步。一旦模型状态发生改变，AngularJS 会立即刷新并反映在视图界面中，反之亦然。

3. AngularJS 的指令

如前文所显示的示例程序，AngularJS 指令都是以 ng 作为前缀的。

- ng – directives：扩展 HTML。
- ng – app：定义一个 AngularJS 应用程序。它指定了 AngularJS 应用程序的根元素，该指令在网页加载完毕时会自动引导（自动初始化）应用程序。它可以通过一个定义的值连接到代码模块。
- ng – init：初始化 AngularJS 应用程序变量的指令。但是通常情况下不使用这个指令，一般会用一个控制器或者是一个模块来代替它。
- ng – bind：指令把应用数据绑定到 HTML 视图。
- ng – model：指令把元素值（比如 input 输入域的值）绑定到应用程序，使变量的数据改变能同步到程序的界面上实时显示。

实例代码如下：

```
< !doctype html >
< html ng - app >
  < body >
< div ng - app = " " ng - init = " firstName ='John'" >
< p > 姓名为  < span ng - bind = " firstName" > < /span > < /p >
< /div >
  < script src = "//D:/angular. min. js" > < /script >
  < /body >
< /html >
```

这个实例显示了将 firstName 这个变量用 ng – init 初始化为 John，那么页面上就会显示：

姓名为 John

若想使用 HTML5，则需要注意 HTML5 支持扩展的属性，但要以 data 开头，可以使用 "data – ng –" 开头来让网页对 HTML5 有效。ng – app 对 AngularJS 表明 < div > 元素是 Angular-JS 应用程序的所有者。ng – bind 把应用程序的变量 firstName 绑定到某个段落的 innerHTML 上。

* 双大括号：使用 {{ }} 进行数据绑定，后面会详细讲解。
* ng – repeat：这个指令会重复一个 HTML 元素，这个指令主要是针对数组来使用的。

```
< !doctype html >
< html ng - app >
  < body >
< div ng - app = " " ng - init = " names = ['Karry','Roy','Jackson','Crab'] " >
  < p > 使用 ng - repeat 来循环数组 < /p >
  < ul >
    < li ng - repeat = " x in names" >
      {{ x }}
    < /li >
  < /ul >
< div >
  < script src = "//D:/angular. min. js" > < /script >
  < /body >
< /html >
```

最后 HTML 页面上显示为：

使用 ng-repeat 来循环数组
* Karry
* Roy
* Jackson
* Crab

4. AngularJS 的表达式

正如前面所讲，AngularJS 的表达式写在双大括号内，例如：{{expression}}。

AngularJS 表达式把数据直接绑定到 HTML，这与 ng – bind 指令很像。AngularJS 在书写表达式的位置输出数据，可以包含文字、运算符和变量，类似于 JavaScript 表达式。

实例代码为：

```
< !doctype html >
< html ng – app >
  < body >
   < div ng – init = " name ='Hello'" >
< p >我的第一个表达式：｛｜ 55 + 45 ｝｝ </p >
< p >我的第二个表达式：｛｜12345 ｝｝ </p >
< p >我的第三个表达式：｛｜name｝｝ </p >
< p >我的第四个表达式：｛｜'world'｝｝ </p >
   </ div >
   < script src = "//D:/angular. min. js" > </script >
  </ body >
</ html >
```

最后显示为：

```
我的第一个表达式：  100

我的第二个表达式：  12345

我的第三个表达式：  Hello

我的第四个表达式：  world
```

　　第一个表达式是普通的算式，就像 JavaScript 中的数字，AngularJS 能输出计算后的结果；第二个表达式是数字，Angular 直接输出数字；第三个表达式是输出之前初始化的一个变量；第四个表达式是直接输出字符。

　　还可以使用 AngularJS 对象，对象里面有很多属性，也是使用 ng – init 初始化。

```
< !doctype html >
< html ng – app >
  < body >
< div ng – app = " " ng – init = " person = ｛firstName：'Harry' , lastName：'Potter'｝" >

< p >姓为 ｛｜ person. lastName ｝｝ </p >

</ div >
   < script src = "//D:/angular. min. js" > </script >
  </ body >
</ html >
```

最后显示为：

```
姓为 Potter
```

　　这个也可以用 ng – bind 显示，但是代码段得变为以下部分。

```
< !doctype html >
< html ng – app >
  < body >
< div ng – app = " " ng – init = " person = {firstName:'John',lastName:'Doe'}" >
< p >姓为 < span ng – bind = " person. lastName" > </span > </p >
</div >
```

AngularJS 中也有数组这种表达式，其类似于 Java 的数组，也是从 0 开始计数的，代码如下。

```
< !doctype html >
< html ng – app >
  < body >
< div ng – app = " " ng – init = " points = [1,2,3,4,5]" >
< p >第三个值为 {{ points[2] }} </p >
</div >
    < script src = "//D:/angular. min. js" > </script >
    </body >
</html >
```

最后显示为：

> 第三个值为 3

4.6.3 AngularJS 语言进阶

在前一节的基础上，本节将介绍 AngularJS 语言进阶知识，从控制器、过滤器、在表格中显示数据和模块这 4 个方面来进行介绍。

1. AngularJS 控制器

AngularJS 控制器是用来控制 AngularJS 应用程序的数据的。该控制器用 ng – controller 指令定义。控制器的 "$scope" 是控制器所指向的应用程序或者是 HTML 元素。

接下来参考一个实例：

```
< !DOCTYPE html >
< html >
< body >
< div ng – app = " " ng – controller = "personController" >
名： < input type = " text" ng – model = " person. firstName" > < br >
姓： < input type = " text" ng – model = " person. lastName" > < br >
 < br >
姓名：{{person. firstName + " " + person. lastName}}
 </div >
 < script >
function personController( $scope) {
    $scope. person = {
        firstName: "Karry",
        lastName: "Wang"
    };
}
 </script >
```

```
< script src = "//D:/angular. min. js" > </script >
</body >
</html >
```

在这个例子中，该应用程序用 np‑controller 指令指定了一个控制器名为 personCon‑troller，在 script 语言中定义此控制器，函数 personController 是一个标准的 JavaScript 对象的构造函数。scope 则是该应用程序的属性集合。我们为这个控制器对象定义了一个属性：$scope. person，在控制器中初始化 person 变量，给它 firstName 和 lastName 两个属性，在 div 中使用 ng‑model 绑定输入到这两个属性中。最后显示为：

```
名：  Karry
姓：  Wang

姓名：Karry Wang
```

此外，也可以在控制器对象中间添加函数作为属性，例如下面这个实例：

```
< !DOCTYPE html >
< html >
< body >
< div ng‑app = " "  ng‑controller = "personController" >
名：< input type = "text"  ng‑model = "person. firstName" > < br >
姓：< input type = "text"  ng‑model = "person. lastName" > < br >
< br >
姓名：||person. fullName( )||
</div >
< script >
function personController( $scope) |
     $scope. person = |
          firstName："Harry",
          lastName："Potter",
          fullName：function( ) |
               var x = $scope. person;
               return x. firstName + " " + x. lastName;
          |
     |;
|
</script >
< script src = "//D:/angular. min. js" > </script >
</body >
</html >
```

在这个例子中，实现了给控制器的 $scope. person 属性添加了一个属性：fullname。它作为一个函数可以直接将结果显示在 HTML 页面上。也可以直接把它作为一个方法，如下所示。

```
< script >
function personController( $scope) |
```

```
        $scope. person = {
            firstName: "John",
            lastName: "Doe",
        };
        $scope. fullName = function( ) {
            var x – $scope. person;
            return x. firstName + " " + x. lastName;
        }
    }
    </script>
```

在一个大型应用程序中，通常把控制器存储在外部文件中。但下面的示例将上面程序中 script 标签中的代码复制到名为 personController 的 JS 文件中。

personController. js 中的代码如下所示。

```
function personController( $scope) {
    $scope. person = {
        firstName: "Harry",
        lastName: "Potter",
        fullName: function( ) {
            var x = $scope. person;
            return x. firstName + " " + x. lastName;
        }
    };
}
```

HTML 文件的代码中将 script 代码变为引入 JS 文件。

```
< script src = "personController. js" > </script >
```

2. AngularJS 过滤器

Angular 过滤器可用来转换数据，主要有以下几种。

- currency：格式化数字为货币格式。
- filter：从数组项中选择一个子集。
- orderBy：根据某个表达式排列数组。
- lowercase：格式化字符串为小写。
- uppercase：格式化字符串为大写。

过滤器可以通过一个管道字符"｜"和一个过滤器添加到表达式中。在之前控制器的基础上进行一些修改，使用以下 uppercase 过滤器将之前的姓名改为大写。

```
<p>姓名为 {{ person. lastName | uppercase }}</p>
```

最后显示为大写。

currency 过滤器的实例代码如下：

```
< !DOCTYPE html >
```

```
< html >
< body >
< div ng − app = " "  ng − controller = " costController" >
数量：< input type = " number" ng − model = " quantity" >
价格：< input type = " number" ng − model = " price" >
< p >总价 = | | ( quantity  ∗  price) | currency | | </ p >
</ div >
< script >
function costController( $scope) {
    $scope. quantity = 1 ;
    $scope. price = 9. 99 ;
}
</ script >
  < script src = "//D :/angular. min. js" > </ script >
</ body >
</ html >
```

在这个实例中将总价以货币形式显示：

```
数量： 1          ▲▼   价格： 9.99          ▲▼

总价 = $9. 99
```

还可以向指令中输入过滤器，代码如下。

```
< ul >
  < li ng − repeat = " x in names | orderBy :'country'" >
  | | x. name + ',' + x. country | |
  </ li >
</ ul >

</ div >
```

使用 oderBy 过滤器将输出按照 country 属性排列。

```
< !DOCTYPE html >
< html >
< body >
< div ng − app = " "  ng − controller = " namesController" >
< p >输入过滤：</ p >
< p > < input type = " text" ng − model = " name" > </ p >
< ul >
  < li ng − repeat = " x in names |   filter :name | orderBy :'country'" >
  | | ( x. name | uppercase ) + ',' + x. country | |
  </ li >
</ ul >
</ div >
< script >
function namesController( $scope) {
    $scope. names  = [
```

```
                {name:'Jani',country:'Norway'},
                {name:'Hege',country:'Sweden'},
                {name:'Kai',country:'Denmark'}
        ];
        } </script >
        < script src = "//D:/angular. min. js" > </script >
        </body >
        </html >
```

这个例子中使用了过滤输入，使用姓名进行过滤。其中还使用了 OrderBy 和 uppercase 过滤器。

3. 在表格中显示数据

代码如下。

```
< !DOCTYPE html >
< html >
< head >
< style >
table,th ,td {
    border: 1px solid grey;
    border - collapse: collapse;
    padding: 5px;
}
table tr:nth - child( odd) {
    background - color: #f1f1f1;
}
table tr:nth - child( even) {
    background - color: #ffffff;
}
</style >
</head >
< body >
< div ng - app = "" ng - controller = "customersController" >
< table >
    < tr ng - repeat = "x in names" >
        < td > {{ x. Name }} </td >
        < td > {{ x. Country }} </td >
    </tr >
</table >
</div >
< script >
function customersController( $scope, $http) {
    $http. get( "//D:/Customers_JSON. php" )
    . success( function( response) { $scope. names = response; }) ;
}
</script >
    < script src = "//D:/angular. min. js" > </script >
</body >
</html >
```

AngularJS $http 是一个用于读取 Web 服务器上数据的服务。$http. get(url)是用于读取服务器数据的函数。

customersController 是一个标准的 JavaScript 对象构造器，利用 $http. get( )从 Web 服务器上读取静态 JSON 数据。该例的数据文件存储在 http：//www. w3cschool. cc/try/angularjs/data/Customers_JSON. php 上。当从服务器载入 JSON 数据时，$scope. names 变为一个数组。

然后再使用 table 标签，用 ng – repeat 指令将这些数组里面的值填入表格中，这里使用了 CSS 调整格式。

最后显示结果如表 4-6 所示。

表 4-6 ng – repeat 实例结果示意图

Alfreds Futterkiste	Germany
Berglunds snabbköp	Sweden
Centro commercial Moctezuma	Mexico
Ernst Handel	Austria
FISSA Fabrica Inter. Salchichas S. A.	Spain
Galería del gastrónomo	Spain
Island Trading	UK
K? niglich Essen	Germany
Laughing Bacchus Wine Cellars	Canada
Magazzini Alimentari Riuniti	Italy
North/South	UK
Paris spécialités	France
Rattlesnake Canyon Grocery	USA
Simons bistro	Denmark
The Big Cheese	USA
Vaffel jernet	Denmark
Wolski Zajazd	Poland

4. AngularJS 模块

在所有的应用程序中，开发者都应该尽量避免使用全局变量和全局函数，因为全局值很可能被其他脚本重写或者破坏。所以为了避免这个问题，AngularJS 就使用了模块。

模块定义了 AngularJS 应用程序，是一个 JS 文件，所有的控制器应该在同一个模块中。

接下来的例子中使用了两个模块，一个负责写应用程序的逻辑，一个负责写控制器。

HTML 文件代码如下：

```
<!DOCTYPE html >
< html >
< body >
< div ng – app = "myApp" ng – controller = "myCtrl" >
{ { firstName + " " + lastName } }
</div >
< script src = "//D:/angular. min. js" > </script >
```

```
< script src = " myApp. js" > </script >
< script src = " myCtrl. js" > </script >
</body >
</html >
```

myApp. js 文件代码如下：

```
var app = angular. module("myApp",[]);
myCtrl. js:
app. controller("myCtrl",function( $scope) {
$scope. firstName = "John";
    $scope. lastName = "Doe";
});
```

📖 对 angular. module 的调用只能在库加载完成后才能进行。

4.7　Android 界面编程实例——个人空间

本节将介绍 Android 界面编程实例——个人空间。个人空间，顾名思义，是一个实现了基本登录与个性化界面设置的应用程序。接下来将从各个方面依次介绍个人空间实例。

4.7.1　程序界面构成

本例中设计了 3 个 UI 界面：登录界面、注册界面和个人空间界面。其中，登录界面采用了 RelativeLayout 内嵌 Absolutelayout 的方式实现了页面布局的嵌套。除此之外，另两个界面分别采用了 TableLayout 和 LinearLayout 两个页面布局。

本软件的登录界面如图 4–13 所示。可以注册和登录，管理员的用户名为 admin，密码为 pass。

4.7.2　登录和注册界面

使用管理员的身份登录，输入管理员的用户名和密码，进入管理员界面。如图 4–14 所示。

图 4–13　个人空间实例登录界面

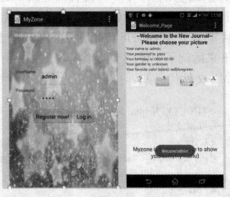
图 4–14　登录界面效果图

登录界面的布局代码如下。

源代码文件：ch04/一个页面跳转的实例/res/layout/activity/login_main. xml

```xml
<RelativeLayout xmlns:android = "http://schemas. android. com/apk/res/android"
    xmlns:tools = "http://schemas. android. com/tools"
    android:layout_width = "match_parent"
    android:layout_height = "match_parent"
    android:paddingBottom = "@dimen/activity_vertical_margin"
    android:paddingLeft = "@dimen/activity_horizontal_margin"
    android:paddingRight = "@dimen/activity_horizontal_margin"
    android:paddingTop = "@dimen/activity_vertical_margin"
    tools:context = ". Login_MainActivity"
    android:background = "@drawable/start"
    >

    <TextView
        android:layout_width = "wrap_content"
        android:layout_height = "wrap_content"
        android:gravity = "center"
        android:textSize = "50px"
        android:textColor = "#ffee00"
        android:textStyle = "bold"
        android:text = "@string/hello_world" />

    <AbsoluteLayout
        android:orientation = "vertical"
        android:layout_width = "fill_parent"
        android:layout_height = "wrap_content"
        >
        <TextView
            android:layout_x = "5dip"
            android:layout_y = "120dip"
            android:layout_width = "wrap_content"
            android:layout_height = "wrap_content"
            android:text = "@string/logname"
            />
        <EditText
            android:layout_x = "80dip"
            android:layout_y = "115dip"
            android:layout_width = "wrap_content"
            android:width = "300px"
            android:layout_height = "wrap_content"
            android:hint = "enter name"
            android:id = "@ + id/username"
            />

        <TextView
            android:layout_x = "5dip"
            android:layout_y = "180dip"
            android:layout_width = "wrap_content"
            android:layout_height = "wrap_content"
```

```
        android:text = "@ string/logpass"
        / >
    < EditText
        android:layout_x = "80dip"
        android:layout_y = "175dip"
        android:layout_width = "wrap_content"
        android:width = "300px"
        android:layout_height = "wrap_content"
        android:hint = "enter password"
        android:password = "true"
        android:id = "@ + id/password"
        / >

    < TableRow
        android:layout_x = "0dip"
        android:layout_y = "250dip"
        android:orientation = "horizontal"
        android:layout_width = "fill_parent"
        android:layout_height = "wrap_content"
        android:gravity = "center"
            >
    < Button
        android:id = "@ + id/log_star"
        android:layout_width = "wrap_content"
        android:layout_height = "wrap_content"
        android:text = "@ string/logstart"
        / >
    < Button
        android:id = "@ + id/log_in"
        android:layout_width = "wrap_content"
        android:layout_height = "wrap_content"
        android:text = "@ string/login"
        / >

    < /TableRow >
    < /AbsoluteLayout >
< /RelativeLayout >
```

判断代码如下。

源代码文件：ch04/一个页面跳转的实例/src/com/android/android_1/Login_MainActivity. java

```
log_in. setOnClickListener( new OnClickListener( ) {
            public void onClick( View v) {
                    String name = userName. getText( ). toString( ) ;
                    String pass = passWord. getText( ). toString( ) ;
if( name. equals( "admin" )&&pass. equals( "pass" ) )
                {
                    String gender = "unknown" ;
                    String date = "0000 - 00 - 00" ;
```

```
                            String red = "red";
                            String blue = "blue";
                            String green = "green";
                            Toast. makeText( Login_MainActivity. this, "Welcome!" + name + "!", Toast.
      LENGTH_LONG). show();
                            Person p = new Person( name, pass, date, gender, red, blue, green);
                            Bundle data = new Bundle();
                            data. putSerializable( "Person", p);
                            Intent intent_in = new Intent( Login_MainActivity. this, Login_success_page. class);
                            intent_in. putExtras( data);
                            startActivity( intent_in);
                      }
```

可以看到，和代码中所写的一样，如果成功的话，就跳转到下一个界面，而且已经配置
好一些数据。

接下来是注册界面，界面效果如图 4-15 所示。

图 4-15 注册界面效果图

这个界面中，DatePicker 的 Activity 中的代码如下。

**源代码文件：ch04/一个页面跳转的实例/src/com/android/android _ 1/Register _
first. java**

```
      clk_date. setOnClickListener( new OnClickListener() {
          public void onClick( View source) {
              Calendar c = Calendar. getInstance();
              // 直接创建一个 DatePickerDialog 对话框实例，并将它显示出来
              new DatePickerDialog( Register_first. this,
                  // 绑定监听器
                  new DatePickerDialog. OnDateSetListener()
                  {
                      @ Override
                      public void onDateSet( DatePicker dp, int year,
                          int month, int dayOfMonth)
                      {
                          date_show. setText( year + "/" + ( month + 1)
```

```
                              + "/" + dayOfMonth);
                    }
              }
        //设置初始日期
        , c. get( Calendar. YEAR)
        , c. get( Calendar. MONTH)
        , c. get( Calendar. DAY_OF_MONTH)). show( );
        }
});
```

最终注册后将数据存入数据库的代码如下。

源代码文件：ch04/一个页面跳转的实例/src/com/android/android _ 1/Register _
first. java

```
Button register = ( Button) findViewById( R. id. register);
          register. setOnClickListener( new OnClickListener( ) {
               public void onClick( View v) {
                    EditText name = ( EditText) findViewById( R. id. rg_name);
                    EditText pswd = ( EditText) findViewById( R. id. rg_pswd);
                    TextView date = ( TextView) findViewById( R. id. date_show);
                    RadioButton male = ( RadioButton) findViewById( R. id. male);
                    String gender = male. isChecked( )?" Male" :" Female";
                    CheckBox red = ( CheckBox) findViewById( R. id. clr_red);
                    String r = red. isChecked( )?" Red" :" ";
                    CheckBox blue = ( CheckBox) findViewById( R. id. clr_blue);
                    String b = blue. isChecked( )?" Blue" :" ";
                    CheckBox green = ( CheckBox) findViewById( R. id. clr_green);
                    String g = green. isChecked( )?" Green" :" ";
                    Person p = new Person( name. getText( ). toString( ) ,pswd. getText( ). toString( ),
          date. getText( ). toString( ) ,gender,r,b,g);
                    Bundle data = new Bundle( );
                    data. putSerializable( "Person" ,p);
                    Intent intent_re = new Intent( Register_first. this,Login_success_page. class);
                    intent_re. putExtras( data);
                    startActivity( intent_re);

               }
        });
```

Person 类中的属性。

```
private Integer id;
private String name;
private String pass;
private String date;
private String gender;
private String red;
private String blue;
private String green;
```

4.7.3 主界面开发

登录后界面出现欢迎字样,用户的信息(管理员信息为初始设定的内容,用户信息为自己设定的内容),一个图片切换器(选择了第 3 张图片)和菜单控制的文字区。主界面效果如图 4-16 所示。

单击菜单按钮,显示 3 个菜单,分别是 textSize、Menu、textColor,用户可修改字体大小和颜色。

关于菜单的定义,存在在 res/menu/login__main. xml 文件当中。单击 Menu 事件处理代码如下。

源代码文件:ch04/一个页面跳转的实例/src/com/android/android_1/Login_success_page. java

图 4-16 主界面效果图

```
@ Override
public boolean onCreateOptionsMenu( Menu menu) {
    MenuInflater inflator = new MenuInflater( this) ;
    // 状态 R. menu. context 对应的菜单,并添加到 menu 中
    inflator. inflate( R. menu. login__main, menu) ;
    return super. onCreateOptionsMenu( menu) ;
}
// 创建上下文菜单时触发该方法
@ Override
public void onCreateContextMenu( ContextMenu menu, View source,
        ContextMenu. ContextMenuInfo menuInfo) {
    MenuInflater inflator = new MenuInflater( this) ;
    // 状态 R. menu. context 对应的菜单,并添加到 menu 中
    inflator. inflate( R. menu. login_success_content, menu) ;
    menu. setHeaderTitle( "Backgroud Color") ;
    menu. setHeaderIcon( R. drawable. winter) ;
}
```

中间的 Menu 菜单只显示按键信息,不具有实际功能。按下之后,Toast 显示 "Menu Button Clicked!" 的提示信息,如图 4-17 所示。

按下 textSize 按钮,菜单显示 Red、Green、Blue 3 种颜色,选择 Blue,字体颜色变为蓝色,界面效果如图 4-18 所示。

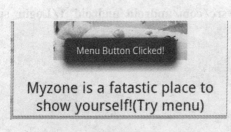

图 4-17 信息提示菜单效果图

图 4-18 调节字体颜色菜单项效果图

这段代码如下所示。

源代码文件：ch04/一个页面跳转的实例/src/com/android/android_1/Login_success_page.java

```java
public boolean onContextItemSelected(MenuItem mi) {
    mi.setChecked(true);
    switch (mi.getItemId()) {
        case R.id.red:
            mi.setChecked(true);
            txt.setBackgroundColor(Color.RED);
            break;
        case R.id.green:
            mi.setChecked(true);
            txt.setBackgroundColor(Color.GREEN);
            break;
        case R.id.blue:
            mi.setChecked(true);
            txt.setBackgroundColor(Color.BLUE);
            break;
    }
    return true;
}
```

按下 textColor 按钮，菜单显示不同字体大小，分别选择 14 号和 12 号字体，字体变小，界面效果如图 4-19 所示。

图 4-19   调节字体尺寸菜单项效果图

这段代码如下所示。

源代码文件：ch04/一个页面跳转的实例/src/com/android/android_1/Login_success_page.java

```java
public boolean onOptionsItemSelected(MenuItem mi)
{
    if(mi.isCheckable()) {
        mi.setChecked(true);
    }
    // 判断点击的是哪个菜单项,并针对性地做出响应
    switch (mi.getItemId()) {
```

```
case R. id. font_10:
    txt. setTextSize(10 * 2);
    break;
case R. id. font_12:
    txt. setTextSize(12 * 2);
    break;
case R. id. font_14:
    txt. setTextSize(14 * 2);
    break;
case R. id. font_16:
    txt. setTextSize(16 * 2);
    break;
case R. id. font_18:
    txt. setTextSize(18 * 2);
    break;
case R. id. red_font:
    txt. setTextColor(Color. RED);
    mi. setChecked(true);
    break;
case R. id. green_font:
    txt. setTextColor(Color. GREEN);
    mi. setChecked(true);
    break;
case R. id. blue_font:
    txt. setTextColor(Color. BLUE);
    mi. setChecked(true);
    break;
case R. id. plain_item:
    Toast toast = Toast. makeText(Login_success_page. this, "Menu Button Clicked!",
            Toast. LENGTH_SHORT);
    toast. show();
    break;
}
return true;
}
```

4.7.4 实例小结

全局把握对工程开发至关重要。对于 Android 工程，常用的几个文件分别是 res、src 和 AndroidManifest. xml 文件。src 文件的 drawable 系列子文件里存储工程用到的图片；layout 子文件里存储 XML 布局文件；menu 子文件里存放菜单布局文件；values 里面存放各种全局变量值，常用的有 strings。src 文件里是针对 layout 中布局文件的 Java 文件，进行各种事件处理。AndroidManifest. xml 文件里定义了 android 工程的 Activity，当增加 Activity 的时候需要在此注册。这些是对于 Android 工程的初步了解，基于这个全局的了解，在添加功能的时候，能比较清楚需要在哪个文件里面添加什么内容，有效地避免因为缺失内容或者填错内容而导致的程序问题。

Android 程序设计平台的功能十分强大，提供了各种开发者需要的功能，需要好好利用这些工具，点滴积累，才能最终开发出出色的程序。

小结

本章为 Android 开发界面编程知识介绍，在前 3 章的内谷基础上，读者将更深入地学习 Android 界面编程，从 Android 页面布局、资源调度、View 类使用等方面切入，全面地掌握界面编程知识。通过本章的学习，读者将能够开发出丰富多彩的 Android 程序界面。

习题

1. 下列属性专属于 RelativeLayout 的是（　　）。

A. android. orientation 线性 vertical 垂直 horizontal

B. android：stretchColumns

C. android：layout_alignParentRight

D. android：layout_toRightOf

2. 定义 LinearLayout 垂直方向布局时设定的属性是（　　）。

A. android：layout_height

B. android：gravity

C. android：layout

D. android：orientation vertical 垂直

3. 为了使 Android 适应不同分辨率的机型，布局时字体单位应该为（　　）。

A. dp　　　　　　B. dip 像素　　　　　　C. px　　　　　　D. sp

4. Android 关于 Service 生命周期的 onCreate( )和 onStart( )方法，说法正确的是（　　）。

A. 当第一次启动的时候先后调用 onCreate( )和 onStart( )方法

B. 当第一次启动的时候只会调用 onCreate( )方法

C. 如果 Service 已经启动，将先后调用 onCreate( )和 onStart( )方法

D. 如果 Service 已经启动，只会执行 onStart( )方法，不再执行 onCreate( )方法

5. Intent 传递数据时，下列的数据类型哪些可以被传递（　　）。

A. Serializable　　B. charsequence　　　　C. Parcelable　　　D. Bundle

6. 下列属于 Intent 的作用的是（　　）。

A. 实现应用程序间的数据共享

B. 是一段长的生命周期，没有用户界面的程序，可以保持应用在后台运行，而不会因为切换页面而消失

C. 可以实现界面间的切换，可以包含动作和动作数据，是连接四大组件的纽带

D. 处理一个应用程序整体性的工作

7. 下面对自定义 Style 的方式正确的是（　　）。

A. < resources >

    < style name = " myStyle " >

    < itemname = " android：layout_width" >fill_parent </item >

    </style >

</resources >

B.　< style name = "myStyle" >

　< itemname = "android：layout_width" > fill_parent </item >

　</style >

C.　< resources >

　< itemname = "android：layout_width" > fill_parent </item >

　</resources >

D.　< resources >

　< stylename = "android：layout_width" > fill_parent </style >

　</resources >

8. 下面关于退出 Activity 错误的方法是（　　　）。

A. finish( )　　　　B. 抛异常强制退出　　C. System. exit( )　　D. onStop( )

9. Activity 一般会重载 7 个方法维护生命周期，依次列举出来。

10. Android 中常用的 5 种页面布局依次有哪些，并做简单介绍。

11. 简述 Activity 和 Intent，IntentFilter 的作用，以及它们之间的关系。

第5章　Android 数据存储与交互

Android 开发有 4 种应用较为广泛的数据存储方式：SQLite 数据库、Preference 数据存储、文件存储和 Content provider 数据共享。每种方式有其适用的数据库和独特的存储特点，下面将一一介绍这 4 种数据存储方式。

本章重点：

- SQLite 数据库机制。
- Preferences 数据存储机制。
- 文件存储机制。
- Content provider 数据共享机制。

5.1　SQLite 数据库

SQLite 一个非常流行的嵌入式数据库，它支持 SQL 语言，并且只利用很少的内存就有很好的性能。此外它还是开源的，任何人都可以使用它。许多开源项目（如 Mozilla、PHP、Python 等）都使用了 SQLite。

SQLite 由以下几个组件组成：SQL 编译器、内核、后端以及附件。SQLite 通过利用虚拟机和虚拟数据库引擎（VDBE），使调试、修改和扩展 SQLite 的内核变得更加方便。

Android 在运行时（Run time）集成了 SQLite，所以每个 Android 应用程序都可以使用 SQLite 数据库。对于熟悉 SQL 的开发人员来说，在 Android 开发中使用 SQLite 相当简单。但是，由于 Java 数据库连接（Java Data Base Connectivity，JDBC）会消耗太多的系统资源，所以 JDBC 对于手机这种内存受限设备来说并不合适。因此，Android 提供了一些新的 API 来使用 SQLite 数据库，Android 开发中，程序员需要学会使用这些 API。

5.1.1　创建数据库

Android 不自动提供数据库。在 Android 应用程序中使用 SQLite，必须自己创建数据库，然后创建表、索引，填充数据。Android 提供了 SQLiteOpenHelper 帮助使用者创建一个数据库，只要继承 SQLiteOpenHelper 类，就可以轻松地创建数据库。SQLiteOpenHelper 类根据开发应用程序的需要，封装了创建和更新数据库所使用的逻辑。SQLiteOpenHelper 的子类，至少需要实现 3 个方法。

（1）构造函数，调用父类 SQLiteOpenHelper 的构造函数

此方法需要 4 个参数：上下文环境（例如，一个 Activity），数据库名字，一个可选的游标工厂（通常是 null），一个代表正在使用的数据库模型版本的整数。

（2）onCreate( ) 方法

此方法需要一个 SQLiteDatabase 对象作为参数，根据需要对这个对象填充表和初始化数据。

（3）onUpgrage()方法

此方法需要 3 个参数：一个 SQLiteDatabase 对象，一个旧的版本号和一个新的版本号，这样就可以清楚地了解如何把一个数据库从旧的模型转变到新的模型。

下面示例代码展示了如何继承 SQLiteOpenHelper 创建数据库。

```java
public class DatabaseHelper extends SQLiteOpenHelper {
    DatabaseHelper(Context context,String name,CursorFactory cursorFactory,int version)
    {
        super(context,name,cursorFactory,version);
    }
    @Override
    public void onCreate(SQLiteDatabase db) {
        // TODO 创建数据库后,对数据库的操作
    }
    @Override
    public void onUpgrade(SQLiteDatabase db,int oldVersion,int newVersion) {
        // TODO 更改数据库版本的操作
    }
    @Override
    public void onOpen(SQLiteDatabase db) {
        super. onOpen(db);
        // TODO 每次成功打开数据库后首先被执行
    }
}
```

接下来具体介绍如何创建表、插入数据、删除表等。调用 getReadableDatabase() 或 get-WriteableDatabase()方法，可以得到 SQLiteDatabase 实例，具体调用哪个方法，取决于开发者是否需要改变数据库的内容。

```java
db = (new DatabaseHelper(getContext())). getWritableDatabase();
return (db == null) ? false : true;
```

上面这段代码会返回一个 SQLiteDatabase 类的实例，使用这个对象，就可以查询或者修改数据库。完成对数据库的操作后，调用 SQLiteDatabase 的 Close()释放数据库连接。

5.1.2　创建表和索引

创建表和索引需要调用 SQLiteDatabase 的 execSQL()方法来执行 DDL 语句。如果没有异常，这个方法没有返回值。

例如，执行如下代码：

```java
db. execSQL("CREATE TABLE mytable (_id INTEGER PRIMARY KEY
        AUTOINCREMENT,title TEXT,value REAL);");
```

这条语句会创建一个名为 mytable 的表，表有一个列名为 _id，并且是主键，这列的值

是会自动增长的整数（例如，当插入一列时，SQLite 会给这列自动赋值），另外还有两列：title（字符）和 value（浮点数）。SQLite 会自动为主键列创建索引。

通常情况下，第一次创建数据库时创建了表和索引。如果不需要改变表的 schema，不需要删除表和索引。删除表和索引，需要使用 execSQL( ) 方法调用 DROP INDEX 和 DROP TABLE 语句。

5.1.3　添加数据

已经创建了数据库和表后，需要给表添加数据。有两种方法可以给表添加数据。

使用 execSQL( ) 方法执行 INSERT、UPDATE、DELETE 等语句来更新表的数据。此方法适用于所有不返回结果的 SQL 语句。

```
db. execSQL("INSERT INTO widgets (name,inventory)" +
"VALUES ('Sprocket',5)");
```

使用 SQLiteDatabase 对象的 insert( )、update( )、delete( ) 方法。这些方法把 SQL 语句的一部分作为参数。

```
ContentValues cv = new ContentValues();
    cv. put(Constants. TITLE,"example title");
    cv. put(Constants. VALUE,SensorManager. GRAVITY_DEATH_STAR_I);
    db. insert("mytable",getNullColumnHack(),cv)
```

update( ) 方法有 4 个参数，分别是表名、表示列名和值的 ContentValues 对象、可选的 WHERE 条件、可选的填充 WHERE 语句的字符串，这些字符串会替换 WHERE 条件中的 "?" 标记。update( ) 根据条件，更新指定列的值，所以用 execSQL( ) 方法可以达到同样的目的。WHERE 条件和其参数与用过的其他 SQL API 类似。如下面代码所示。

```
String[ ] parms = new String[ ] {"this is a string"};
    db. update("widgets",replacements,"name = ?",parms);
```

delete( ) 方法的使用和 update( ) 类似，使用表名，可选的 WHERE 条件和相应的填充 WHERE 条件的字符串。

5.1.4　查询数据库

类似于 INSERT、UPDATE、DELETE，使用 SELECT 从 SQLite 数据库检索数据有两种方法。

1. 使用 rawQuery( ) 直接调用 SELECT 语句

使用 query( ) 方法构建一个查询。正如 API 名字，rawQuery( ) 是最简单的解决方法。通过这个方法就可以调用 SQL SELECT 语句，方法如下所示。

```
Cursor c = db. rawQuery(
        "SELECT name FROM sqlite_master WHERE type ='table'AND name ='mytable'",null);
```

在上面例子中，查询 SQLite 系统表（sqlite_master），检查 table 表是否存在。返回值是一个 cursor 对象，这个对象的方法可以迭代查询结果。

如果查询是动态的，使用这个方法就会非常复杂。例如，当需要查询的列在程序编译的时候不能确定，这时候使用 query( ) 方法会方便很多。

2. 适用 query( ) 语句

query( ) 方法用 SELECT 语句段构建查询。SELECT 语句内容作为 query( ) 方法的参数，比如：要查询的表名，要获取的字段名，WHERE 条件，包含可选的位置参数，去替代 WHERE 条件中位置参数的值，GROUP BY 条件，HAVING 条件。

除了表名，其他参数可以是 null。所以，以前的代码段可写成下面所示的内容。

```
String[ ] columns = {"ID","inventory"};
String[ ] parms = {"snicklefritz"};
Cursor result = db. query("widgets",columns,"name = ?",parms,null,null,null);
```

3. 使用游标

不管如何执行查询，都会返回一个 Cursor，这是 Android 的 SQLite 数据库游标，使用游标，可以通过如下方法实现对游标的控制：

- 使用 getCount( ) 方法得到结果集中有多少记录。
- 使用 moveToFirst( )、moveToNext( ) 和 isAfterLast( ) 方法遍历所有记录。
- 使用 getColumnNames( ) 得到字段名。
- 使用 getColumnIndex( ) 转换成字段号。
- 使用 getString( )、getInt( ) 等方法得到给定字段当前记录的值。
- 使用 requery( ) 方法重新执行查询得到游标。
- 使用 close( ) 方法释放游标资源。

例如，下面代码实现了遍历 mytable 表操作。

```
Cursor result = db. rawQuery("SELECT ID,name,inventory FROM mytable");
    result. moveToFirst();
    while (!result. isAfterLast()) {
        int id = result. getInt(0);
        String name = result. getString(1);
        int inventory = result. getInt(2);
        // do something useful with these
        result. moveToNext();
    }
    result. close();
```

5. 2　Preferences 数据存储

Preferences 是一种较为轻量级的存储数据方式，在 Android 编程中应用广泛。

下面将介绍一个 Preferences 实例。

保存值逻辑代码如下：

```
SharedPreferences. Editor sharedata = getSharedPreferences("data",0). edit();
sharedata. putString("name","shenrenkui");
sharedata. commit();
```

取值逻辑代码如下：

```
SharedPreferences sharedata = getSharedPreferences("data",0);
String data = sharedata. getString("name",null);
Log. i(TAG,"data = " + data);
```

注意，Context. getSharedPreferences(String name, int type)的参数与在创建数据的时候的数据权限属性是一样的，存储和取值的过程类似 HashMap，但是比 HashMap 更具人性化，getXXX（Object key，Object defualtReturnValue），第二个参数是当所要的 key 没有对应值的时候返回的值，此方式即省去了很多逻辑判断。

5.3　文件存储

Android 的文件读写与 JavaSE 的文件读写相同，都是使用 I/O 流。而且 Android 使用的正是 JavaSE 的 I/O 流。

Android 文件存储实例代码如下。

```
//创建文件
    { file = new File(FILE_PATH ,FILE_NAME);
    file. createNewFile();
    //打开文件 file 的 OutputStream
    out = new FileOutputStream(file);
    String infoToWrite = "纸上得来终觉浅,绝知此事要躬行";
    //将字符串转换成 byte 数组写入文件
    out. write(infoToWrite. getBytes());
    //关闭文件 file 的 OutputStream
    out. close();
    //打开文件 file 的 InputStream
    in = new FileInputStream(file);
    //将文件内容全部读入到 byte 数组
    int length = (int)file. length();
    byte[] temp = new byte[length];
    in. read(temp,0,length);
    //将 byte 数组用 UTF - 8 编码并存入 display 字符串中
    display = EncodingUtils. getString(temp,TEXT_ENCODING);
    //关闭文件 file 的 InputStream
    in. close();
    } catch (IOException e) {
    //将出错信息打印到 Logcat
    Log. e(TAG,e. toString());
    this. finish();
    }
//从资源读取
InputStream is = getResources(). getRawResource(R. raw. 文件名);
```

5.4 Content provider 数据共享

Android 中的 Content provider 机制可支持在多个应用中存储和读取数据。这也是跨应用共享数据的唯一方式。在 Android 系统中，没有一个公共的内存区域供多个应用共享存储数据。

Android 提供了一些主要数据类型的 Content provider，比如音频、视频、图片和私人通讯录等。可在 android. provider 包下面找到一些 Android 提供的 Content provider。可以获得这些 Content provider，查询它们包含的数据，当然前提是已获得适当的读取权限。

如果想公开自己的数据，那么有两种办法：

1）继承 ContentProvider 类，创建自己的 Content provider。

2）如果你的数据和已存在的 Content provider 数据结构一致，可以将数据写到已存在的 Content provider 中，当然前提是获取写该 Content provider 的权限。比如把办公软件中的成员通讯信息加入到系统的联系人 Content provider 中。

5.4.1 Content provider 基础

所有 Content provider 都需要实现相同的接口用于查询 Content provider 并返回数据，也包括增加、修改和删除数据。

首先需要获得一个 ContentResolver 的实例，可通过 Activity 的成员方法 getContentResolver()。ContentResolver 实例带的方法可实现找到指定的 Content provider 并获取到 Content provider 的数据。

```
ContentResolver cr = getContentResolver();
```

ContentResolver 的查询过程开始之后，Android 系统将确定查询所需的具体 Content provider，确认它是否启动并运行它。Android 系统负责初始化所有的 Content provider，不需要用户自己去创建。实际上，Content provider 的用户不可能直接访问到 Content provider 实例，只能通过 ContentResolver 在中间代理。

5.4.2 Content provider 数据模型

Content provider 展示的数据类似一个单个数据库表。每行有一个带唯一值的数字字段，名为_ID，可用于对表中指定记录的定位。Content provider 返回的数据结构，是类似 JDBC 的 ResultSet，在 Android 中，是 Cursor 对象。每个 Content provider 定义一个唯一的公开的 URI，用于指定到它的数据集。一个 Contentprovider 可以包含多个数据集（可以看作多张表），这样，就需要有多个 URI 与每个数据集对应。这些 URI 要以这样的格式开头：

```
content://
```

这种格式表示这个 URI 指定一个 Content provider。

如果想创建自己的 Content provider，最好把自定义的 URI 设置为类的常量，这样简化其

他人的调用，并且以后如果更新 URI 也很容易。Android 定义了 CONTENT_URI 常量用于
URI，如下所示。

```
android. provider. Contacts. Phones. CONTENT_URI
android. provider. Contacts. Photos. CONTENT_URI
```

要注意的是上面代码中的 Contacts，已经在 Android 2.0 及以上版本中不建议使用。

5.4.3 创建 Content provider

创建 Content provider，需要设置存储系统。大多数 Content provider 使用文件或者 SQLite
数据库，不过也可以用任何方式存储数据。Android 提供 SQLiteoOpenHelper 帮助开发者创建
和管理 SQLiteDatabase。继承 ContentProvider 类，提供对数据的访问。在 manifest 文件中声明
Content provider。继承 ContentProvider 类，必须定义 ContentProvider 类的子类，而且需要实现
如下方法。

```
query( ) ; insert( ) ; update( ) ; delete( ) ; getType( ) ; onCreate( )
```

query( )方法，返回值是 Cursor 实例，用于迭代请求的数据。Cursor 是一个接口，An-
droid 为该接口提供了一些只读的（和 JDBC 的 ResultSet 不一样，后者还提供可写入的可选
特性）Cursor 实现。比如 SQLiteCursor，可迭代 SQLite 数据库中的数据。可以通过 SQLiteDa-
tabase 类的 query( )方法获取到该 Cursor 实例。还有其他的 Cursor 实现，比如 MatrixCursor，
用于数据不是存储在数据库的情况下。

因为 Content provider 可能被多个 ContentResolver 对象在不同的进程和线程中调用，因此
实现 Content provider 必须考虑线程安全问题。作为良好的习惯，在实现编辑数据的代码中，
要调用 ContentResolver. notifyChange( )方法，以通知那些监听数据变化的监听器。

在实现子类的时候，还有一些步骤可以简化 Content provider 客户端的使用

1）定义 URI 常量，名称为 CONTENT_URI，代码如下。

```
public static final UriCONTENT_URI  =
Uri. parse( " content://com. example. codelab. transportationprovider" ) ;
```

2）如果有多个表，它们也是使用相同的 CONTENT_URI，只是它们的路径部分不同。
也就是说红色框部分是一致的。

3）定义返回的列名，比如使用 SQLite 数据库作为存储，对应表的列名。在文档中要写
出各个列的数据类型，便于使用者读取。

4）如果需要处理新的 MIME 数据类型，比如通过 Intent 的方式，并且带 data 的 mime-
Type，那么需要在 ContentProvider. getType( )方法中进行处理。

5）如果处理数据库表中超大的数据，比如很大的位图文件，一般存在文件系统中，可
以参照在 Content provider 中使用大型二进制文件的方法，这样通过 Content provider 做代理，
第三方的 Content provider 使用者，可以访问不属于它的权限的文件。

5.4.4 声明 Content provider

创建 Content provider 后，需要在 manifest 文件中声明，Android 系统才能知道它，当其他应用需要调用该 Content provider 时才能创建或者调用它。

语法类似：

```
< providerandroid:name = " com. easymorse. cp. MyContentProvider"
android:authorities = " com. easymorse. cp. mycp" > < /provider >
```

5.4.5 查询 Content provider

要想使用一个 Content provider，需要以下信息：

1）定义这个 Content provider 的 URI 返回结果的字段名称，以及这些字段的数据类型。

2）如果需要查询 Content provider 数据集的特定记录（行），还需要知道该记录的 ID 的值。

1. 构建查询

查询就是输入 URI 等参数，其中 URI 是必需的，其他是可选的，如果系统能找到 URI 对应的 Content provider，则将返回一个 Cursor 对象。可以通过 ContentResolver. query( ) 或者 Activity. managedQuery( ) 方法来实现。两者的方法参数完全一样，查询过程和返回值也是相同的。但区别是，通过 Activity. managedQuery( ) 方法，不但获取到 Cursor 对象，而且能够管理 Cursor 对象的生命周期，比如当 Activity 暂停的时候，卸载该 Cursor 对象，当 Activity 重新启动 restart 的时候重新查询。另外，也可以对一个没有处于 Activity 管理的 Cursor 对象实现被 Activity 管理，通过调用 Activity. startManaginCursor( ) 方法。语法示例：

```
Cursor cur = managedQuery( myPerson,null,null,null,null) ;
```

其中第一个参数 myPerson 是 URI 类型实例。

如果需要查询的是指定行的记录，需要用_ID 值，比如 ID 值为 23，URI 将表示为：

```
content://. . . . /23
```

Android 提供了方便的方法，让开发者不需要自己拼接上面这样的 URI，语法示例：

```
Uri myPerson = ContentUris. withAppendedId( People. CONTENT_URI,23) ;
```

或者：

```
Uri myPerson = Uri. withAppendedPath( People. CONTENT_URI," 23" ) ;
```

二者的区别是一个接收整数类型的 ID 值，一个接收字符串类型。

其他几个参数：names，可以为 null，表示取数据集的全部列，或者声明一个 String 数组，数组中存放列名称，比如：People. _ID。一般列名都在该 Content provider 中有常量对应；针对返回结果的过滤器，格式类似于 SQL 中的 WHERE 子句，区别是不带 WHERE 关键字，如果返回 null 表示不过滤，比如 "name = ?"；前面过滤器的参数，是 String 数组，是针对前面条件中 "?" 占位符的值；排序参数，类似 SQL 的 ORDER BY 字句，不过不需要写 ORDER BY 部分，比如 name desc，如果不排序，可输入 null。

返回值是 Cursor 对象，游标位置在第一条记录之前。

下面实例适用于 Android 2.0 及以上版本，从 Android 通讯录中得到姓名字段：

```
Cursor cursor = getContentResolver( ). query(
        ContactsContract. CommonDataKinds. Phone. CONTENT_URI,null,null,
        null,
        null);
```

不同的 Content provider 会有不同的列和名称，但是会有两个相同的列，上面提到过的一个是_ID，用于唯一标识记录，还有一个是_COUNT，用于记录整个结果集的大小。

读取返回的数据：如果在查询的时候使用到 ID，那么返回的数据只有一条记录。在其他情况下，一般会有多条记录。和 JDBC 的 ResultSet 类似，需要操作游标遍历结果集，在每行，再通过列名获取列的值，可以通过 getString( )、getInt( )、getFloat( ) 等方法获取值。语法示例：

```
while (cursor. moveToNext( )) {
    builder. append(
            cursor. getString( cursor. getColumnIndex( ContactsContract. CommonDataKinds. Phone.
DISPLAY_NAME))). append(" - ");
}
```

和 JDBC 中不同，没有直接通过列名获取列值的方法，只能先通过列名获取到列的整型索引值，然后再通过该索引值定位获取列的值。

2. 修改数据

可以通过 Content provider 实现以下编辑功能：

● 增加新的记录。

● 在已经存在的记录中增加新的值。

● 批量更新已经存在的多个记录。

● 删除记录。

所有的修改功能都是通过 ContentResolver 的方法实现的。一些 Content provider 对权限要求更严格一些，需要写的权限，如果没有会报错。

增加记录：要想增加记录到 Content provider，首先，要在 ContentValues 对象中设置类似 map 的键值对，在这里，键的值对应 Content provider 中的列的名字，键值对的值，是对应列希望的类型。然后，调用 ContentResolver. insert( ) 方法，传入这个 ContentValues 对象，和对应 Content provider 的 URI 即可。返回值是这个新记录的 URI 对象，这样可以通过这个 URI 获得包含这条记录的 Cursor 对象，代码如下。

```
ContentValues values = new ContentValues( );
values. put( People. NAME," Abraham Lincoln" );
Uri uri = getContentResolver( ). insert( People. CONTENT_URI,values);
```

在原有记录上增加值：如果记录已经存在，可在记录上增加新的值，或者修改已经存在的值。首先要取得原来的值对象，然后清除原有的值，最后像上面增加记录一样将新值覆盖到该对象上即可。

```
Uri uri = Uri. withAppendedPath( People. CONTENT_URI,"23");
Uri phoneUri = Uri. withAppendedPath( uri,People. Phones. CONTENT_DIRECTORY);
values. clear();
values. put( People. Phones. TYPE,People. Phones. TYPE_MOBILE);
values. put( People. Phones. NUMBER,"1233214567");
getContentResolver(). insert( phoneUri,values)
```

批量更新值：批量更新一组记录的值，比如 NY 改名为 Eew York。可调用 ContenResolver. update() 方法。

删除记录：如果是删除单个记录，调用 ContentResolver. delete() 方法，且 URI 参数指定到具体行即可。

如果是删除多个记录，调用 ContentResolver. delete() 方法，URI 参数指定 Content provider 即可，并带一个类似 SQL 的 WHERE 子句条件。这里和上面类似，不带 WHERE 关键字。

5.5 Android 数据存储与交互实例——通讯录

本节将介绍 Android 数据存储与交互实例——通讯录，本实例实现了通讯录的基本功能，包括查看、添加、删除联系人等，在实践方面深化对数据存储与交互的讲解。

5.5.1 数据存储与交互简介

该实例利用 Intent、Service 以及 SQLiteDatabase 创建并实现了一个简易通讯录，实现了增、删、改，以及简单的搜索功能。通讯录有如下表单：姓名、手机、电话、邮箱、地址（或更多）。所有的数据都存储在 SQLite 数据库中。

该例是一个功能较为完全的通讯录，具有显示联系人列表的主界面，添加联系人界面，显示联系人详细信息界面和修改联系人信息界面。

软件的整体操作流程如图 5-1 所示，具体步骤如下。

1）单击软件图标，进入主界面，显示"Welcom to iContact!"欢迎字样，通讯录中存储的联系人按行显示，包括联系人所在数据库中 ID、联系人头像、名字和电话，如图 5-2 所示。

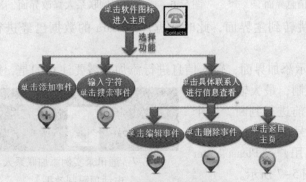

图 5-1　通讯录实例流程图

图 5-2　通讯录实例主界面

2）主界面顶部有搜索框和搜索按钮，添加联系人按钮。底部的 Change 和 Stop 为开启定期修改壁纸和停止定期修改的按钮，为基于 Service 的操作，单击后会有提示。单击 Change 按钮，界面显示如图 5-3 所示。

单击 Stop 按钮，界面显示如图 5-4 所示。

图 5-3　通讯录实例底部修改壁纸选项　　　图 5-4　通讯录实例底部停止修改壁纸选项

3）在搜索框中输入"s"字符，单击搜索按钮，则会进行按名字搜索，名字中带有该字符的会即时显示在界面上。

4）单击联系人，进入联系人详细信息显示界面，这里单击名字为"Sara"的联系人。显示出"Contact Info"界面，罗列出 Sara 的详细信息，有 3 个按钮，分别为返回主界面、编辑该联系人和删除该联系人，效果如图 5-5 所示。

5）单击 Edit 按钮，显示编辑界面，可以对所有信息进行编辑，界面效果如图 5-6 所示（其中：Photo 可以通过单击一个 Gallery 进行选择，在填写 Mobile Phone 和 Telephone 的时候注意需要键入 11 位数字，在填写 Email 时输入字符后会自动提示各种邮箱的扩展名，方便用户直接进行选择）

图 5-5　通讯录实例搜索联系人和联系人信息界面　　　图 5-6　通讯录实例联系人修改界面

修改好之后，单击确认按钮，跳转到主界面，此时数据库中 Sara 的数据已经进行了更新。

6）在主界面单击添加按钮，显示添加界面，输入信息进行添加。需要注意的是，此处对 Mobile phone 和 Telephone 作了限制，最大输入字数为 11 位，且只能输入数字。在添加前进行判断，两个电话必须有一个是 11 位的有效电话号码（中国的手机和座机号码均为 11 位），否则提示用户"Please enter 11 mobile phone number!"，效果如图 5-7 所示。

图 5-7　通讯录实例添加联系人
电话项限制效果

如果选择取消按钮，则不进行数据插入操作，返回主界面。

7）选择确认键，数据插入后，返回主界面，可以看到新插入的数据显示在 Listview 当中，效果如图 5-8 所示。

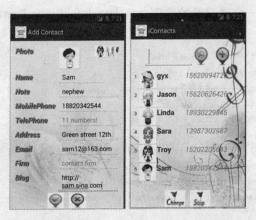

图 5-8　通讯录实例添加联系人界面以及主界面更新效果

8）删除操作在数据显示界面进行，从主界面选择名字为"Troy"的联系人单击，进入联系人数据显示界面，单击删除按钮，弹出提示框，提示用户"Are you sure to delete this CONTACT?"

若选择"NO!"则不删除用户，若选择"Yes"，则从数据库删除该用户数据，提示框提示用户已经成功删除了一个联系人。删除操作效果如图 5-9 所示。

9）在完成上述操作后，返回到主界面上，可以看到"Troy"联系人的数据已经删除了，效果如图 5-10 所示。

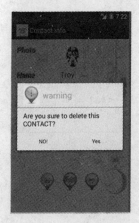

图 5-9　通讯录实例删除联系人效果　　　图 5-10　通讯录实例删除联系人后主界面更新效果

以上就是通讯录的整体效果。

5.5.2　布局文件简介

本实例采用了 4 个主要的界面，分别是主界面 activity_icontact_main. xml，添加联系人界面 icontact_add. xml，显示联系人界面 icontact_show. xml 和修改联系人界面 icontact_edit. xml。

其中，主界面最为复杂，包括 1 个搜索框 EditText，4 个 ImageButton（搜索功能、添加功能、开启壁纸更换和关闭壁纸更换功能）和 1 个 ListView（显示联系人基本信息）。List-View 每行的内容都在 icontact_item. xml 当中。

源代码文件：ch05/一个通讯录的实例/res/layout/activity_icontact_main. xml

```
    < EditText
            android:id = "@ + id/searchtxt"
            android:layout_width = "136dp"
            android:layout_height = "wrap_content"
            android:maxLength = "50"
            android:textSize = "30sp" / >
        < ImageButton
            android:id = "@ + id/searchbn"
            android:layout_width = "wrap_content"
            android:layout_height = "match_parent"
            android:background = "@ drawable/icon_search"
             >
        </ImageButton >
        < ImageButton
            android:id = "@ + id/addbn"
            android:layout_width = "wrap_content"
            android:layout_height = "match_parent"
            android:layout_marginLeft = "20px"
            android:background = "@ drawable/icon_add"
             >

        </ImageButton >
    </LinearLayout >

    <! -- ListView 控件 -->

    < ListView
        android:id = "@ + id/listview"
        android:layout_width = "wrap_content"
        android:layout_height = "285dp"
        android:layout_marginLeft = "10dp"
        android:layout_marginRight = "10dp"
        android:layout_marginTop = "10dp"
        android:layout_weight = "0. 14"
        android:cacheColorHint = "#00000000"
        android:textSize = "16px" / >

        < LinearLayout
        android:layout_width = "fill_parent"
        android:layout_height = "wrap_content"
        android:layout_marginLeft = "10dp"
        android:layout_marginRight = "10dp"
        android:layout_marginTop = "20dp"
        android:gravity = "center|bottom"
        android:orientation = "horizontal" >
```

```
< ImageButton
    android:id = "@ + id/changebn"
    android:layout_width = "57dp"
    android:layout_height = "46dp"
    android:background = "@ drawable/icon_change" / >

< ImageButton
    android:id = "@ + id/stopbn"
    android:layout_width = "57dp"
    android:layout_height = "46dp"
    android:layout_marginLeft = "20px"
    android:background = "@ drawable/icon_stop" / >
```

icontact_show. xml，icontact_add. xml，icontact_edit. xml 3 个界面均为联系人的 9 项详细信息的列表，show 界面仅仅有 TextView 展示信息，add 和 edit 界面则有 EditText 可以输入信息，每个界面有各自的 ImageButton 支持不同的操作，具体的参见本书配套光盘的源码文件。通讯录示例布局文件效果如图 5-11 所示。

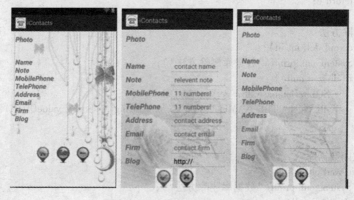

图 5-11　通讯录实例布局文件

5.5.3　数据库文件

新建 MyDBHelper. java 文件，用于对接口进行数据库操作，调用后自动新建 icontact. db 数据库和 icontactTbl 表，数据库的插入、删除、查询操作可以很方便地直接调用对应的成员函数。

源代码文件：ch05/一个通讯录的实例/src/com/android3/icontacts/MyDBHelper. java

```
//构造方法
    public MyDBHelper( Context context) {
        super( context, DB_NAME, null, 2) ;
        System. out. printf( "创建数据库") ;
    }
    //创建表
    public void onCreate ( SQLiteDatabase db) {
        this. db = db;
        db. execSQL( CREATE_TBL) ;
```

```java
            System. out. printf("创建表");
    }
        //插入方法
        public void insert(ContentValues values) {
            //获得 SQLiteDataBase 实例
            SQLiteDatabase db = getWritableDatabase();
            //插入
            db. insert(TBL_NAME, null, values);
            db. close();
            System. out. printf("数据库操作");
    }
        //查询方法
        public Cursor query() {
            System. out. printf("数据库查询方法");
            //获得 SQLiteDataBase 实例
            SQLiteDatabase db = getWritableDatabase();
            //查询获得 Cursor
            Cursor c = db. query(TBL_NAME, null, null, null, null, null, null);
            return c;
    }
        //删除方法
        public void del(int id) {
            System. out. printf("数据库删除方法");
            if(db = = null) {
                SQLiteDatabase db = getWritableDatabase();
                db. delete(TBL_NAME, "_id = ?", new String[]{String. valueOf(id)});
            }
    }
        //关闭数据库
        public void close() {
            System. out. printf("数据库删除方法");
            if(db! = null) {
                db. close();
            }
    }
        public void onUpgrade(SQLiteDatabase db, int oldVersion, int newVersion)
        {
            db. execSQL("DROP TABLE IF EXISTS " + TBL_NAME);
            onCreate(db);
    }
```

5.5.4 添加联系人

单击添加联系人按钮，跳转到添加界面。

源代码文件：ch05/一个通讯录的实例/src/com/android3/icontacts/ IContactAdd. java

```java
        autoview. addTextChangedListener(new TextWatcher() {
            public void onTextChanged(CharSequence s, int start, int before, int count) {
                // TODO Auto - generated method stub
            }
```

```
                    public void beforeTextChanged( CharSequence s, int start, int count,
                            int after) {
                            // TODO Auto - generated method stub
                    }
                    public void afterTextChanged( Editable s) {
                            // TODO Auto - generated method stub
                            String input = s. toString( ) ;
                            adapter. mList. clear( ) ;
                            if ( input. length( ) > 0) {
                                for ( int i = 0; i < arrayString. length; ++i ) {
                                    adapter. mList. add( input + arrayString[ i ]) ;
                                }

                            }
                            adapter. notifyDataSetChanged( ) ;
                            autoview. showDropDown( ) ;
                    }
        } ) ;
```

5.5.5　查找联系人

查询并显示数据库中的联系人，在 Acitivity 中这一段的代码如下所示。

源代码文件：ch05/一个通讯录的实例/src/com/android3/icontacts/ IContactMainAc-tivity. java

```
        private void MySQlite( )
                {
            MyDBHelper helper = new MyDBHelper( this) ;
            SQLiteDatabase db = helper. getReadableDatabase( ) ;
            //查询数据库里的数据
            Cursor c = db. query( "icontactTbl" , new String[ ] { "_id" ,"img" ,"name" ,"mobph" } , null, null,
null, null, null) ;
            list  = new ArrayList < Map < String, Object > > ( ) ;
            while( c. moveToNext( ) )
            {
                Contact modle = new Contact( ) ;
                map = new HashMap < String, Object > ( ) ;
                map. put( "id" , modle. setid( c. getInt( c. getColumnIndex( "_id" ) ) ) ) ;
                map. put( "img2" , modle. setimg( c. getInt( c. getColumnIndex( "img" ) ) ) ) ;
                map. put( "img" , modle. setimg( c. getInt( c. getColumnIndex( "img" ) ) ) ) ;
                map. put( "name" , modle. setName( c. getString( c. getColumnIndex( "name" ) ) ) ) ;
                map. put( "mobph" , modle. setmobph( c. getString( c. getColumnIndex( "mobph" ) ) ) ) ;
                list. add( map) ;
            }
            //创建 SimpleAdapter 适配器将数据绑定到 item 显示控件上
            adapter = new SimpleAdapter( IContactMainActivity. this, list, R. layout. icontact_item,
                        new String[ ] { "id" ,"img2" ,"img" ,"name" ,"mobph" } , new int[ ] { R. id. iid,
R. id. iimgt, R. id. iimg, R. id. iname, R. id. imobph} ) ;
```

```
            mylistview. setAdapter( adapter) ;
            db. close( ) ;
        }
```

搜索和即时显示姓名匹配联系人，通过查询语句得到匹配字符串的联系人数据并同步
显示。

**源代码文件：ch05/一个通讯录的实例/src/com/android3/icontacts/ IContactMainAc-
tivity. java**

```
            ImageButton srch_bn = ( ImageButton) findViewById( R. id. searchbn) ;
            srch_bn. setOnClickListener( new OnClickListener( ) {
                @ SuppressWarnings( "deprecation" )
                public void onClick( View v) {
                    final EditText searchText = ( EditText) findViewById( R. id. searchtxt) ;
                    SimpleCursorAdapter adapter1 = null;
                        content = searchText. getText( ). toString( ). trim( ) ;
                        dbhp = new MyDBHelper( IContactMainActivity. this) ;
                            sqlDB = dbhp. getReadableDatabase( ) ;
                        cursor = sqlDB. rawQuery( "select * from icontactTbl where name like '%" + content
    + "%'" ,null) ;
                        list = new ArrayList < Map < String,Object > > ( ) ;
                        while( cursor. moveToNext( ) )
                            {
                            Contact modle = new Contact( ) ;
                            map = new HashMap < String,Object > ( ) ;
                            map. put( "id" ,modle. setid( cursor. getInt( cursor. getColumnIndex( "_id" ) ) ) ) ;
                            map. put( "img2" ,modle. setimg( cursor. getInt( cursor. getColumnIndex( "img" ) ) ) ) ;
                            map. put( "img" ,modle. setimg( cursor. getInt( cursor. getColumnIndex( "img" ) ) ) ) ;
                            //map. put( "img2" ,"img" ) ;
                            map. put( "name" ,modle. setName( cursor. getString( cursor. getColumnIndex
    ( "name" ) ) ) ) ;
                            map. put( "mobph" ,modle. setmobph( cursor. getString( cursor. getColumnIndex
    ( "mobph" ) ) ) ) ;
                            list. add( map) ;
                        }
                        adapter = new SimpleAdapter( IContactMainActivity. this,list,R. layout. icontact_item,
                            new String[ ] { "id" ,"img2" ,"img" ,"name" ,"mobph" } , new int[ ]
    {R. id. iid,R. id. iimgt,R. id. iimg,R. id. iname,R. id. imobph} ) ;
                        mylistview. setAdapter( adapter) ;
                        sqlDB. close( ) ;
                    }
            } ) ;
```

5.5.6 联系人的信息类

通过读取页面传递过来的联系人 ID 和头像 ID 信息，查询数据库，显示联系人详细信息
和头像信息。

```
private static final long serialVersionUID = 7865096419340919344L;
Integer img = null;
Integer imgt = null;
Integer id = null;
String name = null;
String note = null;
String mobph = null;
String telph = null;
String addr = null;
String email = null;
String firm = null;
String blog = null;
public Integer getimg( ) {
    return img;
}
public Integer setimg(Integer img) {
    this. imgt = img;
    return this. img = img;
}
public Integer getid( ) {
    return id;
}
public Integer setid(Integer id) {
    return this. id = id;
}
public String getName( ) {
    return name;
}
public String setName(String name) {
    return this. name = name;
}
public String getnote( ) {
    return note;
}
public String setnote(String note) {
    return this. note = note;
}
public String getmobph( ) {
    return mobph;
}
public String setmobph(String mobph) {
    return this. mobph = mobph;
}
public String gettelph( ) {
    return telph;
}
public String settelph(String telph) {
    return this. telph = telph;
}
```

```java
public String getaddr( ) {
    return addr;
}
public String setaddr( String addr) {
    return this. addr = addr;
}
public String getEmail( ) {
    return email;
}
public String setEmail( String email) {
    return this. email = email;
}
public String getfirm( ) {
    return firm;
}
public String setfirm( String firm) {
    return this. firm = firm;
}
public String getBlog( ) {
    return blog;
}
public String setBlog( String blog) {
    return this. blog = blog;
}
```

5.5.7 删除联系人

单击删除联系人按钮，弹出确认删除的对话框，用户可以选择删除或者放弃。删除操作是根据联系人的 ID 从数据库中查找到并进行删除操作的。

源代码文件：**ch05/一个通讯录的实例/src/com/android3/icontacts/ iContactshow. java**

```java
delbn. setOnClickListener( new OnClickListener( ) {
    public void onClick( View v) {
        builder. setTitle( "warning")
        . setMessage( "Are you sure to delete this CONTACT?")
        . setIcon( R. drawable. icon_warn)
        . setPositiveButton( "Yes" , new DialogInterface. OnClickListener( ) {
            @ Override
            public void onClick( DialogInterface dialog, int which) {
                // TODO Auto - generated method stub
                //删除数据
                MyDBHelper helper = new MyDBHelper( IContactShow. this) ;
                SQLiteDatabase db = helper. getWritableDatabase( ) ;
                db. delete( "icontactTbl" ,"_id = ?" , new String[ ] {passid} ) ;
                db. close( ) ;
                Toast toast = Toast. makeText( getApplicationContext( ) ,"You have deleted a con-
tact!" ,200) ;

                toast. setGravity( Gravity. CENTER,0,0) ;
                LinearLayout toastView = ( LinearLayout) toast. getView( ) ;
```

```
                    ImageView iv = new ImageView( getApplicationContext( ) );
                    iv. setImageResource( R. drawable. icontact_1 );
                    toastView. addView( iv );
                    toast. show( );
                    Intent intent = new Intent( );
                    intent. setClass( IContactShow. this, IContactMainActivity. class );
                    startActivity( intent );
                    finish( );
                }
            } ). setNegativeButton( "NO!", new DialogInterface. OnClickListener( ) {
                public void onClick( DialogInterface dialog, int which) {
                }
            } );
            AlertDialog ad = builder. create( );
            ad. getWindow( ). setLayout( 300,200 );
            //ad. getWindow( ). setBackgroundDrawableResource( R. drawable. icon_dlg );
            ad. show( );
        }
    } );
```

5.5.8 实例小结

本实例中加入了 SQLite、Service 和 Intent 操作，软件设计更加倾向于实用化、整体化。实例的 UI 为自主设计，仍然以简洁大方、轻松活泼为主旨，突出新颖个性的特色。

数据库操作是已经封装好的，所以调用起来较为容易，数据库的增、删、改、查功能都能够很方便地实现，前提是查询语句书写要正确。查询语句一定要注意空格的处理，多或少都可能造成错误，无法正确地进行数据查询。

Eclipse 的错误提醒机制非常有助于程序员检查错误，Logcat 窗口非常详细地记录了每次软件启动过程中的操作和错误记录，一旦发生软件意外中断，检查 Logcat 窗口的错误记录能够有效地定位错误点，有针对性地进行修改和调试，效率相当高。

通讯录是普遍使用的手机软件，大家都有对于通讯录的使用经验，如何设计出简单易用而且吸引用户的通讯录是本实例的重点。本实例设计的这款通讯录的 UI 和功能跳转，整体来说非常流畅，而且功能较为齐全。在按键和背景图案的选择上，本实例采取了主题制原则，选择相同风格的图案，尽量使软件看起来美观大方。

小结

本章为 Android 数据存储与交互的介绍。本章详细介绍了 4 种数据存储与交互机制：SQLite 数据库、Preference 数据存储、文件存储和 Content provider 数据共享。对于每一种数据存储机制，编者都详细介绍了其适用情况、使用方法和例程参考。本书 5.5 节为通讯录实例，采用存储机制中应用相对较为广泛的 SQLite 数据库方式进行数据存储与交互，供读者进行参考。通过本章的学习，读者能够自如地进行有关 Android 数据存储与交互方面的程序开发。

习题

1. 在 Android 中使用 Menu 时可能需要重写的方法有（　　　）。

A. onCreateOptionsMenu（）　　　　　　B. onCreateMenu（）

C. onOptionsItemSelected（）　　　　　　D. onItemSelected（）

2. 在 Android 中使用 SQLiteOpenHelper 这个辅助类时，可以生成一个数据库，并可以对数据库版本进行管理的方法可以是（　　　）。

A. getWriteableDatabase（）　　　　　　B. getReadableDatabase（）

C. getDatabase（）　　　　　　　　　　D. getAbleDatabase（）

3. 继承 Content provider 需要实现（　　）等方法。

A. insert　　　　　　B. delete　　　　　　C. update　　　　　　D. query

4. 退出 Activity 对一些资源以及状态的操作保存，可以在生命周期的（　　　）函数中进行。

A. onPause（）　　　B. onCreate（）　　　C. onResume（）　　　D. onStart（）

5. 创建子菜单的方法是（　　　）。

A. add　　　　　　B. addSubMenu　　　C. createSubMenu　　D. createMenu

6. 处理菜单项单击事件的方法不包含（　　　）。

A. 使用 onOptionsItemSelected（MenuItem item）响应

B. 使用 onMenuItemSelected（int featureId，MenuItem item）响应

C. 使用 onMenuItemClick（MenuItem item）响应

D. 使用 onCreateOptionsMenu（Menu menu）响应

7. 上下文菜单与其他菜单不同的是（　　　）。

A. 上下文菜单项上的单击事件可以使用 onMenuItemSelected 方法来响应

B. 上下文菜单必须注册到指定的 View 上才能显示

C. 上下文菜单的菜单项可以添加，可以删除

D. 上下文菜单的菜单项可以有子项

8. 关于 ContentValues 类说法正确的是（　　　）。

A. 它和 Hashtable 比较类似，也是负责存储一些名值对，但是它存储的名值对当中的名是 String 类型，而值也是 String 类型

B. 它和 Hashtable 比较类似，也是负责存储一些名值对，但是它存储的名值对当中的名是任意类型，而值都是基本类型

C. 它和 Hashtable 比较类似，也是负责存储一些名值对，但是它存储的名值对当中的名是 String 类型，而值都是基本类型

D. 它和 Hashtable 比较类似，也是负责存储一些名值对，但是它存储的名值对当中的名，可以为空，而值都是 String 类型

9. 什么是 Service 以及描述它的生命周期。

10. Activity 怎么和 Service 绑定，怎么在 Activity 中启动自己对应的 Service？

11. 请描述一下 Intent 和 Intent Filter。

第6章　Android 网络通信

Android 的网络通信是数据交流的一个重要途径，也是打通 Android 应用程序与外界数据交流的主要途径。Android 网络通信主要包括 HTTP 通信、Socket 通信、蓝牙通信和红外通信这4大块。本章将依次详细地介绍这4个主要的通信方式。

本章重点：

- HTTP 通信机制。
- Socket（套接字）通信机制。
- 蓝牙通信机制。
- 红外通信机制。

6.1　HTTP 通信

HTTP 通信是网络通信的重要方式，主要指在获得网络操作权限的前提下，进行网络连接、数据发送和接受的通信方式。

6.1.1　请求网络通信权限

执行网络操作首先需要在程序的 AndroidManifest. xml 文件中添加如下权限请求。

```
< uses – permission android:name = " android. permission. INTERNET" / >
< uses – permission android:name = " android. permission. ACCESS_NETWORK_STATE" / >
```

这样即获得了网络操作的权限。

6.1.2　检查网络连接

应用程序在尝试进行网络连接之前，需要检测当前是否有可用的网络。请注意，设备可能会不在网络覆盖范围内，或者用户关闭 Wi – Fi 与移动网络连接。

```
public void myClickHandler( View view) {
    ...
    ConnectivityManager connMgr = ( ConnectivityManager)
        getSystemService( Context. CONNECTIVITY_SERVICE) ;
    NetworkInfo networkInfo = connMgr. getActiveNetworkInfo( ) ;
    if ( networkInfo ! = null && networkInfo. isConnected( ) ) {
        // fetch data
    } else {
        // display error
```

```
        }
        ...
    }
```

6.1.3 通信流程

大多数连接网络的 Android 应用程序会使用 HTTP 来发送与接收数据。Android 提供了两种 HTTP 客户端:HttpURLConnection 与 Apache HttpClient。它们二者均支持 HTTPS,都以流方式进行上传与下载,都有可配置的 timeout、IPv6 和连接池(Connection Pooling)。推荐从 Android 2.3 Gingerbread 版本开始使用 HttpURLConnection。

HttpClient 模块是 Android SDK 集成的一个模块,在这个模块中涉及两个重要的类:HttpGet 和 HttpPost。需要注意的是 HTTP 通信中的 POST 和 GET 请求方式是不同的。GET 可以获得静态页面,也可以把参数直接放在统一资源定位符(Uniform Source Locator,URL)字符串后面,传递给服务器。POST 的参数是直接放在 HTTP 请求中。

HttpURLConnection 类继承自 URLConnection 类,两者都是抽象类。在 Android 中是用此类来发起这两种请求。创建请求的代码如下。

```
URL url = new URL("http://www.baidu.com");
HttpURLConnection urlConn = (HttpURLConnection)url.openConnection();
```

通过以下方法可以对请求的属性进行一些设置,如下所示。

设置输入和输出流:

```
urlConn.setDoOutput(true);
urlConn.setDoInput(true);
```

设置请求方式为 POST(HttpURLConnection 默认使用 GET 方式):

```
urlConn.setRequestMethod("POST");
```

POST 请求不能使用缓存:

```
urlConn.setUseCaches(false);
```

关闭连接:

```
urlConn.disConnection();
```

HttpURLConnection 默认使用 GET 方式,例如下面代码所示。

打开连接:

```
HttpURLConnection urlConn = (HttpURLConnection) url.openConnection();
```

用 InputStreamReader 得到读取的内容:

```
InputStreamReader in = new InputStreamReader( urlConn. getInputStream( ) ) ;
```

为输出创建 BufferedReader：

```
BufferedReader buffer = new BufferedReader( in) ;
String inputLine = null;
```

使用循环来读取获得的数据：

```
while ((( inputLine = buffer. readLine( ) ) ! = null) ) {
    resultData  +=  inputLine + " \n" ;
    }
```

关闭 InputStreamReader：

```
in. close( ) ;
```

关闭 HTTP 连接：

```
urlConn. disconnect( ) ;
```

使用 Apache 提供的 HttpClient 接口，同样可以进行 HTTP 操作。

6.2 Socket（套接字）通信

Socket（套接字）用于描述 IP 地址和端口。应用程序常常通过 Socket 向网络发出请求或者应答网络请求。Socket 是支持 TCP/IP 协议的网络通信的基本操作单元，是网络通信过程中端点的抽象表示，包含进行网络通信必需的 5 种信息：网络协议、本地 IP 地址、本地端口、远程 IP 地址、远程端口。

Socket 有两种传输模式：面向连接和无连接。

1）面向连接的 Socket 操作就像一部电话，必须建立一个连接。所有的数据到达时的顺序和它们发送时的顺序是一样的。

2）无连接的 Socket 操作就像一个邮件投递，多个邮件到达时的顺序可能和发送的顺序不一样。到底用哪种模式是由应用程序的需要决定。

这两种传输模式各有优劣，综合起来比较主要有这些方面。

（1）无连接的操作是快速的和高效的，但数据安全性不佳

无连接的系统效率更高。面向连接需要额外的操作来确保数据的有序性和正确性，这会带来内存消耗，降低系统的效率。无连接的操作使用数据报协议（一个数据报是一个独立的单元，它包含了这次投递的所有信息），这种模式下的 Socket 不需要连接目的 Socket，它只是简单地投出数据报。

（2）面向连接的模式可靠性更高

面向连接的操作使用 TCP 协议。面向连接的 Socket 必须在发送数据之前和目的 Socket

取得连接。一旦建立了连接，Socket 就可以使用一个流接口来进行打开、读/写、关闭操作。所有发送的信息都会在另一端以同样的顺序接收。

java. net 包中提供 Socket 和 ServerSocket 表示双向连接的 Client 和 Server。

在选择端口时需要注意正确选择端口。每个端口提供一种特定的服务，只有给出正确的端口，才能获得相应的服务。端口号 0~1023 为系统保留。例如 80 是 HTTP 服务的，21 是 Telnet 服务的，23 是 FTP 服务的。在选择端口号时，最好选择一个大于 1023 的数，防止发生冲突。在创建 Socket 或 ServerSocket 时，如果产生错误，将会抛出 IOException。

要想在 Client 中使用 Socket 来与一个 Server 通信，就必须在 Client 上创建一个 Socket，并指定 Server 的 IP 地址和端口。

例如，Socket socket = new Socket("192. 168. 1. 110" ,5555);

在 Server 创建 ServerSocket，指定监听的端口。

例如，ServerSocket serverSocket = new ServerSocket(5555);

实际应用中 ServerSocket 总是不停地循环调用 accept( )方法，一旦收到请求就会创建线程来处理和响应。accept( )是一个阻塞方法，接收到请求后会返回一个 Socket 来与 Client 进行通信。

Socket 提供了 getInputStream( )和 getOutputStream( )方法，用来得到输入流和输出流进行读写操作，这两个方法分别返回 InputStream 和 OutputStream。为了方便读写，常常在 InputStream 和 OutputStream 基础上进行包装得到 DataInputStream，DataOutputStream，PrintStream，InputStreamReader，OutputStreamWriter，printWriter 等。

示例代码如下：

```
PrintStream printS tream =
    new PrintStream( new BufferedOutputStream( socket. getOutputStream( )));
PrintWriter printWriter =
    new PrintWriter( new BufferedWriter( new OutputStreamWriter(
    socket. getOutputStream( ) ,true)));
printWriter. println( String msg) ;
DataInputStream dis = new DataInputStream( socket. getInputStream( )) ;
BufferedReader br =
    new BufferedReader( new InputStreamReader( socket. getInputStream( ))) ;
String line = br. readLine( ) ;
```

📖 在关闭 Socket 之前，注意将与其有关的 Stream 全部关闭，以释放所有的资源。

6.3 蓝牙通信

蓝牙通信符合蓝牙协议（BlueTooth）V1. x，使用 2.4 GHz 的 ISM（工业、科学、医学）频段。频道共有 23 个或 79 个，频道间隔均为 1 MHz，采用时分双工方式，调制方式为 "BT = 0. 5" 的 GFSK（高斯频移键控）。蓝牙的数据传输率可达 1 Mbit/s，与红外一样，蓝牙的传输距离也较短。

蓝牙通信过程包括两步：1）搜索周围蓝牙设备；2）连接某一蓝牙设备。

6.3.1 Android 中提供的蓝牙 API

BluetoothAdapter 类主要包括以下 API。

- BluetoothAdapter. getDefaultAdapter( )：得到本地默认的 BluetoothAdapter，若返回为 null 则表示本地不支持蓝牙。
- isDiscovering( )：返回设备是否正在发现周围蓝牙设备。
- cancelDiscovery( )：取消正在发现远程蓝牙设备的过程。
- startDiscovery( )：开始发现过程。
- getScanMode( )：得到本地蓝牙设备的 Scan Mode。
- getBondedDevices( )：得到已配对的设备。
- isEnabled( )：蓝牙功能是否启用。
- InputStream 类：
- read(byte[ ])：以阻塞方式读取输入流。
- OutputStream 类：
- write(byte[ ])：将信息写入该输出流，发送给远程。

6.3.2 基本蓝牙功能

(1) 定义蓝牙通信的权限

在 AndroidManifest. xml 文件中声明：

```
< users – perimssion android:name = " android. permission. BLUETOOTH"/ >
< users – permission android:name = " android. permission. BLUETOOTH_ADMIN"/ >
```

(2) 启用蓝牙功能

```
if ( !mBluetoothAdapter . isEnabled( )) {
    Intent enableIntent = new Intent( BluetoothAdapter. ACTION_REQUEST_ENABLE );
    startActivityForResult( enableIntent, REQUEST_ENABLE_BT );
}
```

(3) 设置本设备对外可见

```
Intent discoverableIntent =
new Intent( BluetoothAdapter. ACTION_REQUEST_DISCOVERABLE );
discoverableIntent. putExtra( BluetoothAdapter. EXTRA_DISCOVERABLE_DURATION ,300);
startActivity( discoverableIntent);
```

6.3.3 蓝牙例程 BluetoothChat 分析

Google 提供了 BluetoothChat 作为蓝牙开发的例程。工程流程图如图 6-1 所示。

工程包括 3 个主文件，其功能依次如下。

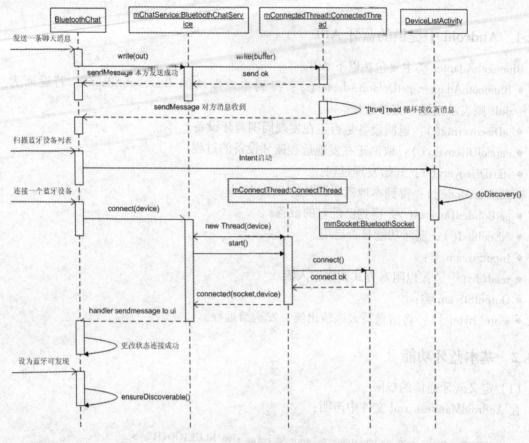

图 6-1 BluetoothChat 工程流程图

1. BluetoothChat. java

这个文件为例程的主 Activity。onCreate（）得到本地 BluetoothAdapter 设备，检查是否支持；onStart（）中检查是否启用蓝牙，并请求启用，然后执行 setupChat（）；setupChat（）先对界面中的控件进行初始化增加单击监听器等，然后创建 BluetoothChatService 对象，该对象在整个应用过程中存在，并执行蓝牙连接建立、消息发送接收等实际的行为。

2. BluetoothChatService. java

这个文件主要包括以下函数。

（1）public synchronized void start（）

开启 mAcceptThread 线程，由于样例程序是仅两人的聊天过程，故先检测 mConnectThread 和 mConnectedThread 是否运行，运行则先退出这些线程。

（2）public synchronized void connect（BluetoothDevice device）

取消 CONNECTING 和 CONNECTED 状态下的相关线程，然后运行新的 mConnectThread 线程。

（3）public synchronized void connected（BluetoothSocket socket，BluetoothDevice device）

开启一个 ConnectedThread 来管理对应的当前连接。先取消任意现存的 mConnectThread、mConnectedThread、mAcceptThread 线程，然后开启新的 mConnectedThread，传入当前刚刚接受的 Socket 连接。最后通过 Handler 来通知 UI 连接成功。

（4）public synchronized void stop( )

停止所有相关线程，设当前状态为 NONE。

（5）public void write(byte[ ] out)

在 STATE_CONNECTED 状态下，调用 mConnectedThread 里的 write 方法，写入 byte。

（6）private void connectionFailed( )

连接失败的时候处理，通知 UI，并设为 STATE_LISTEN 状态。

（7）private void connectionLost( )

当连接失去的时候，设为 STATE_LISTEN 状态并通知 UI。

（8）private class AcceptThread extends Thread

创建监听线程，准备接受新连接。使用阻塞方式，调用 BluetoothServerSocket. accept( )。提供 cancel 方法关闭 Socket。

（9）private class ConnectThread extends Thread

这是定义的连接线程，专门用来对外发出连接对方蓝牙的请求和处理流程。构造函数里通过 BluetoothDevice. createRfcommSocketToServiceRecord( )，从待连接的设备产生 Bluetooth-Socket，然后在 run( )方法中连接，成功后调用 BluetoothChatSevice 的 connected( )方法。定义 cancel( )，在关闭线程时能够关闭相关 Socket。

（10）private class ConnectedThread extends Thread

这个是双方蓝牙连接后一直运行的线程。构造函数中设置输入输出流。run( )方法中使用阻塞模式的 InputStream. read( )循环读取输入流，然后 POST 到 UI 线程中更新聊天消息。也提供了 write( )将聊天消息写入输出流传输至对方，传输成功后回写入 UI 线程。最后调用 cancel( )关闭连接的 Socket。

3. DeviceListActivity. java

该类包含 UI 和操作的 Activity 类，作用是得到系统默认蓝牙设备的已配对设备列表，以及搜索出的未配对的新设备的列表。然后提供单击后发出连接设备请求的功能。

6.4 红外通信

红外通信符合 IrDA1. x 标准，利用 950 nm 近红外波段的红外线作为传递信息的载体，通过红外光在空中的传播来传递信息，由红外发射器和接收器实现。其最大优点是：不易被人发现和截获，保密性强；几乎不会受到天气影响，抗干扰性强。此外，红外线通信机体积小、重量轻、结构简单、价格低廉。不足之处在于它必须在视距内通信，且收发端必须是直线对射。

Android 中不是默认自带红外 API，因此，需要在 AndroidManifest. xml 文件中，在用到红外技术的程序的声明中添加。

```
< user – feature android:name = android. hardware. consumerir >
```

此声明使得对应的应用程序能够运用红外（Consumer IR）功能。

红外通信的例程读者可参阅参考文献第 842 页："风雪独步人"的博客，《Android 手机红外遥控器实现》。

小结

本书第 6 章为 Android 网络通信开发详解。Android 网络通信开发的实际应用非常广泛，尤其是蓝牙通信技术，经常被用在各种 Android 应用程序的开发当中。本章详细介绍了 4 种常用的 Android 网络通信：HTTP 通信、Socket（套接字）通信、蓝牙通信和红外通信。对于每一种通信方式，编者都介绍了其适用情况、使用方法和例程参考。通过本章的学习，读者将具备 Android 网络通信开发的基本知识，能够自主设计出功能较为全面的通信应用程序。

习题

1. 请解释 Android 程序运行时权限与文件系统权限的区别。
2. 请简述 HTTP 通信的流程。
3. 解释 WebView 的两个方法。
4. 介绍和对比 Socket 的两种传输模式。
5. 简述红外通信的特征。
6. 介绍 Android 中提供的蓝牙 API。
7. 请简述使用蓝牙功能的流程。

第7章 Android 多媒体开发

Android 平台内置了常用类型媒体的编解码，可以在应用中方便地集成它们。Android 平台的媒体的访问机制直观简单，可以使用相同的 Intent 和 Activity 机制。

Android 能够从多个数据来源播放音视频：应用的资源目录中、文件系统中或者来自网络。通过 android. media. MediaPlayer 来播放。平台同时也允许通过 android. media. MediaRecorder 录制音视频，需要相应的硬件支持。

本章重点：

- 音频/视频管理工具 MediaPlayer。
- 摄像头管理及应用。
- 语音识别功能及应用。

7.1 Android 中的多媒体简介

Android 支持的媒体类型主要包括图片、视频和声音这 3 个方面，能够支持大部分的多媒体文件，具体支持的文件格式如表 7-1 所示。

表 7-1 Android 支持的媒体类型

类　　型	支持的文件格式
Audio	AAC LC/LTP、HE – AACv1（AAC +）、AMR – NB、AMR – WB、MP3、MIDI、Ogg Vorbis、PCM/WAVE、FLAC（3.1 或 3.1 以上）
Image	JPEG、PNG、WEBP、GIF、BMP
Video	H. 263、H. 264 AVC、MPEG – 4 SP、VP8（2.3.3 或 2.3.3 以上）

7.2 MediaPlayer（音频/视频管理）

Android 操作系统中的 MediaPlayer 类可用于控制音频/视频文件或流的播放。

7.2.1 MediaPlayer 播放文件

播放操作很简单，但从资源中播放和从文件/网络中播放还是有些区别。

（1）从资源中播放

1）开始播放：MediaPlayer mp = MediaPlayer. create(context, R. raw. xxx)；－－>mp. start( )。

2）停止/播放：mp. stop( ) －－>mp. reset( )；mp. prepare( ) －－>mp. start( )。

3）暂停/播放：mp. pause( ) －－>mp. start( )。

（2）从文件/网络中播放

1）开始播放：

```
MediaPlayer mp = new MediaPlayer. create( );
mp. setDataSource(PATH_TO_FILE);
mp. prepare( );
mp. start( );
```

2）停止/播放和暂停/播放与（1）中介绍的一样。

7.2.2　MediaPlayer 录制文件

录制操作相对播放要稍微复杂一些，按照如下步骤进行。

1）实例化 MediaRecorder：mr = new MediaRecorder( )。

2）初始化 mr：mr. setAudioSource（MIC）/setVideoSource（CAMERA），必须在配置 Data-Source 之前调用。

3）配置 DataSource。设置输出文件格式/路径，编码器等。

4）准备录制：mr. prepare( )。

5）开始录制：mr. start( )。

6）停止录制：mr. stop( )。

7）释放资源：mr. release( )。

7.2.3　管理 MediaPlayer 输出

MediaPlayer 提供了方便的方法控制音量、锁屏、设置循环模式等输出属性。

1）控制音量。setVolume(x,y)；x 和 y 值为 0~1 之间的浮点数，0 为静音，1 为最大音量，两个参数分别代表两个声道。

2）锁屏。setScreenOnWhilePlaying(true)；设置播放时屏幕不锁屏；

3）循环模式。setLooping(true)；设置播放模式为循环模式。

硬件的音量键能够控制应用程序的音量。默认情况下，按下音量控制键会调节当前被激活的音频流，若此时没有音频流，则调节铃声的大小。Android 提供了 setVolumeControl-Stream( )方法直接控制指定的音频流，在鉴别出应用程序使用哪个音频流之后，需要在对应的 Activity 或者 Fragment 中设置音量控制，这样即可确保不管应用程序是否可见，音频控制功能都正常工作。例如：

```
setVolumeControlStream( AudioManager. STREAM_MUSIC);
```

有些设备附加上耳机，能够提供播放、暂停、跳过、上一曲等功能的按键，这些功能实现需要监听事件并采用 switch – case 的判断模式对每一种事件进行相应的处理。用户按下任何设备上的控制按钮时，系统都会广播一个带有 ACTION_MEDIA_BUTTON 的 Intent。为了响应那些操作，需要首先在 Manifest. xml 文件中注册一个 BroadcastReceiver：

```
< receiver android:name = ". RemoteControlReceiver" >
    < intent – filter >
```

```
                    < action android:name = " android. intent. action. MEDIA_BUTTON" / >
            </intent – filter >
        </receiver >
```

Receiver 需要判断这个广播是来自哪个按钮的操作，Intent 在 EXTRA_KEY_EVENT 中包含了 key 的信息，同样 KeyEvent 类包含了一列 KEYCODE_MEDIA_的静态变量来表示不同的媒体按钮，例如 KEYCODE_MEDIA_PLAY_PAUSE 与 KEYCODE_MEDIA_NEXT。

```
public class RemoteControlReceiver extends BroadcastReceiver {
    @ Override
    public void onReceive( Context context,Intent intent) {
        if ( Intent. ACTION_MEDIA_BUTTON. equals( intent. getAction( ) ) {
            KeyEvent event = ( KeyEvent ) intent. getParcelableExtra ( Intent. EXTRA _ KEY
_EVENT) ;
            if ( KeyEvent. KEYCODE_MEDIA_PLAY == event. getKeyCode( ) ) {
                // Handle key press
            }
        }
    }
}
```

因为可能有多个程序都同样监听了那些控制按钮，那么必须在代码中特意控制当前哪个 Receiver 会进行响应。下面的例子显示了如何使用 AudioManager 来注册监听与取消监听，当 Receiver 被注册上，它将是唯一响应 Broadcast 的 Receiver。

```
AudioManager am = mContext. getSystemService( Context. AUDIO_SERVICE) ;
...

// Start listening for button presses
am. registerMediaButtonEventReceiver( RemoteControlReceiver) ;
...

// Stop listening for button presses
am. unregisterMediaButtonEventReceiver( RemoteControlReceiver)
```

通常，应用程序需要在 Receiver 没有激活或者不可见的时候（比如在 onStop 的方法里面）取消注册监听。但是在媒体播放的时候并没有那么简单，实际上，我们需要在后台播放歌曲的时候同样需要进行响应。

7.3　Camera（摄像头）

摄像头主要包括拍照动作、录像动作和控制相机硬件这 3 个操作，本节将依次介绍这 3 个方面的知识。

7.3.1　Taking Photos（拍照操作）

拍照操作包括请求相机权限、使用相机拍照功能、保存全尺寸照片、添加照片到相册和解码缩放图片这几个具体操作，下面将一一进行介绍。

1. 请求使用相机权限

Android 提供了摄像头的硬件条件和相应的 API，方便开发者进行相关开发。首先需要在 Mainfest. xml 文件中添加 Camera 的权限。

```
< uses - permission android:name = " android. permission. CAMERA" > < /uses - permission >
< uses - feature android:name = " android. hardware. camera" / >
< uses - feature android:name = " android. hardware. camera. autofocus" / >
```

2. 使用相机拍照功能与获取图像

调用 Camera 最简便的方式是调用系统功能，然后通过 onActivityResult 方法获得图像数据，进行自主处理。Camera 的 URI 为 android:media. action. IMAGE_CAPTURE，因此，在程序中通过 Intent 跳转到该 URI，可调用系统的 Camera 硬件。

此实例通过单击界面的 ID 为 Button01 的按钮，跳转到摄像功能，成功捕获图像后通过 onActivityResult 函数得到该图像。

```java
final int TAKE_PICTURE = 1;
ImageView iv;
private void test1( ) {
    iv = new ImageView( this);
    ((FrameLayout)findViewById( R. id. FrameLayout01)). addView( iv);
    Button buttonClick = ( Button)findViewById( R. id. Button01);
    buttonClick. setOnClickListener( new OnClickListener( ) {
        @ Override
        public void onClick( View arg0) {
            startActivityForResult( new Intent( " android. media. action. IMAGE_CAPTURE" ), TAKE_
PICTURE);
        }
    });
}
protected void onActivityResult( int requestCode, int resultCode, Intent data) {
    if ( requestCode == TAKE_PICTURE) {
        if ( resultCode == RESULT_OK) {
            Bitmap b = ( Bitmap) data. getExtras( ). get( " data" );
            iv. setImageBitmap( b);
        }
    }
}
```

3. 保存全尺寸照片

成功获得照片图像后，如果希望提供一个 file 对象给 Android 的 Camera 程序，它会保存这张全图到给定的路径下。必须提供存储图片所需的完全限定文件名（Fully Qualified File Name）。

一般，任何用户使用设备相机捕获的图片应该被存放在设备的公共外部存储中，这样它们就能被所有的图片访问。通过传入 DIRECTORY_PICTURES 参数，getExternalStoragePublicDirectory( )将返回存储公共图片的适当目录。因为这个方法提供的目录被所有应用程序共享，读和写这个目录分别需要 READ_EXTERNAL_STORAGE 和 WRITE_EXTERNAL_STOR-AGE 权限。写权限隐式地声明了读权限，所以如果需要外部存储的写权限，则需请求下面的权限。

```
< manifest ... >
    < uses – permission android:name = "android. permission. WRITE_EXTERNAL_STORAGE" / >
    ...
</manifest >
```

然而，如果需要图片为应用程序私有，可以使用 getExternalFilesDir( )提供的目录。在 Android 4.3 及以下的版本，写这个目录需要 WRITE_EXTERNAL_STORAGE 权限。从 Android 4.4 开始，不再需要因为这个原因而声明这个权限了。因为这个目录不能被其他应用程序访问，所以可以通过添加 maxSdkVersion 属性，声明只在低版本的 Android 设备上请求这个权限。

```
< manifest ... >
    < uses – permission android:name = "android. permission. WRITE_EXTERNAL_STORAGE"
                      android:maxSdkVersion = "18" / >
    ...
</manifest >
```

注意，所有存储在 getExternalFilesDir( )提供的目录中的文件会在用户卸载此应用程序后被删除。一旦选定了文件的目录，则需要创建一个不会冲突的文件名。下面是一个使用日期时间戳为新照片生成唯一文件名的解决方案范例。

```
String mCurrentPhotoPath;
private File createImageFile( ) throws IOException {
    // Create an image file name
    String timeStamp = new SimpleDateFormat("yyyyMMdd_HHmmss"). format( new Date( ));
    String imageFileName = "JPEG_" + timeStamp + "_";
    File storageDir = Environment. getExternalStoragePublicDirectory(
            Environment. DIRECTORY_PICTURES);
    File image = File. createTempFile(
        imageFileName, / * prefix */
        ".jpg",          / * suffix */
        storageDir     / * directory */
    );
    // Save a file: path for use with ACTION_VIEW intents
    mCurrentPhotoPath = "file:" + image. getAbsolutePath( );
    return image;
}
```

有了上面的方法给新照片创建文件对象，开发者可以像这样创建并触发一个 Intent。

```
String mCurrentPhotoPath;
static final int REQUEST_TAKE_PHOTO = 1;
```

```
private void dispatchTakePictureIntent( ) {
    Intent takePictureIntent = new Intent( MediaStore. ACTION_IMAGE_CAPTURE) ;
    // Ensure that there's a camera activity to handle the intent
    if ( takePictureIntent. resolveActivity( getPackageManager( ) ) ! = null) {
        // Create the File where the photo should go
        File photoFile = null;
        try {
            photoFile = createImageFile( ) ;
        } catch ( IOException ex) {
            // Error occurred while creating the File
            ...
        }
        // Continue only if the File was successfully created
        if ( photoFile ! = null) {
            takePictureIntent. putExtra( MediaStore. EXTRA_OUTPUT,
                    Uri. fromFile( photoFile) ) ;
            startActivityForResult( takePictureIntent, REQUEST_TAKE_PHOTO) ;
        }
    }
}
```

4. 添加照片到相册

对用户来说，查看照片最简单的方式是通过系统的 Media Provider。然而，如果将开发的应用程序的图片存储在 getExternalFilesDir( )提供的目录中，媒体扫描器（Media Scanner）不能访问到这个文件，因为它们是该应用程序私有的。

下面的例子演示了如何触发系统的 Media Scanner 来添加照片到 Media Provider 的数据库中，这样使得 Android 相册程序与其他程序能够读取到那些图片。

```
private void galleryAddPic( ) {
    Intent mediaScanIntent = new Intent( Intent. ACTION_MEDIA_SCANNER_SCAN_FILE) ;
    File f = new File( mCurrentPhotoPath) ;
    Uri contentUri = Uri. fromFile( f) ;
    mediaScanIntent. setData( contentUri) ;
    this. sendBroadcast( mediaScanIntent) ;
}
```

5. 解码缩放图片

在有限的内存下，管理许多全尺寸的图片很棘手。如果开发的应用在展示了少量图片后消耗了大量内存，开发者可以通过缩放图片到目标视图尺寸，之后再载入内存中的方法，来显著降低内存的使用，下面的例子演示了这个技术。

```
private void setPic( ) {
    // Get the dimensions of the View
    int targetW = mImageView. getWidth( ) ;
    int targetH = mImageView. getHeight( ) ;
    // Get the dimensions of the bitmap
    BitmapFactory. Options bmOptions = new BitmapFactory. Options( ) ;
```

```
bmOptions. inJustDecodeBounds = true;
BitmapFactory. decodeFile( mCurrentPhotoPath, bmOptions);
int photoW = bmOptions. outWidth;
int photoH = bmOptions. outHeight;
// Determine how much to scale down the image
int scaleFactor = Math. min( photoW/targetW, photoH/targetH);
// Decode the image file into a Bitmap sized to fill the View
bmOptions. inJustDecodeBounds = false;
bmOptions. inSampleSize = scaleFactor;
bmOptions. inPurgeable = true;
Bitmap bitmap = BitmapFactory. decodeFile( mCurrentPhotoPath, bmOptions);
mImageView. setImageBitmap( bitmap);
}
```

7.3.2　Recording Videos（录像操作）

录像操作包括请求相机权限、使用相机程序来录制视频和查看视频这 3 个具体操作，下面将一一进行介绍。

1. 请求相机权限

若开发的应用依赖照相机功能，则需要在 manifest. xml 文件中添加 < uses – feature > 标签。

```
< manifest ... >
    < uses – feature android:name = " android. hardware. camera"
                    android:required = " true" / >
    ...
</manifest >
```

如果开发的程序并不需要一定有 Camera，可以添加"android:required = " false""的标签属性。这样的话，Google Play 会允许没有 Camera 的设备下载这个程序。在使用 Camera 之前，需通过 hasSystemFeature(PackageManager. FEATURE_CAMERA)方法来检查设备上是否有 Camera。如果没有，则关闭应用中的 Camera 相关的功能。

2. 使用相机程序来录制视频

Android 中将动作委托给其他应用的方法是：启动一个 Intent 来完成想要的动作。这个步骤包含 3 部分：Intent 本身、启动的外部 Activity 和一些处理返回视频的代码。

下面是一个能广播录制视频 Intent 的函数。

```
static final int REQUEST_VIDEO_CAPTURE = 1;
private void dispatchTakeVideoIntent( ) {
    Intent takeVideoIntent = new Intent( MediaStore. ACTION_VIDEO_CAPTURE);
    if ( takeVideoIntent. resolveActivity( getPackageManager( )) ! = null) {
        startActivityForResult( takeVideoIntent, REQUEST_VIDEO_CAPTURE);
    }
}
```

注意，在调用 startActivityForResult( )方法之前，先调用 resolveActivity( )，这个方法会

返回能处理对应 Intent 的活动组件（Activity Component）中的第一个 Activity（就是检查有没有能处理这个 Intent 的 Activity）。执行这个检查非常必要，因为如果调用 startActivityForResult( ) 时，没有应用程序能处理该 Intent，此应用程序就会崩溃。所以只要返回值不为 null，触发 Intent 就是安全的。

3. 查看视频

Android 的 Camera 程序会把指向视频存储地址的 URI 添加到 Intent 中，并传送给 Activity. html#onActivityResult(int, int, android. content. Intent" target = "_blank" > onActivityResult( ))。下面的代码演示了取出这个视频并显示到 VideoView。

```
@ Override
protected void onActivityResult( int requestCode, int resultCode, Intent data) {
    if ( requestCode == REQUEST_VIDEO_CAPTURE && resultCode == RESULT_OK) {
        Uri videoUri = intent. getData( );
        mVideoView. setVideoURI( videoUri);
    }
}
```

7.3.3 Controlling the Camera（控制相机硬件）

控制相机硬件包括 7 个具体的操作，本节将对这些进行一一讲解。

1. 打开相机对象

获取一个 Camera 对象是直接控制 Camera 的第一步。正如 Android 自带的相机程序一样，推荐访问 Camera 的方式是在 onCreate( ) 方法里面另起一个 Thread 来打开 Camera。这个方法可以避免因为打开工作比较费时而引起应用程序无响应（ANR）。在一个更加基础的实现方法里面，打开 Camera 的动作可以延迟到 onResume( ) 方法里面去执行，这样使得代码更容易重用，并且保持控制流程简单。

在 Camera 正在被另外一个程序使用的时候去执行 Camera. open( ) 会抛出一个异常，所以需要捕获起来。

```
private boolean safeCameraOpen( int id) {
    boolean qOpened = false;
    try {
        releaseCameraAndPreview( );
        mCamera = Camera. open( id);
        qOpened = ( mCamera ! = null);
    } catch ( Exception e) {
        Log. e( getString( R. string. app_name), "failed to open Camera");
        e. printStackTrace( );
    }
    return qOpened;
}
private void releaseCameraAndPreview( ) {
    mPreview. setCamera( null);
    if ( mCamera ! = null) {
        mCamera. release( );
```

```
                    mCamera = null;
                }
            }
```

自从 API level 9 开始,Camera 的框架体系可以支持多个 Camera。如果使用旧的 API,调用 open( )时不传入参数,会自动获取后置摄像头。

2. 创建相机预览界面

拍照通常需要提供一个预览界面来显示待拍的事物,可以使用 SurfaceView 来展现照相机采集的图像。

Preview Class:Preview 类用于显示一个预览界面。这个类需要实现 android. view. Surface-Holder. Callback 接口,用于把 Camera 硬件获取的数据传递给程序。

```
class Preview extends ViewGroup implements SurfaceHolder Callback {
    SurfaceView mSurfaceView;
    SurfaceHolder mHolder;
    Preview( Context context) {
        super( context);
        mSurfaceView = new SurfaceView( context);
        addView( mSurfaceView);
        // Install a SurfaceHolder Callback so we get notified when the
        // underlying surface is created and destroyed
        mHolder = mSurfaceView getHolder( );
        mHolder. addCallback( this);
        mHolder. setType( SurfaceHolder. SURFACE_TYPE_PUSH_BUFFERS);
    }
    ...
}
```

这个 Preview 类必须在图片预览开始之前传递给 Camera 对象。

3. 设置和启动预览

一个 Camera 实例与它相关的 Preview 必须以一种指定的顺序来创建,首先是创建 Camera 对象。在下面的实例中,初始化 Camera 的动作被封装起来,这样无论用户想对 Camera 做任何的改变,Camera. startPreview( )都会被 setCamera( )调用。Preview 对象必须在 surfaceChanged( )的回调方法里面做重新创建动作。

```
public void setCamera( Camera camera) {
    if ( mCamera == camera) {
        return;
    }
    stopPreviewAndFreeCamera( );
    mCamera = camera;
    if ( mCamera != null) {
        List < Size > localSizes = mCamera. getParameters( ). getSupportedPreviewSizes( );
        mSupportedPreviewSizes = localSizes;
        requestLayout( );
        try {
            mCamera. setPreviewDisplay( mHolder);
```

```
            | catch (IOException e) {
                e. printStackTrace();
            }
            // Important: Call startPreview() to start updating the preview
            // surface. Preview must be started before you can take a picture.
            mCamera. startPreview();
        }
    }.
```

4. 修改相机设置

相机设置可以改变拍照的方式，从缩放级别到曝光补偿（Exposure Compensation）。下面的例子仅仅演示了改变预览大小的设置，更多设置请读者自行查阅。

```
public void surfaceChanged(SurfaceHolder holder,int format,int w,int h) {
    // Now that the size is known,set up the camera parameters and begin
    // the preview.
    Camera. Parameters parameters = mCamera. getParameters();
    parameters. setPreviewSize(mPreviewSize. width,mPreviewSize. height);
    requestLayout();
    mCamera. setParameters(parameters);
    // Important: Call startPreview() to start updating the preview surface.
    // Preview must be started before you can take a picture.
    mCamera. startPreview();
}
```

5. 设置预览方向

大多数相机程序会锁定预览为横屏的，因为这是相机传感器的自然方向。设置里面并没有阻止用户拍摄竖屏的照片，这些信息会被记录在 EXIF（照片拍摄信息）里面。setCameraDisplayOrientation()方法可以改变预览的方向，并且不会影响到图片被记录的效果。

6. 拍摄图片

预览开始之后，即可使用 Camera. takePicture()方法来拍下一张图片。开发者可以创建 Camera. PictureCallback 与 Camera. ShutterCallback 对象并传递它们到 Camera. takePicture()中。

如果开发者想要实现连拍的动作，可以创建一个 Camera. PreviewCallback 并实现 onPreviewFrame()，也可以选择几个预览帧来进行拍照，或是建立一个延迟拍照的动作。

7. 重启预览

在图片被获取后，必须在用户拍下一张图片之前重启预览。在下面的示例中，通过重载快门按钮（Shutter Button）来实现重启。

```
@ Override
public void onClick(View v) {
    switch(mPreviewState) {
    case K_STATE_FROZEN:
        mCamera. startPreview();
        mPreviewState = K_STATE_PREVIEW;
        break;
    default:
```

```
                    mCamera. takePicture( null,rawCallback,null);
                    mPreviewState = K_STATE_BUSY;
                }
            shutterBtnConfig( );
        }
```

8. 停止预览并释放相机

当程序在使用 Camera 之后，有必要做清理的动作。特别是，必须释放 Camera 对象，不然会引起其他应用程序崩溃。

那么何时应该停止预览并释放相机呢？在预览的 surface 被摧毁之后，可以做停止预览与释放相机的动作。如下面 Preview 类中的方法所示。

```
public void surfaceDestroyed( SurfaceHolder holder) {
    if ( mCamera ! = null) {
        mCamera. stopPreview( );
    }
}
private void stopPreviewAndFreeCamera( ) {
    if ( mCamera ! = null) {
        mCamera. stopPreview( );
        mCamera. release( );
        mCamera = null;
    }
}
```

注意：初始化一个 Camera 的动作，总是从停止预览开始的。

7.4 语音识别

Android 中主要通过 RecognizerIntent 来实现语音识别，主要包括一些常量来表示语音的模式等，如表 7-2 所示。

表 7-2 语音模式常量

常　　量	描　　述
ACTION_RECOGNIZE_SPEECH	开启语音活动
ACTION_WEB_SEARCH	开启网络语音模式，结果以网页搜索显示
EXTRA_LANGUAGE	设置语言库
EXTRA_LANGUAGE_MODEL	语音识别模式
EXTRA_MAX_RESULTS	返回的最大结果
EXTRA_PROMPT	提示用户开始语音
EXTRA_RESULTS	将字符串返回到一个 ArrayList 中
LANGUAGE_MODEL_FREE_FORM	在一种语言模式上自由语音
LANGUAGE_MODEL_WEB_SEARCH	在 Web 上搜索使用语言

常　量	描　述
RESULT_AUDIO_ERROR	返回结果时，音频遇到错误
RESULT_CLIENT_ERROR	返回结果时，客户端遇到错误
RESULT_NETWORK_ERROR	返回结果时，网络遇到错误
RESULT_NO_MATCH	返回结果时，没有检测到语音错误
RESULT_SERVER_ERROR	返回结果时，服务器遇到错误

只需要通过 Intent 来传递一个动作以及一些属性，然后通过 startActivityForResult( ) 来开始语音，代码如下。

```
intent. putExtra ( RecognizerIntent. EXTRA _ LANGUAGE _ MODEL, RecognizerIntent. LANGUAGE _
MODEL_FREE_FORM);
intent. putExtra( RecognizerIntent. EXTRA_PROMPT,"开始语音");
startActivityForResult( intent, VOICE_RECOGNITION_REQUEST_CODE);
```

如果找不到设置，就会抛出异常 ActivityNotFoundException，需要捕捉这个异常。当然，另外需要实现 onActivityResult 方法，当语音结束时，会触发来获得语音的字符序列，该方法和上一节的 Camera 中的方法基本一致，在此不再赘述。

7.5　多媒体实例——语音备忘录

多媒体是 Android 开发的重要项目之一，也是 Android 深受开发者和用户喜爱的一个重要原因。本节将通过语音备忘录实例对 Android 多媒体进行详细的介绍和讲解。

7.5.1　语音备忘录简介

这是一个简单的语音备忘录软件，主要是利用 Android 的 Speech To Text API，实现输入语音转换成字符记录到程序中。本程序及讲解来源为开源中国社区的博客：http://www. oschina. net/question/100267_64216。

Android 提供的原生 Speech To Text 是可以与 Siri（苹果公司的语言助手）相媲美的功能，尤其是 Any. DO（一款 Android 应用）之类应用程序的语音到文本转换功能很有创意。但是这个非常好的特性却并不为开发者所广泛采用到程序中，这里编者借这个小程序，向众多读者介绍这个功能，希望读者能够多多进行相关功能的开发。

这个程序相对简单，包括一个 Mic 符号按钮。单击之后将触发 Android 的 Speech To Text 的 Intent，显示一个对话框来接收语音输入。输入的语音然后会被转换成文本并显示到一个文本视图中。

程序包含一个主页面，只有一个图像按钮和一个文本视图。打开 layout/main. xml 并替换为下面的内容。

源程序文件：ch07/speechtotettdemo/res/layout/main. xml

```
< LinearLayout xmlns:android = " http://schemas. android. com/apk/res/android"
    xmlns:tools = " http://schemas. android. com/tools"
```

```
        android:layout_width = "fill_parent"
        android:layout_height = "wrap_content"
        android:layout_above = "@ + id/textView1"
        android:layout_toLeftOf = "@ + id/textView1"
        android:gravity = "center"
        android:orientation = "vertical"  >

    < ImageButton
        android:id = "@ + id/btnSpeak"
        android:layout_width = "fill_parent"
        android:layout_height = "wrap_content"
        android:layout_margin = "10dp"
        android:layout_marginRight = "10dp"
        android:layout_marginTop = "10dp"
        android:contentDescription = "@ string/speak"
        android:src = " < a href = "http://my. oschina. net/asia" class = "referer" target = "_blank" >
@ android </a >  :drawable/ic_btn_speak_now" / >

    < TextView
        android:id = "@ + id/txtText"
        android:layout_width = "wrap_content"
        android:layout_height = "wrap_content"
        android:layout_marginLeft = "10dp"
        android:layout_marginRight = "10dp"
        android:layout_marginTop = "10dp"
        android:textAppearance = "?  android:attr/textAppearanceLarge" / >

</LinearLayout >
```

7.5.2　语音输入控制

本实例采用的方法是通过单击界面上的语音录制图像按钮，弹出语音录制对话框接受用户的语音输入。

Android Speech to Text API 的核心是包 android. speech 和类 android. speech. RecognizerIntent。通过触发一个意图（android. speech. RecognizerIntent）显示对话框来识别语音输入，这个 Activity 转换语音为文本并把结果传回正在调用的 Activity。注意，在创建并触发意图 android. speech. RecognizerIntent 的同时，使用".putExtra( )"方法添加了一个参数。这是因为调用 RecognizerIntent 时，必须提供参数 RecognizerIntent. EXTRA_LANGUAGE_MODE 的值，在这里设置为"en – US"。

源程序文件：ch07/speechtotextdemo/SpeechToTextDemoActivity. java

```
package net. viralpatel. android. speechtotextdemo;
import java. util. ArrayList;
import android. app. Activity;
import android. content. ActivityNotFoundException;
import android. content. Intent;
import android. os. Bundle;
import android. speech. RecognizerIntent;
```

```
import android. view. Menu;
import android. view. View;
import android. widget. ImageButton;
import android. widget. TextView;
import android. widget. Toast;
public class MainActivity extends Activity {
    protected static final int RESULT_SPEECH = 1;
    private ImageButton btnSpeak;
    private TextView txtText;
    @ Override
    public void onCreate( Bundle savedInstanceState) {
        super. onCreate( savedInstanceState) ;
        setContentView( R. layout. activity_main) ;
        txtText = ( TextView) findViewById( R. id. txtText) ;
btnSpeak = ( ImageButton) findViewById( R. id. btnSpeak) ;
    btnSpeak. setOnClickListener( new View. OnClickListener( ) {
            @ Override
            public void onClick( View v) {
                Intent intent = new Intent(
                        RecognizerIntent. ACTION_RECOGNIZE_SPEECH) ;
                intent. putExtra( RecognizerIntent. EXTRA_LANGUAGE_MODEL,"en - US") ;
                try {
                    startActivityForResult( intent, RESULT_SPEECH) ;
                    txtText. setText( "") ;
                } catch ( ActivityNotFoundException a) {
                    Toast t = Toast. makeText( getApplicationContext( ),
                            "Opps! Your device doesn't support Speech to Text",
                            Toast. LENGTH_SHORT) ;
                    t. show( ) ;
                }
            }
    }) ;
    }
}
```

在这里值得注意的是在不支持 Speech to Text API 的设备或 Android 版本中应该怎样处理。在这种情况下，当试图启动 Activity 时 ActivityNotFoundException 异常会被抛出。在这个例子中，捕获了这个异常并使用 Toast 显示了一个提示信息 "Opps! Your device doesn't support Speech to Text"。

7.5.3 语音与文字的转换

在调用 android. speech. RecognizerIntent 意图后，需要紧接着使用 startActivityForResult( ) 接听文本结果。

这个实例中，选择通过重写 onActivityResult (int requestCode, int resultCode, Intent data) 方法来处理结果数据。由于 RecognizerIntent( ) 会把语音转换为文本并把结果通过键 Recognizer-Intent. EXTRA_RESULTS 作为 ArrayList 传回来。只有 RESULT_OK 返回时才会出现。只需要使用 txtText. setText( ) 把从结果中拿到的文本设置到 textview 对象 "texText" 中，即可完成语音到

文字的转换。

在主程序中添加如下程序代码。

源程序文件: **ch07/speechtotextdemo/SpeechToTextDemoActivity. java**

```java
@ Override
public boolean onCreateOptionsMenu( Menu menu)  {
    getMenuInflater( ). inflate( R. menu. activity_main,menu);
    return true;
}
@ Override
protected void onActivityResult( int requestCode,int resultCode,Intent data)  {
    super. onActivityResult( requestCode,resultCode,data);
    switch ( requestCode)  {
        case RESULT_SPEECH:  {
            if ( resultCode == RESULT_OK && null ! = data)  {
                ArrayList < String >  text = data
                        . getStringArrayListExtra( RecognizerIntent. EXTRA_RESULTS);

                txtText. setText( text. get(0));
            }
            break;
        }
    }
}
```

7.5.4　语音备忘录的功能实现

在 Android 虚拟机或者真实设备上执行此程序，将实现一个简单的语音备忘录。

程序的主界面为一个录音图片样式的按钮，如图 7-1 所示。

单击录音按钮，弹出录音对话框，提示用户输入语音，如图 7-2 所示。

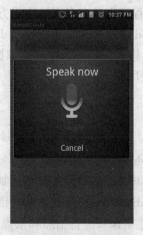

图 7-1　语音备忘录主界面示意图　　　　图 7-2　提示录入语音对话框

用户录入语音的界面效果图如图 7-3 所示。

录音结束，单击确定按钮，程序对语音进行数据比对处理，处理后返回主界面，界面上的录音按钮下方的文本视图中显示出用户录入的语音匹配的字符，这里录入的是"speech to text"语音，与录入的语音匹对符合，如图 7-4 所示。

 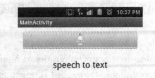

speech to text

图 7-3 语音录入示意图   图 7-4 语音备忘录功能实现效果图

7.5.5 实例小结

本实例实现了一个简易的语音备忘录程序，主要是通过调用 Android 的 Speech to Text API 来实现语音转化为文本的功能。这个 API 极大地便利了 Android 的语音多媒体开发，省去了复杂的数据处理层，对开发者来说是一个非常好的开发领域，编者建议读者多多研习 Android 的多媒体相关技术，不断丰富开发程序的功能。

小结

本书第 7 章为 Android 多媒体开发介绍。Android 多媒体开发是一个热门方向，如今许多的 Android 应用程序都具有多媒体应用方面的功能。因此，编者单独开设本章阐述了时下常用的几种 Android 多媒体开发功能：MediaPlayer（音频/视频管理）、摄像头和语音识别。通过本章的学习，读者能够较为全面地掌握 Android 多媒体开发的基础知识，开发出具有特定多媒体功能的应用程序。

习题

1. 简述 Android 支持的媒体类型。
2. 简述 MediaPlayer 播放文件与录制文件流程。
3. 简述 MediaPlayer 对控制音量、锁屏、设置循环模式等输出属性的控制方法。
4. 分别描述摄像头进行拍照和录像的操作流程。
5. 根据本章关于控制相机硬件的介绍，设计一款包含基本相机功能的 App。
6. 根据本章的语音识别介绍，自己设计一款包含语音功能的 App。

第 8 章　Android 开源项目开发

本章主要介绍几款较为流行的 Android 开源项目开发程序，包括 ActionBarSherlock、Facebook、SlidingMenu、Google Map 和 Google CardBoard 这 5 个开源项目。这些开源项目在 Android 开发中经常被采用。

本章重点：

- ActionBarSherlock 操作栏开源项目。
- Facebook 脸书开源项目。
- SlidingMenu 滑动菜单开源项目。
- Google Map 谷歌地图开发技术。
- Google CardBoard 谷歌虚拟现实技术。

8.1　ActionBarSherlock（操作栏开源项目）

从 Android 3.0（API 级别 11）开始，Android 的 API 库中添加了一个新成员：操作栏（Action Bar）。操作栏是一个窗口功能，可识别用户在使用应用时的具体位置，并且提供快捷的用户操作和应用导航。通过使用操作栏，用户可以对应用有全面的认识，能够很快地熟悉应用，并且操作栏能够灵活地根据屏幕配置进行及时调整，保证界面的整齐与美观。随着 Android 4.0 的发布与推广，越来越多的应用开始使用 Android UI 设计，而 Action Bar 正是相当重要的一个特征。

8.1.1　ActionBarSherlock 库简介

由于 Google 并没有及时地发布 Android 3.0 之前版本的 Action Bar 兼容包，考虑到对于低版本兼容性的问题，Jake Wharton 开发了 ActionBarSherlock 这个支持库。ActionBarSherlock 是对 Android 支持库的一个扩展，旨在通过一个 API 让用户在任一版本的 Android 开发环境下能够很方便地使用操作栏的各类设计模式。ActionBarSherlock 使得 Android 2.0 到 3.0 的系统也能够使用 Action Bar 功能，在不断的发展过程中，ActionBarSherlock 还推出了许多 Android 3.0 以后才提供的功能。在 Android 2.x 的设备上，ActionBarSherlock 会调用自身的操作栏功能，在 Android 3.0 及以上的设备上，它会直接调用系统原本的操作栏使用方法。值得一提的是，ActionBarSherlock 所使用的类和 Google 设计的操作栏提供的类是一一对应的，大部分都是同名的，如 "com. actionbarsherlock. view. Menu"，假如读者对 Action Bar 已经有一定的基础了，也就能够很容易学会 ActionBarSherlock。

📖 Android 支持库是一组代码库，它提供了 Android 框架 API 的向后兼容的版本以及只能通过库 API 实现的功能特征。每一个支持库都是向后兼容一个特定的 Android API 级别。这样的设计意味着程序能够使用库中的内容并且和开发平台中使用的设备是兼容的。详情请参阅 http://developer.android.com/tools/support-library/index.html。

8.1.2　ActionBarSherlock 库文件配置

1. 下载安装

从官网下载程序：http://actionbarsherlock.com/download.html，包括 Windows 操作系统的.zip 包和 Linux 操作系统的.tgz 包，可以根据自身的操作系统选择下载相应的安装包，如图 8-1 所示。

图 8-1　ActionBarSherlock 安装包下载

2. 应用准备

下载安装包之后，解压，文件列表如图 8-2 所示。

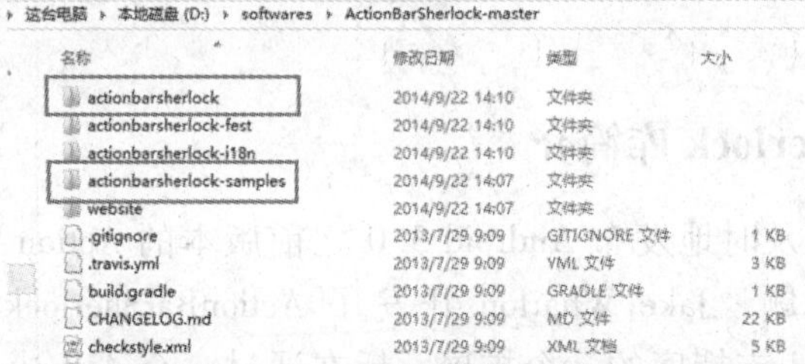

图 8-2　ActionBarSherlock 安装包文件列表

actionbarsherlock 文件是 ActionBarSherlock 库代码，actionbarsherlock – samples 文件是一个调用 ActionBarSherlock 库的示例程序，是由开发者所提供的学习例程。下面着重介绍这个例程的使用方法。

首先，将图 8-2 中矩形框标注的两个文件导入到 Eclipse 工程当中，如图 8-3 所示。

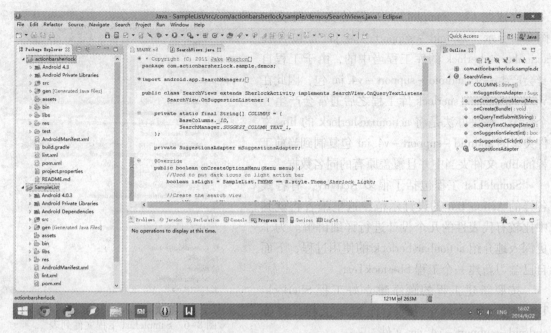

图8-3 导入 ActionBarSherlock 库和示例文件

现在需要指定 actionbarsherlock 文件为 SampleList 工程的库工程。右击 actionbarsherlock 工程,选择最下方的"属性(properties)"选项,进入图8-4所示的对话框,选择"Android"选项,确认"is library"已被勾选,这样 actionbarsherlock 可以作为库工程被引用。

确认之后,同样地,修改 SampleList 的属性,如图8-5所示,在"Library"选项中单击"添加(Add...)",然后选择 actionbarsherlock 工程,连续单击"确定(OK)"按钮保存设置更改,这样即可成功地启动 SampleList 工程。

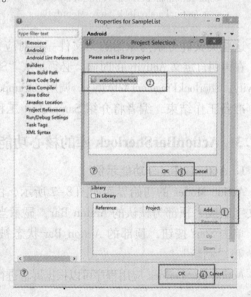

图8-4 指定 ActionBarSherlock 为库工程　　图8-5 对示例文件添加 ActionBarSherlock 为依赖库

完成之后，SampleList 工程的文件列表如图 8-6 所示。android – support – v4. jar 是包含在 actionbar – sherlock 的库工程当中的，由于工程自身会产生一个 android – support – v4. jar 包，因此在导入 actionbar – sherlock 库工程之后通常会产生一个错误。解决办法是将 actionbarsherlock 的 libs 文件夹里的 android – support – v4. jar 包复制到当前工程的 libs 文件夹当中并且覆盖原有的同名数据。

SampleList 工程包括了很多 Activity，有各式各样的 Action Bar 的设计示范，这里编者将就其中比较有代表性的几个设计进行详细讲解。为了更深入地介绍 actionbarsherlock 的使用过程，下面自己学习新建一个工程 SherlockTest。

按照新建工程的顺序建立好工程 Sherlock-Test，导入 actionbarsherlock 作为库工程，替换 android – support – v4. jar 文件。

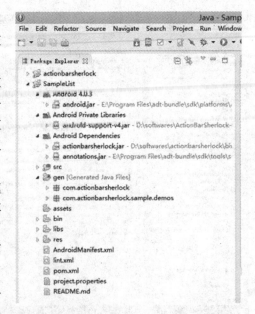

图 8-6　SampleList 工程文件列表

新建好工程之后，需要给程序添加 ActionBarSherlock。在 AndroidManifest. xml 文件中，在 application 的属性当中修改主题：android:theme = "@ style. Theme. Sherlock. Light"。

在 Java 文件当中要注意引入 actionbarsherlock 的类文件，其中最常用的类文件主要有如下所示部分。

```
com. actionbarsherlock. app. ActionBar
com. actionbarsherlock. view. Menu
com. actionbarsherlock. view. MenuItem
com. actionbarsherlock. view. MenuInflater
```

这些类文件分别与原始的类文件一一对应，起着类似的作用。

在声明自定义 Activity 的时候，必须是从 "Sherlock" 开头的 Activity 扩展而来（如 Sherlock-Activity、SherlockFragmentActivity）。调用 getSupportActionBar( )即可与 Action Bar 进行交互操作。

准备工作结束，编者将介绍 SampleList 工程当中具有代表性的一些功能示例。

8.1.3　ActionBarSherlock 库的核心功能

1. Action Modes 功能示例

Action Modes 的初始界面如图 8-7 所示，由两个按钮（"开始" 和 "取消"）和一段说明性文字组成，顶部为默认的 Action Bar，显示当前应用所在位置。

单击 Start 按钮，顶部的 Action Bar 状态被改变，出现一行菜单，依次为 "保存" "搜索" 和 "刷新"。

Action BarSherlock 应用程序可以根据屏幕进行工具栏显示项的调整，其横屏界面效果如图 8-8 所示。

单击右上方按钮，显示出完整的 6 个菜单项。若改变屏幕方向，则菜单项的显示方式会进行调整。由原来的显示 2 个菜单项、隐藏 4 个菜单项转变为显示 4 个、隐藏 2 个。这是依据 Action Bar 的长度决定的，效果如图 8-9 所示。

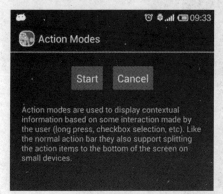

图 8-7　ActionBarSherlock 示例初始界面

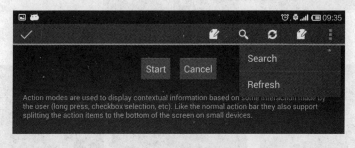

图 8-8　ActionBarSherlock 示例横屏效果

图 8-9　ActionBarSherlock 示例操作栏根据屏幕尺寸调整

2. Action Provider 功能示例

Action Provider 的功能主要是使用一个 ActionProvider 类为操作栏添加功能。这个例子中添加了一个 ShareActionProvider 菜单项作为其动作提供者。ShareActionProvider 是负责管理用户界面的分享行为。如果单击设置按钮或者单击菜单中的"Setting"项，则跳转至系统设置框，效果如图 8-10 所示。

3. Search Views 功能示例

Search Views 功能主要是单击操作栏的搜索按钮，则操作栏转换成输入框，用户可以输入自己想搜索的国家名，当输入部分查询词时，会提示默认的 3 个国家名，用户可以直接单击提示的国家名或退出，效果如图 8-11 所示。

4. Feature Toggles 功能示例

Feature Toggles 实例是一个比较综合性的例子，包括了 Action Bar 的许多功能和属性设置。界面效果，如图 8-12 所示。

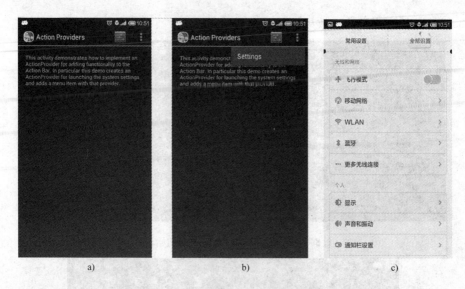

a)   b)   c)

图 8-10   ActionProvider 功能效果图

a)   b)   c)

图 8-11   Search Views 功能效果图

图 8-12   Feature Toggles 功能效果图

ActionBar Display 控制软件顶部 Action Bar 的显示与否。Navigation Mode 控制菜单的显示方式，初始即为 Standard 方式，选择 List 为列表方式，Tabs 为标签页方式，效果如图 8-13 所示。

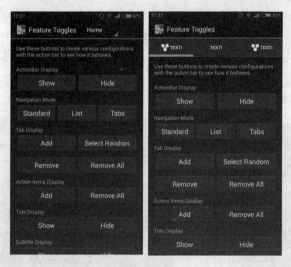

图 8-13 ActionBar Display 属性效果图

Tab Display 的作用是修改标签，在显示 Tab 标签页的时候，选择 Add 可以增加标签，选择 Select Random 可以随意选择一个标签，选择 Remove 将删除选中的标签，选择 Remove All 将删除所有的标签，效果如图 8-14 所示。

Action Items Display 的作用是在操作栏当中修改（添加/删除）动作项，依次单击 Add，在操作栏当中会增加一个动作项，单击 Remove All，操作栏中现有的动作项都会被移除。

Title Display 的作用是控制操作栏当中标题的显示与否。Subtitle Display 的作用是控制操作栏当中子标题的显示与否。若主标题为显示状态，则子标题可选择显示或不显示；若主标题为隐藏状态，则子标题无论如何也无法显示，效果如图 8-15 所示。

图 8-14 Tab Display 属性效果图　　　　图 8-15 Title Display 属性效果图

Custom View Display 的作用是控制动作条当中的单选框的出现与否。单击 Show，在操作栏当中会显示"Custom"和"View"两个单选按钮，可以两者选其一。单击 Hide，单选框隐藏，无法再进行选择，效果如图 8-16 所示。

其中，Home Action Item Display 的作用是控制操作栏当中的图标 的显示与否，Home As Up Display 的作用是控制动作条中的返回键 的显示与否。

Logo Display 效果如图 8-17 所示，可以通过"Use"和"Do Not Use"这两个按钮选择是否在界面顶部显示应用程序的图标和返回键，相当于 Home Action Item Display 和 Home As Up Display 两个功能的结合。

图 8-16　Custom View Display 属性效果图　　　　图 8-17　Logo Display 属性效果图

Progress Display 的功能是控制操作栏上方的长度进度条的显示与否，Indeterminate Progress Display 的作用是控制操作栏右侧的圆形进度条的显示与否。两个进度条同一时间只能显示一个，效果如图 8-18 所示。

图 8-18　Progress Display 属性效果图

8.2 Facebook – Android – SDK 脸书开源项目

8.2.1 Facebook – SDK 项目介绍

开发者可以在自己的应用程序中合并 Facebook 的功能，这就需要用到 Facebook 提供的 Facebook – Android – SDK。

在介绍 Facebook – Android – SDK 之前，先去了解 Facebook Platform 和它的 API。

Facebook Platform 就是 Facebook 提供的一个平台。据 Facebook 声称，Facebook Platform 允许任何人在 Facebook 和 Web 上构建社交应用程序。所以为了支持用户构建应用程序，Facebook 提供了一组核心且高级的 API 和 SDK。

Facebook Platform 提供的最核心的 API 是 Graph API，此 API 允许开发者从 Facebook 读写数据。Graph API 虽说是首选的 API，但是 Facebook 依然有 Old Rest API，这也是活跃且受支持的 API。Graph API 和 Rest API 都适用于移动应用程序（包括原生和移动 Web 应用程序），它们通过使用 WebView 在原生应用程序中包含移动 Web 内容。

每一个 Graph API 对象都被分配一个唯一的 ID，所以很容易通过一个 URL 访问它。此 URL 可以被进一步地限定，用来寻址一个特定的对象或者是链接。Graph API 对象的 URL 的一般结构类似如下：

> https://graph.facebook.com/OBJECT_ID/CONNECTION_TYPE

其中 OBJECT_ID 是对象的唯一 ID，CONNECTION_TYPE 是对象支持的一种连接类型。一个页面支持以下连接：feed/wall、photos、notes、posts、members 等。

利用 Graph API，您可以检索对象、删除对象和发布对象，也可以更新对象、过滤结果，甚至还可以动态地发现对象的连接/关系。

默认情况下，应用程序对用户的公共数据具有访问权限。要访问私有数据，应用程序必须首先请求用户的权限（被称之为扩展权限）。Facebook 定义了大量权限，可以在本书配套光盘的 Facebook 源代码中的 "Extended Permissions" 页面了解它们。

下面来看一下 Facebook SDK for Android。

Facebook SDK for Android 是 Facebook Graph 和 Old REST API 的一个 Java 编程语言包装器。此 SDK 是开源的，可以在 github 上面下载。注意，由于开源 SDK 的演变特性，它有望发生进一步的更改。SDK 发布于 Apache License Version 2.0 之下。

Facebook SDK for Android 隐藏了 Facebook Platform API 中介绍的很多细节，这是通过表 8-1 所示的 6 个 Java 类来实现的。

表 8-1　Facebook Java 类列表

类	说　明
AsyncFacebookRunner	一个实现异步 Facebook API 调用的帮助器类
DialogError	一个封装对话框错误的类
Facebook	用于与 Facebook Platform API 交互的主要 Facebook 类
FacebookError	一个封装 Facebook 错误的类
FbDialog	一个为 Facebook 对话框实现 WebView 的类
Util	一个带有大量实用方法的帮助器类

Facebook SDK for Android 主要功能如下。

1）登录：用户可以用自己的 Facebook 身份轻松登录应用。如果用户已经登录 Andriod 手机上的 Facebook，那么无须重复输入用户的用户名和密码，则可直接登录。

2）分享：用户可以使用这个应用向 Facebook 分享或者发送消息。当 Facebook 用户与这些帖子互动时，它们将被转到我们所开发的应用页面。

3）自定义动态：也就是利用开放图谱（Open Graph），可以使应用通过结构化、条理清晰的 API 在 Facebook 上展示动态。

4）应用链接：可以把用户从应用中分享的帖子、动态和请求再链接回应用。处理这些传入的链接，将用户定向到应用的相关部分。

5）应用事件：通过应用事件功能，开发者可以了解用户在应用中进行的操作，并衡量移动应用广告的效果。

6）广告：它在参与度最高的板块中，用动态消息覆盖合适用户。再借助移动应用安装广告提高用户下载安装量，借助移动应用参与度提高用户参与度。

7）图谱 API：利用图谱 API，开发者可以使应用可以存取 Facebook 社交关系图谱数据。用户可以查询数据、发布新动态、上传照片、回复评论等。

8）发送请求：该 SDK 允许用户从应用向 Facebook 中的好友发送请求。

9）应用中心：应用中心可以用来让 Facebook 的用户寻找优秀社交应用，用户也可以上传应用。

接下来的几节介绍一下这个 SDK 比较有代表性的几个应用场景。

8.2.2 Facebook-SDK 的配置

首先去下载最新 Facebook SDK for Android v3.18，下载地址：http://developers.facebook.com/android/。

接着，用 Eclipse 导入这个包，依次选择 File→Import→Exciting Projects into Workspace，选中该 SDK，导入 Eclipse 中。如图 8-19 所示新建工程引用 appcompat_v7 和 FacebookSDK 依赖库。

右击该项目，选择 properties→Android，勾选 Is Library。

新建一个 Android 项目 facebookf，选择 properties→Android，导入之前的 Facebook SDK 项目包。

📖 如果导入的项目包显示为错误，就要查看一下 Facebook SDK 项目包和自己创建的工程是否在同一目录下。

如果导入完成后自己创建的工程报错，看看工程中 libs 文件夹下是否有 android-support-v4.jar 这个 JAR 文件，如果有的话，就把它删除，然后重新导入 Facebook SDK 项目包。原因是 Facebook SDK 下也集成了这个包，所以会有冲突。

之后就是进行 Faccbook 的注册，进入 https://developers.facebook.com/，这是 Facebook 开发者网站，没有 Facebook 账号的就注册一个，有的就直接登录。

然后单击上方的 App 进入 App 专栏，单击 Add a New App，选择 Android，如图 8-20 所

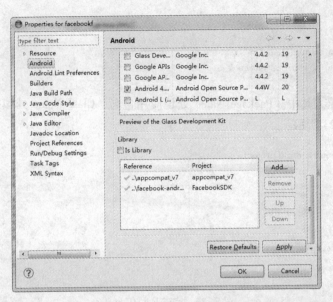

图 8-19　新建工程引用 appcompat_v7 和 FacebookSDK 依赖库

示新建 App。从此开始创造自己的 App。

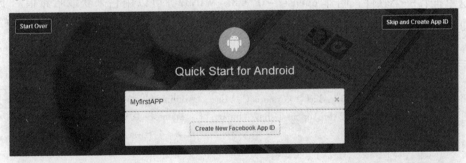

图 8-20　新建 App

将第一个 App 命名为 MyfirstAPP，单击 Create New Facebook App ID，选择相应选项。此时根据网页上的指南进行下一步工作，如图 8-21 所示。

图 8-21　网页指南

首先是下载 SDK，这一步已经完成。第二步是在模拟器上面安装一个 Facebook。如果是用手机作测试机，就可以直接在手机上安装一个 Face-book，建议在手机上安装一个叫作 fqrouter 的软件，方便访问下 Facebook 服务器。第三步、第四步前面已经完成，但还需要添加一些配置文件，如图 8-22 所示。

2. Add a new string entry with the name "facebook_app_id" and the value "527100570766663"

图 8-22　Facebook 配置文件

此时显示 App ID 为 527100570766663，因此应该去在 Android 项目的配置文件/res/values/strings.xml 添加此 ID 值。然后再在 Android Manifest.xml 配置文件中修改权限，添加如

下代码：

```
< meta – data android：name = "com. facebook. sdk. ApplicationId"
android：value = "@ string/facebook_app_id" / >
```

把项目的信息填入其中。Package Name 处填应用包名，Class Name 处填应用入口 Activity 完整类名，如图 8-23 所示。

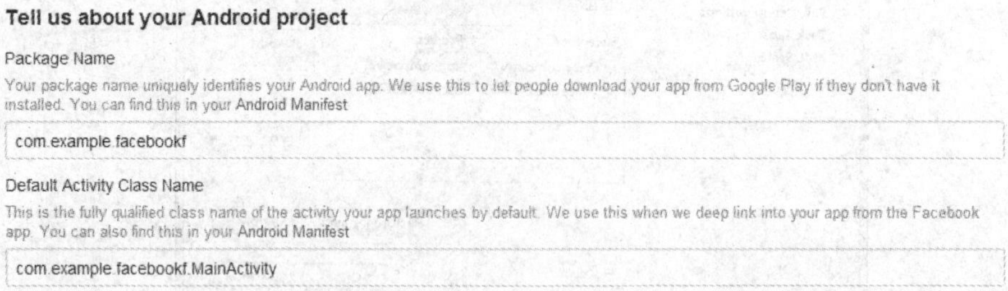

Tell us about your Android project

Package Name

Your package name uniquely identifies your Android app. We use this to let people download your app from Google Play if they don't have it installed. You can find this in your Android Manifest

com.example.facebookf

Default Activity Class Name

This is the fully qualified class name of the activity your app launches by default. We use this when we deep link into your app from the Facebook app. You can also find this in your Android Manifest

com.example.facebookf.MainActivity

图 8-23　完善项目信息

接下来就是填写 App 的信息了，也就是项目的哈希值。

在这里推荐一个软件，叫作 openssl – 0. 9. 8k_WIN32，可以用它来获取哈希值。下载地址为 http：//download. csdn. net/detail/h7870181/5054864。下载完毕后，直接解压到 C 盘根目录下。

然后按〈Windows + R〉组合键进入 CMD，输入如下命令：

```
keytool – export – alias myAlias – keystore C：\Users\Administrator\. android\debug. keystore │ C：\
openssl – 0. 9. 8k_WIN32\bin\openssl sha1 – binary │ C：\openssl – 0. 9. 8k_WIN32\bin\openssl enc –
a – e
```

如图 8-24 所示。

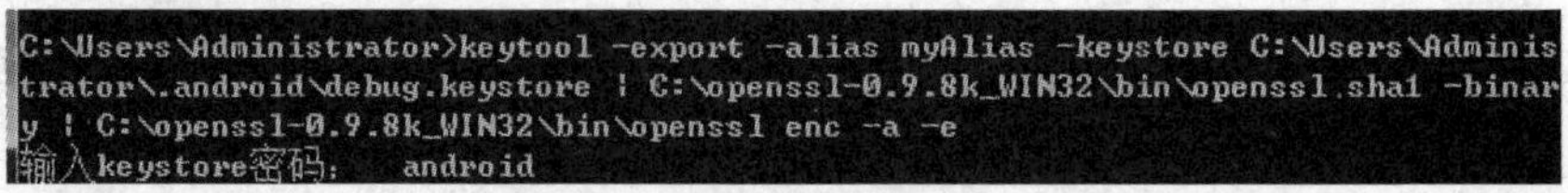

```
C:\Users\Administrator>keytool -export -alias myAlias -keystore C:\Users\Adminis
trator\.android\debug.keystore | C:\openssl-0.9.8k_WIN32\bin\openssl.sha1 -binar
y | C:\openssl-0.9.8k_WIN32\bin\openssl enc -a -e
输入keystore密码：　　android
```

图 8-24　输入命令获取哈希值

这行命令之后它会要求输入密码，默认密码为 android。

编者得到的 Hash 值为：

`ZpHZlc1qxHBR2vBAB7BQrnInmYw=`

将这行数字输入设置中，保存修改，如图 8-25 所示。

在开发者个人资料中也应该输入这个 Hash 值，单击头像，选择 developer settings，选择 Sample App，如图 8-26 所示。

到目前为止就配置完了，下面来运行一下这个已经配置的项目，如果没有报错的话，就证明已经成功完成配置了。

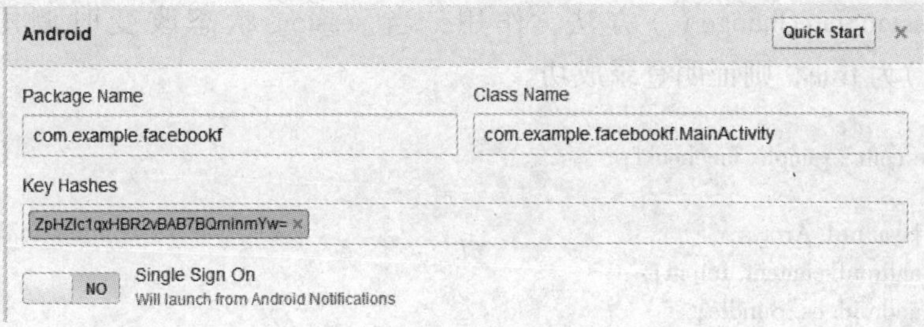

图 8-25　输入哈希值

图 8-26　保存哈希值

8.2.3　使用 Facebook 来实现登录注销

首先写一个简单的用 Facebook 登录注销的程序。

在布局文件中添加一个登录按钮：

```
< LinearLayout xmlns:android = "http://schemas. android. com/apk/res/android"
    xmlns:tools = "http://schemas. android. com/tools"
    android:layout_width = "match_parent"
    android:layout_height = "match_parent"
    android:orientation = "vertical"
    tools:context = ". MainActivity"  >

    < com. facebook. widget. LoginButton
        android:id = "@ + id/login_button"
        android:layout_width = "wrap_content"
        android:layout_height = "wrap_content"
        android:layout_gravity = "center_horizontal"
        android:layout_marginBottom = "30dp"
        android:layout_marginTop = "30dp"  / >
</LinearLayout >
```

紧接着创建一个新的 MainFragment 类，并且继承 Fragment 类，在这个类中重写 onCreat-eView( )方法，再通过 LoginButton 设置权限，该方法为 setReadPermissions( )。具体权限参照 https://developers. facebook. com/docs/facebook – login/permissions/v2. 1#permissions 中的 peimission 的这个分栏。

```
authButton. setReadPermissions( Arrays. asList( "email" ,"user_likes" ,"user_status" ) ) ;
```

重写 onSessionStateChange ( ) 方法，作用：当 session 状态改变时调用该方法。若 state. isOpened()为 true，则证明登录成功。

```java
package com. example. facebookf;

import java. util. Arrays;
import android. content. Intent;
import android. os. Bundle;
import android. support. v4. app. Fragment;
import android. util. Log;
import android. view. LayoutInflater;
import android. view. View;
import android. view. ViewGroup;
import com. facebook. Session;
import com. facebook. SessionState;
import com. facebook. UiLifecycleHelper;
import com. facebook. widget. LoginButton;

public class MainFragment extends Fragment {
    private static final String TAG = "MainFragment";
    private UiLifecycleHelper uiHelper;
    private   ession. StatusCallback callback = new Session. StatusCallback() {
        @ Override
        public void call(Session session, SessionState state,
                Exception exception) {
            onSessionStateChange(session, state, exception);
        }
    };
    @ Override
    public void onCreate(Bundle savedInstanceState) {
        super. onCreate(savedInstanceState);
        uiHelper = new UiLifecycleHelper(getActivity(), callback);
        uiHelper. onCreate(savedInstanceState);
    }
    @ Override
    public View onCreateView(LayoutInflater inflater, ViewGroup container,
            Bundle savedInstanceState) {
        View view = inflater. inflate(R. layout. activity_main, container, false);
        LoginButton authButton = (LoginButton) view
                . findViewById(R. id. login_button);
        authButton. setFragment(this);
        authButton. setReadPermissions(Arrays
                . asList("email", "user_likes", "user_status"));
        return view;
    }

    private void onSessionStateChange(Session session, SessionState state,
            Exception exception) {
        if (state. isOpened()) {
            Log. i(TAG, "Logged in... ");
        } else if (state. isClosed()) {
```

```
                Log. i( TAG ," Logged out... " ) ;
            }
        }
        @ Override
        public void onResume( ) {
            super. onResume( ) ;
            Session session = Session. getActiveSession( ) ;
            if ( session ! = null && ( session. isOpened( ) || session. isClosed( ) ) ) {
                onSessionStateChange( session, session. getState( ) , null) ;
            }
            uiHelper. onResume( ) ;
        }
        @ Override
        public void onActivityResult( int requestCode, int resultCode, Intent data) {
            super. onActivityResult( requestCode, resultCode, data) ;
            uiHelper. onActivityResult( requestCode, resultCode, data) ;
        }
        @ Override
        public void onPause( ) {
            super. onPause( ) ;
            uiHelper. onPause( ) ;
        }
        @ Override
        public void onDestroy( ) {
            super. onDestroy( ) ;
            uiHelper. onDestroy( ) ;
        }
        @ Override
        public void onSaveInstanceState( Bundle outState) {
            super. onSaveInstanceState( outState) ;
            uiHelper. onSaveInstanceState( outState) ;
        }
    }
```

在该段代码中, StatusCallback 是回调函数, 将布局文件 Activity_main. xml 装载到这个 Fragment 上, 再给登录的按钮加上读 Facebook 的权限。

接下来定义 MainActivity 类, 这个类继承 FragmentActivity 类, 在初始化 Main Activity 类的时候添加 MainFragment 类 (打印哈希值这段代码可写可不写)。

```
package com. example. facebookf;

import java. security. MessageDigest;
import java. security. NoSuchAlgorithmException;
import android. content. pm. PackageInfo;
import android. content. pm. PackageManager;
import android. content. pm. PackageManager. NameNotFoundException;
import android. content. pm. Signature;
import android. os. Bundle;
import android. support. v4. app. FragmentActivity;
import android. util. Base64;
```

```java
import android. util. Log;
import android. view. Menu;

public class MainActivity extends FragmentActivity {
    private MainFragment mainFragment;
    @ Override
    protected void onCreate(Bundle savedInstanceState) {
        super. onCreate(savedInstanceState);
        if (savedInstanceState == null) {
            mainFragment = new MainFragment();
            getSupportFragmentManager()
            . beginTransaction()
            . add(android. R. id. content, mainFragment)
            . commit();
        } else {
            mainFragment = (MainFragment) getSupportFragmentManager()
            . findFragmentById(android. R. id. content);
        }
        /* *
         * 打印哈希值
         */
        try {
            PackageInfo info = getPackageManager(). getPackageInfo(
                    "com. firstfacebook",
                    PackageManager. GET_SIGNATURES);
            for (Signature signature : info. signatures) {
                MessageDigest md = MessageDigest. getInstance("SHA");
                md. update(signature. toByteArray());
                Log. i("KeyHash:", Base64. encodeToString(md. digest(), Base64. DEFAULT));
            } catch (NameNotFoundException e) {
            } catch (NoSuchAlgorithmException e) {

            }
    }
    @ Override
    public boolean onCreateOptionsMenu(Menu menu) {
        getMenuInflater(). inflate(R. menu. main, menu);
        return true;
    }
}
```

实现 Facebook 应用程序的效果如图 8-27 所示。

8.2.4　将应用程序上的内容分享到 Facebook 上

分享是 Facebook 平台最重要的功能之一,当某个用户从开发的应用程序分享一些东西,这些被分享的项目就会出现到这个用户的时间轴上或者是他的朋友的新动态中。

分享项目一般可以采取两种形式:一种是状态更新,一种是链接形式。利用结构化的图谱,能使用 Facebook 发表状态,比如说与谁在一起,做了什么事情。

下面,完整地讲述 Facebook 应用程序开发流程

首先,新创建一个 App,体验一下使用自主开发的应用程序进行直接发布 Facebook 状

图8-27　Facebook 示例效果图

态的功能。

配置与上一节相同，写入新建 App 的 ID 到项目中，然后编辑 MainActivity。

```java
import java. security. MessageDigest;
import java. security. NoSuchAlgorithmException;
import android. app. Activity;
import android. content. Context;
import android. content. Intent;
import android. content. pm. PackageInfo;
import android. content. pm. PackageManager;
import android. content. pm. PackageManager. NameNotFoundException;
import android. content. pm. Signature;
import android. os. Bundle;
import android. util. Base64;
import android. util. Log;
import android. widget. Toast;
import com. facebook. FacebookException;
import com. facebook. Session;
import com. facebook. SessionState;
import com. facebook. UiLifecycleHelper;
import com. facebook. widget. FacebookDialog;
import com. facebook. widget. LoginButton;

public class MainActivity extends Activity {
    private Context context;
    private UiLifecycleHelper uiHelper;
    @ Override
    protected void onCreate( Bundle savedInstanceState) {
        super. onCreate( savedInstanceState);
        setContentView( R. layout. activity_main);//可以随便使用一个布局
        context = this;
(LoginButton) findViewById( R. id. login_button);
authButton. setReadPermissions( Arrays. asList( "email","user_likes","user_status"));
        /* *
```

```
         * 打印哈希值
         */
        try {
            PackageInfo info = getPackageManager( ). getPackageInfo(
                    "com. reyo. goingus" ,PackageManager. GET_SIGNATURES) ;
            for (Signature signature :info. signatures) {
                MessageDigest md = MessageDigest. getInstance( "SHA" ) ;
                md. update( signature. toByteArray( ) ) ;
                //Bk0955xpaU4AYJVWumc6PHuDSX8 =
                        Log. i ( " tag" ," KeyHash:" + Base64. encodeToString ( md. digest ( ),
Base64. DEFAULT) ) ;
            }
        } catch (NameNotFoundException e) {
        } catch (NoSuchAlgorithmException e) {
        }


        uiHelper = new UiLifecycleHelper( this ,callback) ;
        uiHelper. onCreate( savedInstanceState) ;
        try {
            FacebookDialog shareDialog = new FacebookDialog. ShareDialogBuilder( this)
                    . setLink( "https://developers. facebook. com/android" )
                    . setApplicationName( "BGR" )
                    . setDescription( "description" )
                    . setName( "name" )
                    . setCaption( "caption" )
                    . setPlace( "place" )
                    . build( ) ;
                uiHelper. trackPendingDialogCall( shareDialog. present( ) ) ;
        } catch (FacebookException e) {
            Toast. makeText( context ," Facebook app is not installed" , Toast. LENGTH_SHORT)
. show( ) ;
        } catch (Exception e) {
            Toast. makeText( context ," Unexpect Exception" ,Toast. LENGTH_SHORT). show( ) ;
        }

    }
    @Override
    public void onResume( ) {
        super. onResume( ) ;
        Session session = Session. getActiveSession( ) ;
        if (session ! = null && (session. isOpened( ) || session. isClosed( ) ) ) {
            onSessionStateChange( session ,session. getState( ) ,null) ;
        }
        uiHelper. onResume( ) ;
    }
    @Override
    public void onActivityResult( int requestCode ,int resultCode ,Intent data) {
        super. onActivityResult( requestCode ,resultCode ,data) ;
        uiHelper. onActivityResult( requestCode ,resultCode ,data) ;
        finish( ) ;
    }
    @Override
```

```
public void onPause() {
    super.onPause();
    uiHelper.onPause();
}
@ Override
public void onDestroy() {
    super.onDestroy();
    uiHelper.onDestroy();
}
@ Override
public void onSaveInstanceState(Bundle outState) {
    super.onSaveInstanceState(outState);
    uiHelper.onSaveInstanceState(outState);
}
private Session.StatusCallback callback = new Session.StatusCallback() {
    @ Override
    public void call(Session session,SessionState state,Exception exception) {
        onSessionStateChange(session,state,exception);
    }
};
private void onSessionStateChange(Session session,SessionState state,
        Exception exception) {
    if (state.isOpened()) {
        Log.i("tag","Logged in...");
    } else if (state.isClosed()) {
        Log.i("tag","Logged out...");
    }
}
}
```

实现的 Facebook 界面效果如图 8-28 所示。

接下来试验如何直接分享。分享也可以使用两种不同的方式：第一种是使用共享对话框，这是一个内置的对话框，有 Facebook 的外观和感觉，对于开发者来说是比较容易实现的，而且这种方式不要求用户为了分享还需要登录到 Facebook；第二种是进行 API 调用，API 调用可以使开发者更好地控制分享的内容，但是这种方式需要用户登录 Facebook，因此也需要更多的实施工作。所以着重来讲一下第一种方式。

使用共享对话框分享一个链接需要 5 个步骤，需要 Android3.5 以上版本的支持，首先新建一个项目，进行 Facebook_app_id 等一系列配置（参考 8.2.2 节）。

图 8-28 Facebook 分享项目示例

在 Android 程序中，应用程序必须使用 UiLifecycleHelper 来设置一个回调函数去处理开放共享对话框的结果。代码如下：

```
        private UiLifecycleHelper uiHelper;
```

然后在 onCreate 中配置 UiLifecycleHelper：

```
@ Override
protected void onCreate( Bundle savedInstanceState) {
    super. onCreate( savedInstanceState) ;
uiHelper = new UiLifecycleHelper( this, null) ;
    uiHelper. onCreate( savedInstanceState) ;}
```

接下来配置一个回调处理函数用来控制关闭共享对话框，可以返回到应用程序。

```
@ Override
protected void onActivityResult( int requestCode, int resultCode, Intent data) {
    super. onActivityResult( requestCode, resultCode, data) ;
    uiHelper. onActivityResult( requestCode, resultCode, data, new FacebookDialog. Callback( ) {
        @ Override
        public void onError( FacebookDialog. PendingCall pendingCall, Exception error, Bundle data) {
            Log. e( "Activity", String. format( "Error: % s", error. toString( ) ) ) ;
        }
        @ Override
        public void onComplete( FacebookDialog. PendingCall pendingCall, Bundle data) {
            Log. i( "Activity", "Success!" ) ;
        }
    } ) ;}
```

最后，再在 uiHelper 中配置其他方法，使其 Activity 的生命周期回调处理正确。

```
@ Override
protected void onResume( ) {
    super. onResume( ) ;
    uiHelper. onResume( ) ;}
@ Override
protected void onSaveInstanceState( Bundle outState) {
    super. onSaveInstanceState( outState) ;
    uiHelper. onSaveInstanceState( outState) ;}
@ Override
public void onPause( ) {
    super. onPause( ) ;
    uiHelper. onPause( ) ;}
@ Override
public void onDestroy( ) {
    super. onDestroy( ) ;
    uiHelper. onDestroy( ) ;}
```

到此为止，Activity 已经做好可以使用共享对话框的准备了，接下来分享一个链接，使用 ShareDialogBuilderc( )方法：

```
FacebookDialog shareDialog = new FacebookDialog. ShareDialogBuilder( this)
        . setLink( "https://developers. facebook. com/android" )
```

```
            . build( );
  uiHelper. trackPendingDialogCall( shareDialog. present( ) );
```

开发者也可以添加一张图片、标题或者描述等属性到用户要发布的消息中。更多的请参考：https://developers. facebook. com/docs/reference/android/current/class/FacebookDialog. ShareDialogBuilder/

在共享对话框完成后，需要控制用户的界面返回到应用程序，因此 SDK 调用 onActivity-Result( )方法将分享的结果返回到应用中。应用程序可以通过添加 FacebookDialog. Callback 到 Activity 的 UiHelper 中来处理这些结果回应。

在回调的句柄中，可以使用表 8-2 所示的参数。

表 8-2　回调句柄参数表

名　　称	对 应 参 数	类　　型	注　　释
Did complete	FacebookDialog. getNativeDialo gDid-Complete	boolean	始终有效。当对话框完成操作时为 true；完成操作时发生错误则为 false
Completion gesture	FacebookDialog. getNativeDialo gCompletionGesture	String	当用户通过 Facebook 登入该应用程序，并且 "Did complete" 值为 true 的时候才有效。值为 post 或者 cancel
Post ID	FacebookDialog. getNativeDialo gPostld	String	当用户通过 Facebook 登入该应用程序，并且授权发布功能（如 publish_actions），用户愿意分享该事件。这个 ID 就是发布的分享事件的 D

采用了表 8-2 参数的回调句柄示例。

```
  boolean didCancel = FacebookDialog. getNativeDialogDidComplete( data) ;
  String completionGesture = FacebookDialog. getNativeDialogCompletionGesture( data) ;
  String postId = FacebookDialog. getNativeDialogPostId( data) ;
```

如果共享对话框返回了一个错误，那么就检查是否是传递给共享对话框处理程序中的错误。

如果用户在安装应用程序的时候没有安装 Facebook，那么就无法显示共享对话框。因此建议，可以退回到 Feed 对话框，这个对话框是一个不需要安装 Facebook 的网络对话框。可以使用 FacebookDialog. canPresentShareDialog 去检查是否可以使用共享对话框。

```
  if ( FacebookDialog. canPresentShareDialog( getApplicationContext( ),
  FacebookDialog. ShareDialogFeature. SHARE_DIALOG) ) {
      // Publish the post using the Share Dialog
      FacebookDialog shareDialog = new FacebookDialog. ShareDialogBuilder( this)
              . setLink( "https://developers. facebook. com/android" )
              . build( );
      uiHelper. trackPendingDialogCall( shareDialog. present( ) );
  } else {
    // Fallback. For example, publish the post using the Feed Dialog}
```

基于 canPresent 的值，可以使用共享对话框或者是退回到使用 Feed 对话框，或者是隐藏共享的按钮等。通过构建包含 WebDialog. FeedDualogBuilder 构造函数的 WebDialog 类，可以构建对话框来支持 Feed 对话框。

下面的代码建立了一个 OnCompleteListener( ) 的方法去处理完整的回调过程。

```java
private void publishFeedDialog( ) {
    Bundle params = new Bundle( );
    params. putString( "name" , "Facebook SDK for Android" );
    params. putString( "caption" , "Build great social apps and get more installs. " );
    params. putString( "description" , "The Facebook SDK for Android makes it easier and faster to de-
velop Facebook integrated Android apps. " );
    params. putString( "link" , "https://developers. facebook. com/android" );
    params. putString( "picture" , "https://raw. github. com/fbsamples/ios - 3. x - howtos/master/Im-
ages/iossdk_logo. png" );
    WebDialog feedDialog = (
        new WebDialog. FeedDialogBuilder( getActivity( ) ,
            Session. getActiveSession( ) ,
            params) )
        . setOnCompleteListener( new OnCompleteListener( ) {
        @ Override
        public void onComplete( Bundle values,
            FacebookException error) {
            if ( error == null ) {
                final String postId = values. getString( "post_id" );
                if ( postId ! = null ) {
                    Toast. makeText( getActivity( ) ,
                        "Posted story, id:" + postId,
                        Toast. LENGTH_SHORT). show( );
                } else {
                    Toast. makeText( getActivity( ). getApplicationContext( ) ,
                        "Publish cancelled" ,
                        Toast. LENGTH_SHORT). show( );
                }
            } else if ( error instanceof FacebookOperationCanceledException) {
                Toast. makeText( getActivity( ). getApplicationContext( ) ,
                    "Publish cancelled" ,
                    Toast. LENGTH_SHORT). show( );
            } else {
                // Generic, ex: network error
                Toast. makeText( getActivity( ). getApplicationContext( ) ,
                    "Error posting story" ,
                    Toast. LENGTH_SHORT). show( );
            }
        }
    })
        . build( );
    feedDialog. show( );
}
```

Facebook 分享界面效果如图 8-29 所示。

图 8-29　Facebook 直接分享示例效果图

8.2.5　用图谱获取 Facebook 用户的信息

图谱（Graph API）是从 Facebook 提取出社交图谱和获取数据的主要方式。开发者可以用它来提取数据、发送新消息、上传照片、回复评论等。

Facebook SDK for Android 里面包含了访问图谱的一些方法。它还支持强类型访问常用的用户属性。

可以用 Request 类的方法 executeMeRequestAsync() 来初始化一个图谱来调用用户数据，它实质上是对图谱端点的一个调用。API 调用时会使用访问令牌的权限，用来控制返回的数据（如果没有提供访问令牌的权限，那么就只能返回公共信息）。

executeMeRequestAsync() 方法需要接受一个 Request.GraphUserCallback 的回调参数，当请求完成时这个回调的 onCompleted() 方法会被调用。如果 API 调用成功的话，则 GraphUser 对象传递到 onCompleted() 方法中，该方法中提供了类型化访问以下用户字段：ID、姓名、名字、姓氏、中间名、链接、用户名、生日和位置。您可以对返回的结果使用 getProperty() 方法访问其他用户的属性；也可以同时扩展 GraphUser 的接口获取对不是默认列表的其他用户属性的类型化访问。

首先来看一下在用户的手机已经安装了 Facebook 的前提下，如何利用应用程序获取数据。

在布局中添加如下代码，将此文本添加到之前的 LoginButton 下面：

```
<TextView
android:id = "@ + id/userInfoTextView"
android:layout_width = "match_parent"
android:layout_height = "match_parent"
android:layout_marginLeft = "20dp"
android:layout_marginTop = "20dp"
android:textAppearance = "? android:attr/textAppearanceMedium"
android:visibility = "invisible"
/ >
```

最初这个文本会被设置为隐藏，接下来就是 MainFragment 的代码，在里面 onCreateView() 方法中定义了刚才在布局中加入的 TextView：

```
private TextView userInfoTextView;
userInfoTextView = (TextView) view.findViewById(R.id.userInfoTextView);
```

在之前 MainFragment 类中有一个 onSessionStateChange( ) 方法，它控制登录、退出用户界面，应该修改此方法，用来显示仅当用户通过了验证才显示的按钮：

```
private void onSessionStateChange(Session session, SessionState state, Exception exception) {
    if (state.isOpened()) {
        userInfoTextView.setVisibility(View.VISIBLE);
    } else if (state.isClosed()) {
        userInfoTextView.setVisibility(View.INVISIBLE);
    }
}
```

接下来要配置该应用的权限，用来显示用户数据的样本集。如果想获取用户的城市、生日和语言的话，LoginButton 就应该要求额外的权限。

```
authButton.setFragment(this);
authButton.setReadPermissions(Arrays.asList("user_location","user_birthday","user_likes"));
```

Facebook 获取用户信息界面效果如图 8-30 所示。

图 8-30　Facebook 获取用户信息示例效果图

如上面的示例，获取了这个用户的一些信息，这个用户的信息的图谱的源码如下所示。

```
bio = "Love sports of all kinds.";
birthday = "01/01/1980";
"favorite_athletes" = (
    {
        id = 20242388857;
        name = "Usain Bolt";
    }
);
```

```
        "first_name" = Chris;
        hometown = {
            id = 106033362761104;
            name = "Campbell, California";
        };
        id = 100003086810435;
        languages = (
            {
                id = 108106272550772;
                name = French;
            },
            {
                id = 312525296370;
                name = Spanish;
            }
        );
        "last_name" = Colm;
        link = "http://www.facebook.com/chris.colm";
        locale = "en_US";
        location = {
            id = 104048449631599;
            name = "Menlo Park, California";
        };
        "middle_name" = Abe;
        name = "Chris Abe Colm";
        timezone = "-7";
        "updated_time" = "2012-08-09T03:33:32+0000";
        username = "chris.colm";
        verified = 1;
    }
```

有些数据可以被作为强类型属性,比如姓名和生日。其他属性需要使用 getProperty( )方法并选择所需要的键才能访问。可以定义一个私有的辅助方法,用来获取返回的数据然后建立字符串来显示:

```
private String buildUserInfoDisplay(GraphUser user) {
    StringBuilder userInfo = new StringBuilder("");
    userInfo.append(String.format("Name:%s\n\n",
        user.getName()));
    userInfo.append(String.format("Birthday:%s\n\n",
        user.getBirthday()));
    userInfo.append(String.format("Location:%s\n\n",
        user.getLocation().getProperty("name")));
    userInfo.append(String.format("Locale:%s\n\n",
        user.getProperty("locale")));
    JSONArray languages = (JSONArray)user.getProperty("languages");
    if (languages.length() > 0) {
        ArrayList<String> languageNames = new ArrayList<String>();
        for (int i = 0; i < languages.length(); i++) {
            JSONObject language = languages.optJSONObject(i);
```

```
                    languageNames. add( language. optString( "name" ) );
                }
                userInfo. append( String. format( "Languages:% s\n\n",
                languageNames. toString( ) ) );
            }
        return userInfo. toString( );
    }
```

然后继续修改 onSessionStateChange( )方法来获取用户数据。使用上面定义的辅助方法来分析用户数据，然后再设置显示的文本视图。

```
... if ( state. isOpened( ) ) {
    userInfoTextView. setVisibility( View. VISIBLE );
    Request. executeMeRequestAsync( session, new Request. GraphUserCallback( ) {
        @ Override
        public void onCompleted( GraphUser user, Response response ) {
            if ( user ! = null ) {
                userInfoTextView. setText( buildUserInfoDisplay( user ) );
            }
        }
    } );
} ...
```

在运行项目时，用户会看到一个对话框要求用户的权限，一旦通过验证，用户就可以看到用户数据的样本集。

接下来介绍如何定义接口来获取数据，开发者可以用几种不同的方式去获得语言数据。最初的方法是使用一个 JSONArray 类型值表示，然后解析 JSON 数据，并提取 name 属性。另一种方法是创建一个代表语言数据的强类型接口，这样能轻松地获得所需要的资料，这个接口在 MainFragment 中定义：

```
private interface MyGraphLanguage extends GraphObject {
    String getId( );
    String getName( );
}
```

接下来修改以下 buildUserInfoDisplay( )帮助方法：

```
JSONArray languages = ( JSONArray ) user. getProperty( "languages" );
if ( languages. length( ) > 0 ) {
    ArrayList < String > languageNames = new ArrayList < String > ( );

    GraphObjectList < MyGraphLanguage > graphObjectLanguages =
        GraphObject. Factory. createList( languages, MyGraphLanguage. class );
    for ( MyGraphLanguage language : graphObjectLanguages ) {
        languageNames. add( language. getName( ) );
    }
    userInfo. append( String. format( "Languages:% s\n\n",
    languageNames. toString( ) ) );
}
```

该 GraphObject. Factory 类包含可用于创建图形对象集合的 createList( ) 静态方法。这段代码中，通过传递一个语言的 JSONArray 对象和 MyGraphLaguage 类来创建一个 MyFraphLanguage 图形对象的集合。

也可以创建一个 GraphUser 的子类来使提取数据更加容易。

首先，添加一个新的专用接口，该接口扩展了 GraphUser 接口，并提供访问的语言信息。语言类型是 MyGraphLanguage 对象的 GraphObjectList：

```
private interface MyGraphUser extends GraphUser {
    GraphObjectList < MyGraphLanguage > getLanguages( );
}
```

修改 buildUserInfoDisplay( ) 帮助方法：

```
// Get a list of languages from an interface that extends the GraphUser interface and that returns
GraphObjectList < MyGraphLanguage > languages =
    (user. cast(MyGraphUser. class)). getLanguages( );
if (languages. size( ) > 0) {
    ArrayList < String > languageNames = new ArrayList < String > ( );
    for (MyGraphLanguage language :languages) {
        languageNames. add(language. getName( ));
    }
    userInfo. append(String. format("Languages:% s\n\n",
        languageNames. toString( )));
}
```

以上就是提取用户信息所涉及的一些相关类和代码。

8.2.6　给朋友发送请求

Facebook SDK 为 Android 提供了与 Facebook 对话框的整合，其中包括请求对话框，用户用它来发送通知给他的朋友。

请求对话框可以使开发者在游戏中提供几行代码用于基本的 Facebook 功能，没有必要建立一个自己的对话框，或者是使用 API 调用。用户可以请求一个或者多个朋友发送请求，当用户发送请求时，警告弹出，用户确认后该请求被发送，具体如图 8-31 所示。

图 8-31　Facebook 给朋友发送请求示例

首先在 res/values/strings. xml 中添加这样一行代码：

```
< string name = "send_request" > Send Request </string >
```

然后在布局的 Login 按钮下面再添加一个按钮控件：

```
< Button
    android:id = "@ + id/sendRequestButton"
    android:layout_width = "match_parent"
    android:layout_height = "wrap_content"
    android:textStyle = "bold"
    android:gravity = "center"
    android:layout_marginTop = "30dp"
    android:visibility = "invisible"
    android:text = "@ string/send_request"
/ >
```

然后在 MainFragment 中注册这个按钮：

```
private Button sendRequestButton;
```

编写 onSessionStateChange( )方法：

```
private void onSessionStateChange(Session session,SessionState state,Exception exception) {
    if (state. isOpened( )) {
        sendRequestButton. setVisibility( View. VISIBLE) ;
    } else if (state. isClosed( )) {
        sendRequestButton. setVisibility( View. INVISIBLE) ;
    }
}
```

在 MainFragment 类中定义调用对话框的新私有方法。

```
private void sendRequestDialog( ) {
    Bundle params = new Bundle( ) ;
    params. putString( "message" ,"Learn how to make your Android apps social") ;
    WebDialog requestsDialog = (
        new WebDialog. RequestsDialogBuilder( getActivity( ) ,
            Session. getActiveSession( ) ,
            params) )
            . setOnCompleteListener( new OnCompleteListener( ) {
                @ Override
                public void onComplete( Bundle values,
                    FacebookException error) {
                    if (error ! = null) {
                        if (error instanceof FacebookOperationCanceledException) {
                            Toast. makeText( getActivity( ). getApplicationContext( ) ,
                                "Request cancelled" ,
```

```
                                                    Toast. LENGTH_SHORT). show( );
                                        } else {
                                            Toast. makeText( getActivity( ). getApplicationContext( ),
                                                "Network Error",
                                                Toast. LENGTH_SHORT). show( );
                                        }
                                    } else {
                                        final String requestId = values. getString( "request" );
                                        if ( requestId  ! = null) {
                                            Toast. makeText( getActivity( ). getApplicationContext( ),
                                                "Request sent",
                                                Toast. LENGTH_SHORT). show( );
                                        } else {
                                            Toast. makeText( getActivity( ). getApplicationContext( ),
                                                "Request cancelled",
                                                Toast. LENGTH_SHORT). show( );
                                        }
                                    }
                                }
                            } )
                            . build( );
                requestsDialog. show( );
        }
```

然后修改 onCreateView( )方法，添加按钮单击的处理函数。

```
        sendRequestButton = ( Button) view. findViewById( R. id. sendRequestButton);
        sendRequestButton. setOnClickListener( new View. OnClickListener( ) {
            @ Override
            public void onClick( View v) {
                sendRequestDialog( );
            }
        } );
```

接下来生成并运行该项目，并确保没有错误。单击登录按钮，登录到 Facebook。单击发送请求和验证请求对话框，选择一个或者多个好友，然后单击发送请求。理想情况下发出请求，好友那边也可以在消息中心接收到。

还可以修改请求用来发送更多的数据。可以将关键数据传递到使用 WebDialog. RequestsDialogBuilder( )方法中。这个数据随后可在调用图谱 API 时被检测到。

打开 MainFragment 类，修改 sendRequestDialog( )方法来传递额外的数据，修改成以下代码。

```
   .... params. putString( "message" ,"Learn how to make your Android apps social" ) ; params. putString
( "data" ,
        " {\" badge_of_awesomeness\" :\" 1\" ," +
        " \" social_karma\" :\" 5\" }" ) ;
```

8.3　SlidingMenu（滑动菜单开源项目）

SlidingMenu 是 Android 库中的一个开源库（作者 Jeremy Feinstein），旨在方便开发者创建含有滑动菜单（Sliding Menus）的应用程序。

8.3.1　SlidingMenu 库简介

SlidingMenu 开源库使得开发者可以灵活地定制个性化的界面效果，比如在主界面左滑或者右滑的时候能够分别出现不同的界面。目前，在 Google +，YouTube，Facebook 等大部分的应用程序当中都有引用 SlidingMenu 类，是时下非常流行的开源库。

8.3.2　SlidingMenu 库文件配置

从官网上下载安装：https://github.com/jfeinstein10/SlidingMenu。
SlidingMenu 文件的内容如图 8-32 所示。

图 8-32　SlidingMenu 文件列表

在 Eclipse 当中，导入 library 工程到开发平台中，在 properties 选项中勾选 Is library 选项。依次单击 Project→Clean 来产生一些自动生成的文件，如 R. java 等。然后，添加 Sliding-Menu 作为开发项目的库工程 library。

需要注意的是，SlidingMenu 依赖于之前介绍的 ActionBarSherlock 库。因此，在正式开始开发项目前，需要将 ActionBarSherlock 作为 SlidingMenu 的库工程 library。这样即完成了项目的配置工作。如图 8-33 所示，左图是开发工程的 properties 项，右图是 SlidingMenu 开源库的 properties 项。

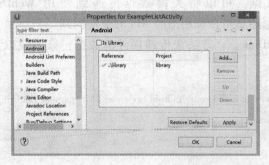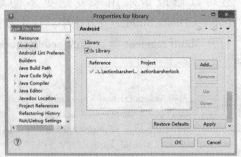

图 8-33　SlidingMenu 依赖库的配置

完成上述步骤后即可运行附带的 ExampleListActivity 工程。

虽然 SlidingMenu 是开源库，但是在配置过程中仍然会遇到各种问题，下面罗列了一些常见错误以及解决方法：

总结内容源自参考文献第 38 项。

1. SlidingMenu library project 常见错误

（1）添加 actionbarsherlock 库文件时出错

这是由于较高版本的 Eclipse 在新建工程时会在 libs 文件夹下自动添加 android – support – v4. jar 包，而 SlidingMenu library 库中也包含了这个 jar 包，因此，当程序运行时，系统不知道应该调用哪个路径下的 jar 包，以致程序崩溃。解决办法：将 actionbarsherlock 文件添加为 library project 的库文件时，删除 library project 工程中 lib 文件夹里的 "android – support – v4. jar" 包。

（2）Console error：Unable to resolve target 'Google Inc.：Google APIs：16.

最新的工程文件需要 API14 及以上的版本支持，导入 library project 到开发环境中，需要修改 properties 中的 target 为 Google Inc.：Google APIs14 或以上版本。报这个错是因为 properties 的 Target SDK 未选择 Google APIs，修改过来后即可解决。

（3）系列错误

```
List of errors：ACTION_POINTER_INDEX_MASK cannot be resolved android.
HONEYCOMB cannot be resolved or is not a field
LAYER_TYPE_HARDWARE cannot be resolved or is not a field
LAYER_TYPE_NONE cannot be resolved or is not a field
MATCH_PARENT cannot be resolved or is not a field
The method getLayerType( ) is undefined for the type View
The method setLayerType( int,null) is undefined for the type View
```

修改 AndroidManifest 里的 min sdk version 为当前使用的 SDK 版本，即 7 以上的版本。

2. ExampleListActivity project 常见错误

（1）继承类系列错误

```
List of errors：The method getSupportActionBar( ) is undefined for the type BaseActivity
The method getSupportMenuInflater( ) is undefined for the type BaseActivity
The method onCreateOptionsMenu( Menu) of type BaseActivity must override or implement a
supertype method
The method onOptionsItemSelected( MenuItem) in the type Activity is not applicable for the arguments
The method onOptionsItemSelected( MenuItem) of type BaseActivity must override or implement a su-
pertype method
The method onOptionsItemSelected( MenuItem) of type ResponsiveUIActivity must override or imple-
ment a supertype method
```

这个错误发生在使用 ActionBarSherlock 的相关 API 时找不到方法。原因是使用 Action-BarSherlock 的 Activity 需要继承 SherlockActivity 类。解决方法：修改 SlidingMenu library 中的 SlidingFragmentActivity（位置为 src/com. jeremyfeinstein. slidingmenu. lib. app）文件，使之继承自 SherlockFragmentActivity 类。

```
public class SlidingFragmentActivity extends FragmentActivity implements SlidingActivityBase
```

修改为：

```
public class SlidingFragmentActivity extends SherlockFragmentActivity implements SlidingActivityBase
```

最后在类声明前添加 SherlockFragmentActivity 引用的类：

```
import com. actionbarsherlock. app. SherlockFragmentActivity；
```

保存修改，若错误仍出现，删除工程并重启 Eclipse。

（2）jar 包版本不一致，产生冲突导致错误

```
Console error:Found 2 versions of android – support – v4. jar in the dependency list,but not all the ver-
sions are identical (check is based on SHA – 1 only at this time). Jar mismatch! Fix your dependencies
```

检查 SlidingMenu 和 ActionBarSherlock 中的 libs 文件夹，用其中一个替换另一个（一般是删除，尽量选择保留新版本）保存修改，若错误仍出现，删除工程并重新启动 Eclipse。

8.3.3　SlidingMenu 库的核心功能

下面介绍 SlidingMenu 作者编写的 ExampleListActivity 工程来介绍 SlidingMenu 的使用方法。工程文件包含在下载文件当中，读者可载入 Eclipse 开发环境进行学习。SlidingMenu 工程文件中包含了下列主要的接口。

- OnTouchListener 接口是用来处理手机屏幕事件的监听接口，当 View 范围内发生触摸按下、抬起或滑动等动作时都会触发该事件。通过重写接口中的 onTouch (View v, MotionEvent event) 方法可以实现简单的触屏动作，但是如果要处理复杂的手势动作，用这个接口就会很麻烦，需要记录用户触摸轨迹，依次分析轨迹，对应相应的手势动作。
- GestureDetector 接口是用来识别不同的手势动作的，接口中包含了常用的手势动作的识别，如往下 (down)，往上 (up)，拖动 (scroll)，滑动 (fling) 等。通过 onTouchEvent (event) 方法即可完成手势的识别工作。开发者只需要编写对不同手势的处理逻辑的代码，相对于 onTouchListener 接口来说更加方便快捷。
- AndroidViewTreeObserver 是用于注册监听的视图树观察者，在视图树中全局事件改变时得到通知。全局事件包括整个树的布局，从绘画过程开始，触摸模式的改变等情况。ViewTreeObserver 是由视图提供，不能够被应用程序实例化，常用的方法是注册一个回调函数，将 ViewTreeObserver 的一个方法作为参数，在监测到对应的状态变化时调用这个回调函数。

1. SlidingMenu Properties 功能示例

这个小例子是针对 SlidingMenu 的各种属性进行调整，帮助读者更好地了解 SlidingMenu 的特性，从而设计自己需要的 SlidingMenu 风格。

运行程序，单击 SlidingMenu 程序图标 ，进入主界面，单击 SlidingMenu Properties 选

项，进入属性设定界面，如图 8-34 所示。

图 8-34　SlidingMenu 主界面跳转至属性设定界面

Mode 属性设置滑动菜单显示的位置：Left 表示滑动菜单从屏幕左侧出现，Right 表示从屏幕右侧出现，Left and Right 表示左右两边均可滑出滑动菜单。Mode 可以设置如下属性。

- Touch Mode Above 属性设置触摸屏幕滑出滑动菜单的模式：Fullscreen 表示可由屏幕的任一位置滑出滑动菜单，Margin 表示必须在屏幕边缘滑出滑动菜单，None 表示不能从屏幕滑出滑动菜单（可通过单击 ActionBar 使滑动菜单出现）。
- Scroll Scale 属性设置滑动菜单滑动时缩放的效果：值越大缩放效果越明显。
- Shadow 属性设置滑动菜单滑动时的阴影效果：值越大阴影越明显。
- Fade 属性设置滑动菜单滑动时渐入渐出的效果：值越大效果越明显。

实现方法：在项目的 XML 文件夹下定义 PreferenceScreen（偏好设置页面），在内部定义各种设置标签。

📖 PreferenceScreen 是 Prefernce 类继承关系中的根类，偏好设置的 Activity 必须指向一个 PreferenceScreen 才能够生效。PreferenceScreen 定义了偏好设置的页面显示方式，包含多个 PreferenceCategory，每个都是一个偏好设置标签，代表了不同的设置。详细介绍参见 http：//www. android - doc. com/reference/android/preference/PreferenceScreen. html。

---

2. SlidingMenu Attach 功能示例

SlidingMenu Attach 的功能是在普通的 Activity 和 FragmentActivity 里面使用 SlidingMenu，实现在一个页面下出现滑动菜单（相当于侧边栏）的效果。效果如图 8-35 所示。

本解析参考自参考文献第 42 项。

与 SlidingMenu Properties 类不同，AttachExample 这个类继承自 FragmentActivity。Fragment 有着强大的动态添加、移除、更改的能力，这里不仅实现了在一个 Activity 下添加 Sliding Menu 的 Fragment，并且实现了单击返回键隐藏滑动菜单的功能，非常灵活方便。

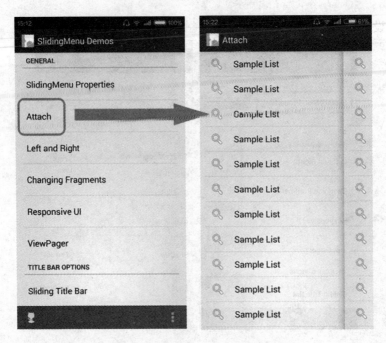

图 8-35　SlidingMenu Attach 功能示例

📖 Fragment 的灵活特性主要是 FragmentManager 类提供了一些方法函数，在具体的 Activity 中，使用 getSup-
portFragmentManager( )获取 FragmentManager，之后调用 beginTransaction 去创建一个 FragmentTransaction
对象，再调用 add( )方法即可添加一个 Fragment。在 Activity 中可以使用同一个 FragmentTransaction 对象
去执行多个 Fragment 事务，这样操作时，必须调用 commit( )方法。

3. Left and Right Activity 功能示例

　　Left and Right 实现的功能相当于 SlidingMenu Properties 的 "Left and Right" 属性，实现方
法也是一样的。通过 setMode 设置滑动菜单为左右滑动，调用 getSupportFragmentManager( )新
增 Fragment 作为新的滑动菜单，然后调用 setSecondaryMenu( )设置第二个滑动菜单。

4. Fragment Change Activity 功能示例

　　Fragment Change 实现了滑动菜单的菜单功能，通过选择不同的菜单项，主界面的 Frag-
ment 颜色填充相应地改变，如图 8-36 所示。

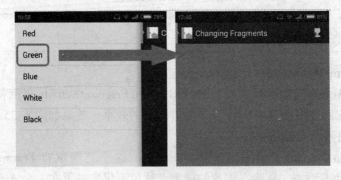

图 8-36　SlidingMenu Changing Fragments 功能示例

创建左侧菜单栏的 Fragment，这里继承自 ListFragment。通过单击菜单选项，获得对应的颜色填充主界面的 Fragment。

5. Responsive UI 功能示例

Responsive UI 与 Fragment Change 功能类似，通过左侧滑动菜单来控制主界面 Fragment 显示的图片。单击主界面的图片，能够跳转到右侧滑动界面，全屏显示该图片。图 8-37 左侧的图是 Responsive UI 的欢迎界面，右侧的图是滑动菜单界面。

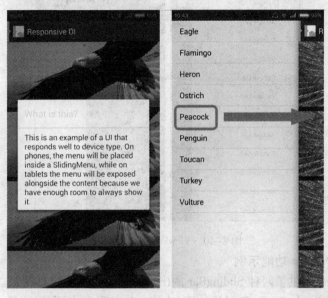

图 8-37　Responsive 欢迎界面和滑动菜单界面

图 8-38 是左侧滑动菜单选择 Peacock 选项后主界面的显示，以及单击主界面任一图片进入右侧滑动界面的效果图。

这个类的设计有一个根据屏幕自适应的特点，能够根据是在大屏幕、平板或手机上自动调用相应的页面布局，在程序中，开发者设计了 3 种布局。正常情况下（普通尺寸手机屏幕），程序会调用 layout 文件夹下的 responsive_content_frame. xml 文件，即图 8-39 中矩形框中的文件，如果在大屏幕或者平板上，则会根据情况调用 layout - large - land 或 layout - xlarge。

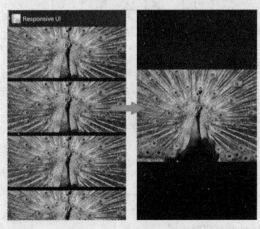

图 8-38　ResponsiveUI 项目单击效果图

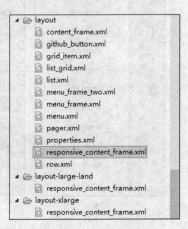

图 8-39　ResponsiveUI 3 种页面布局

239

6. ViewPager 功能示例

ViewPager 实现了 SlidingMenu 与 ViewPager 的结合，主界面向左滑动显现出滑动菜单，向右滑动是不同颜色的 Page。每一个 Page 都能够通过边缘滑动引出滑动菜单（Mode 为 MARGIN）。

主界面默认是红色，在屏幕任一地方滑动，左侧会出现滑动菜单，返回主界面后，向右滑动转到后面的页面，后面的页面可以通过边缘滑动引出滑动菜单，界面效果如图 8-40 所示。

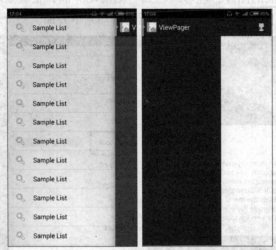

图 8-40　ViewPager 功能示例

7. Title Bar Options 功能示例

Title Bar Options 提供了两种 SlidingBar 的出现方式：带和不带标题栏。

通过设置 setSlidingActionBarEnabled（bool b）来实现左右两侧 SlidingMenu 的 Fragment 是否显示标题栏。

8. Custom Animations 功能示例

Custom Animations 设置的是滑动菜单的出现效果。示例中展示了 3 种效果。

Zoom：窗口缩放，滑动菜单从小逐渐变大，如图 8-41a 所示。

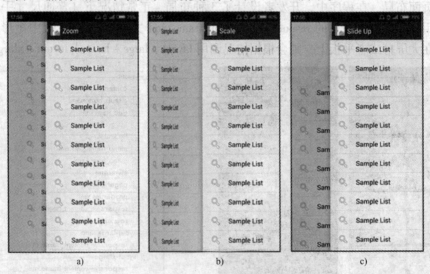

图 8-41　Custom Animation 功能示例
a）窗口缩放　b）尺寸缩放　c）从下往上

Scale：尺寸缩放，滑动菜单从横向被压缩到伸展，如图 8-41b 所示。

Slide Up：从下往上，滑动菜单从下往上出现，如图 8-41c 所示。

8.4　Google Map（谷歌地图）开发技术

Android 有自己的一套原生地图系统：谷歌地图（Google Map）。谷歌地图可以利用 Google 提供的强大服务完成许多复杂、实用的功能。现在，谷歌地图不仅能够展示平面和立体地图，还有成熟的谷歌街景、谷歌天气预报等附加功能，是一款强大的地图应用，对开发者进行地图有关的开发提供了极大便利。

8.4.1　Google Map API 简介

谷歌地图现在所用的 API 为第三版：Maps JavaScript API v3，根据弃用原则，前两版已经停用。第三版的官方介绍网站如下，上面有详细的功能介绍和例程讲解，读者可自行阅读体会。

> https://developers. google. com/maps/documentation/javascript/

第三版的谷歌 API 是基于 WebView 空间实现的，能够快速载入到设备中，此前的两种是通过 MapView 控件实现的，并且要求开发者申请 Google Map Key，并且在程序中进行声明。第三版中可以使用基于 Map JavaScript API v3 来控制谷歌地图的显示，也就免去了申请 Google Map Key 的麻烦。

第三版是基于 JavaScript 语言的，因此是在 HTML 文件中使用。由于 HTML 文件具有跨平台的特性，使用 Map JavaScript API v3 控制的谷歌地图程序能够在所有支持 HTML 文件的开发平台中使用，如 Android、iOS、Windows、Mac OS X 等。

总体来说，Map JavaScript API v3 不仅提供了高效的地图载入方式，并且具有极广的使用平台，是非常具有发展前景的。

Android 和 iOS 设备上使用 Google Map API 需要应用以下 < meta > 标签：

```
< meta name = "viewport" content = "initial – scale = 1. 0,user – scalable = no" / >
```

这一设置指定应当以全屏模式显示该地图，且用户不能调整地图的大小。

8.4.2　使用 Google Map API 开发地图应用程序

1. Google Map 的本地化

Google Map 提供了本地化的便利，通过更改默认语言设置和设置应用的区域代码来本地化自身的 Google Maps API 应用，从而根据给定的国家或地区改变应用的运行方式。

语言本地化：Google Maps API 在显示文本信息时默认使用浏览器的首选语言设置。开发者可以通过更改 Maps API 来使浏览器用特定语言显示信息。

例如，要用简体中文显示 Maps API 应用，将"&language = zh – CN"添加到 < script > 标记当中：

```
< script type = " text/javascript"
src = " http://maps. googleapis. com/maps/api/js?  sensor = false&language = zh - CN" >
```

现阶段 Google Maps API 支持的语言列表请参阅：https://spreadsheets. google. com/pub?
key = p9pdwoai2lhDMsLkXsoMU5KQ&gid = 1。

官网会经常更新支持的语言列表，有兴趣的读者可以自行查阅。

Maps JavaScript API 还支持双向文本，即本身同时包含从左到右（LTR）和从右到左
（RTL）语言字符的文本。RTL 语言的示例包括阿拉伯语、希伯来语和波斯语。具体示例参
见官网介绍：https://developers. google. com/maps/documentation/javascript/basics。

区域本地化：默认情况下，Maps API 会根据加载 API 的主域所在的国家或地区，提供
地图图块。开发者可以在加入 Maps API JavaScript 代码时将 region 参数添加到 < script > 标
签中，设置自定义的区域。

例如，要使用本地化到英国的 Maps API 应用，可将 "&region = GB" 添加到 < script >
标签中，如下所示：

```
< script type = " text/javascript"
src = " http://maps. googleapis. com/maps/api/js?  sensor = false&region = GB" >
```

2. 版本控制

Google Maps API 小组会定期更新此 JavaScript API，即增加新地图项、修复错误和改进
性能。所有的 API 更改均向后兼容，以确保开发者启动应用时使用的是当前记录的界面，且
应用可以在 API 更新后继续运行。开发者需要使用 Maps JavaScript API 引导程序请求的 v 参
数指定 API 版本。系统支持两个选项：发行版本和实验版本。

发行版本，可使用 "v = 3" 或省略 v 参数来指定。

实验版本，可使用 "v = 3. exp" 来指定。该版本是以主干版本为基础的当前版本，其
中包含公开发布的所有错误修复和新增地图项。

还有一个是编号版本，用 "v = 3. number" 表示，指定了 API 的地图项集。由于发行版
本在不断的更新当中，因此不建议读者采用这种方式。

选择 API 版本参考因素：

1）生产应用应指定发行版本或冻结版本。

2）Maps API for Business SLA 不适用于当前的实验版本。Maps API for Business 应用必须
使用当前的发行版本或较早版本，以便适用 SLA。

3）开发新款 Maps API v3 应用时，建议根据版本号（例如 3. 10）选择使用最新的实验
版本，直到需要添加较新版本中所提供的其他地图项时再改用该新版本。

版本文档：

版本 3.9 参考（发行版本）：

https://developers. google. com/maps/documentation/javascript/reference

版本 3. 10 参考（实验版本）：

https://developers. google. com/maps/documentation/javascript/3. exp/reference

版本 3.8 参考（冻结版本）

https://developers. google. com/maps/documentation/javascript/3. 8/reference
版本 3. 0 ~ 3. 7 均已停用。

3. 问题排查

如果代码不起作用，可以参考以下方法来解决遇到的问题：

1）查找拼写错误。请注意，JavaScript 语言区分大小写。

2）使用 JavaScript 调试器。在 Firefox 浏览器中，可以使用 JavaScript 控制台、Venkman 调试器或 Firebug 插件。在 IE 浏览器中，可以使用 Microsoft Script Debugger。

4. 事件

浏览器中的 JavaScript 是由事件驱动的，这表示 JavaScript 会通过生成事件来响应交互，并且期望程序监听感兴趣的事件，Google Maps API v3 的时间模型与 v2 十分相似，包括以下两种类型。

（1）用户事件

从 DOM 传播到 Google Maps API 中的这些事件是独立的，并且与标准 DOM 事件不同。Maps API 提供了用于监听和响应这些 DOM 事件的机制，具有跨浏览器使用的特性。

📖 DOM 事件（文档对象模型事件）是 HTML 的事件处理机制，包括对 click，touch，load，drag，change，input ，error，risize 等动作的监听处理等。动作触发者可以是用户操作或者是浏览器本身。事件能够在整个文档当中任何一处被触发，是流动的，有自己的生命周期。详细介绍和示例参见 http：// www. w3school. com. cn/js/js_ htmldom_ events. asp。

- 事件监听器。AddListener( )事件处理程序用于注册接受事件通知。
- 事件参数。通常情况下，Google Maps API v3 中的用户界面事件会传递事件参数，可以通过事件监听器访问该参数。
- 事件闭包。在执行事件监听器时，通常可取的做法是将私有数据和持久性数据附加到对象中。JavaScript 不支持"私有"实例数据，但是支持允许内部函数访问外部变量的闭包。
- 获取和设置事件处理程序中的 MVC 属性。MVC 属性更改需要通过 getProperty( )来进行查看，Maps API 事件系统中不提供相应的更改事件触发机制。

📖 在对特定属性的状态更改做出响应的事件处理程序中显式设置一个属性，可能会产生不可预期或不必要的行为。例如，设置此类属性将会触发新的事件，而且如果总是在此事件处理程序中设置属性，那么最终可能会出现无限循环的情况。

（2）监听 DOM 事件

Maps API 提供了 addDomListener( )静态方法绑定 DOM 事件，根据所使用的特定浏览器事件模型自行创建并分派事件。该方法易于使用，具有如下所示的签名（Instance 是浏览器支持的任一 DOM 元素，包括已命名的元素和 DOM 的分层组成部分）。

---

addDomListener(instance：Object，eventName：string，handler：Function)

请注意，addDomListener( )只是将指明的事件传递给浏览器，以便系统根据浏览器的

DOM 事件模型来处理该事件。不过，几乎所有的热门浏览器都至少支持 DOM 级别 2。在 HTML 网页完全加载后，可以使用 window. onload 这一 DOM 事件触发初始 JavaScript 代码，如下所示。

```
< script >
  function initialize( ) {// Map initialization
    }
</ script >
< body onload = " initialize( )" >
  < div id = " map_canvas" > </div >
</ body >
```

尽管此处将该事件附加到了 < body > 元素，但该事件实际上为 window 事件，表明 window 元素下的 DOM 分层已经全部构建并呈现完毕。

另一种更好的做法是将内容代码（HTML）与行为代码（JavaScript）分隔开来，同时单独提供显示代码（CSS）。要实现此目的，可以将自己的 Maps API JavaScript 代码中的内嵌 onload 事件处理程序替换为 DOM 监听器，如下所示。

```
< script >
  function initialize( ) {
    // Map initialization
  }
  google. maps. event. addDomListener( window,'load ',initialize) ;
</ script >
< body >
  < div id = " map_canvas" > </div >
</ body >
```

5. 控件概述

通过 Google Maps API 显示的地图包含用户界面元素，以便用户与地图进行交互。这些元素称为"控件"。可以在 Google Maps API 应用中添加这些控件的多种组合，或者开发者也可以不进行任何操作，让 Google Maps API 处理所有控件行为。

（1）默认用户界面

开发者若只需要显示 Google Maps 的界面，而不需进行额外操作，可以直接使用默认的界面和空间。Maps API 提供了如表 8-3 所示的默认控件。

表 8-3　Maps API 默认控件

控 件	大 屏 幕	小 屏 幕	iQS	Android
缩放	大型缩放控件，适用于 400 × 350 像素以上的屏幕	小型缩放控件，适用于 400 × 350 像素以下的屏幕	不显示。缩放是通过两根手指的开合操作来实现的	"触摸"式控件
平移	对 400 × 350 像素以上的屏幕显示	对 400 × 350 像素以下的屏幕不显示	不显示。平移是通过触摸来实现的	不显示。平移是通过触摸来实现的
MapType	水平栏，适用于宽度 300 像素以上的屏幕	下拉菜单，适用于宽度 300 像素以下的屏幕	与大屏幕/小屏幕相同	与大屏幕/小屏幕相同
缩放	不显示	不显示	不显示	不显示

停用默认用户界面：若开发者不希望使用 API 的默认用户界面设置，可以执行"disableDefaultUI：true"语句。

（2）向地图添加控件

有些控件在默认情况下会出现在地图上，其他则只有在提出相关请求后才会出现在界面中。若开发者希望在默认界面的基础上增删控件，可以将以下 Map options 对象的字段设为 true 以显示相应控件，或者设为 false 以隐藏相应控件，从而通过这些字段指定向地图添加控件或从地图删除控件。

```
{
    panControl:boolean,
    zoomControl:boolean,
    mapTypeControl:boolean,
    scaleControl:boolean,
    streetViewControl:boolean,
    overviewMapControl:boolean
}
```

（3）控件选项

配置控件：有些控件是可以配置的，可以更改它们的行为或外观。请注意，如果确实想要修改任何控件选项，还应将相应的 MapOptions 值设为 true 以显式启用相关控件。

修改控件：可以在创建地图时，通过地图的 MapOptions 对象中的字段来指定控件的显示效果。

控件定位：每个控件选项都包含 position 属性（类型为 ControlPosition），该属性用于指明要在地图上放置相应控件的位置。控件的定位并不是绝对的；相反，API 会在给定的约束条件（例如地图大小）下，通过围绕现有地图元素或其他控件"流动"控件来以智能方式对控件进行布局。注意：虽然 API 会尝试以智能方式排列控件，但这并不能保证控件不会叠加给定的复杂布局。

下面的示例展示了一张简单的地图，其中启用了位于不同位置的所有控件。

```
function initialize( ) {
    var mapOptions = {
        zoom:12,
        center:new google. maps. LatLng( - 28. 643387,153. 612224),
        mapTypeId:google. maps. MapTypeId. ROADMAP,
        mapTypeControl:true,
        mapTypeControlOptions:{
            style:google. maps. MapTypeControlStyle. HORIZONTAL_BAR,
            position:google. maps. ControlPosition. BOTTOM_CENTER
        },
        panControl:true,
        panControlOptions:{
            position:google. maps. ControlPosition. TOP_RIGHT
        },
        zoomControl:true,
        zoomControlOptions:{
            style:google. maps. ZoomControlStyle. LARGE,
```

```
            position:google. maps. ControlPosition. LEFT_CENTER
        },
        scaleControl:true,
        scaleControlOptions:{
            position:google, maps. ControlPosition. TOP_LEFT
        },
        streetViewControl:true,
        streetViewControlOptions:{
            position:google. maps. ControlPosition. LEFT_TOP
        }
    }
    var map = new google. maps. Map( document. getElementById("map_canvas"),
        mapOptions);
}
```

（4）自定义控件

除了修改现有 API 控件的样式和位置外，开发者还可以自定义控件以处理与用户的交互操作。自定义控件的最佳实践参考准则：为待显示的控件元素定义适当的 CSS。针对地图属性更改用户事件（例如 click 事件），通过事件处理程序处理与用户或地图的交互。创建 <div> 元素以存储控件并将此元素添加到 Map 的 controls 属性中。

绘制自定义控件：控件的绘制依开发者而定，一般而言，所有的控件显示方式应放在单个 <div> 元素中，以便将控件作为一个单元进行处理。

处理自定义控件的事件：控件需要通过完成实际任务来体现其价值，任务的设定由开发者而定（控件可以响应用户的输入内容，也可以响应 Map 的状态变化）。Maps API 提供了一个跨浏览器的事件处理方法 addDomListener()，处理大多数受浏览器支持的 DOM 事件。以下代码段为浏览器的 click 事件添加了一个监听器。请注意，此事件是从 DOM（而非地图）接收的。

下面的示例综合了上面所示的模式。该控件通过使地图在某个默认位置上居中来响应 DOM click 事件，另外还包含了一个额外的 Set Home 按钮，它将控件设置为显示一个新首页位置。

```
//在该控件内创建了一个 home_ 属性以存储此状态
HomeControl. prototype. home_ = null;
//为该状态提供了获取函数和设置函数：
HomeControl. prototype. getHome = function( ) {
    return this. home_;
}
HomeControl. prototype. setHome = function(home) {
    this. home_ = home;
}
//调用按钮实现功能
function HomeControl( map,div,home) {
    var controlDiv = div;
    var control = this;
```

```
        control. home_ = home;
        controlDiv. style. padding = '5px ';

        var goHomeUI = document. createElement('div ');
        goHomeUI. title = 'Click to set the map to Home ';
        controlDiv. appendChild(goHomeUI);
        var goHomeText = document. createElement('div ');
        goHomeText. innerHTML = ' < strong > Home < /strong >';
        goHomeUI. appendChild(goHomeText);
        var setHomeUI = document. createElement('div ');
        setHomeUI. title = 'Click to set Home to the current center ';
        controlDiv. appendChild(setHomeUI);
        var setHomeText = document. createElement('div ');
        setHomeText. innerHTML = ' < strong > Set Home < /strong >';
        setHomeUI. appendChild(setHomeText);
        google. maps. event. addDomListener(goHomeUI,'click ',function( ) {
            var currentHome = control. getHome( );
            map. setCenter(currentHome);
        });
        google. maps. event. addDomListener(setHomeUI,'click ',function( ) {
            var newHome = map. getCenter( );
            control. setHome(newHome);
        });
    }
    function initialize( ) {
        var mapDiv = document. getElementById('map_canvas ');
        var mapOptions = {
            zoom:12,
            center:chicago,
            mapTypeId:google. maps. MapTypeId. ROADMAP
        }
        map = new google. maps. Map(mapDiv,mapOptions);
        var homeControlDiv = document. createElement('div ');
        var homeControl = new HomeControl(map,homeControlDiv,chicago);
        homeControlDiv. index = 1;
        map. controls[google. maps. ControlPosition. TOP_RIGHT]. push(homeControlDiv);
    }
```

6. 样式

（1）概述

通过借助样式化地图，开发者可以自定义 Google 标准基本地图的显示方式，更改道路、公园和建筑物区域等元素的视觉显示效果。以下两种方式可将样式应用到地图：

- MapOptions 对象的 styles 属性可用于更改标准地图类型的样式。
- 创建和定义 StyledMapType，并将其附加到地图。

以上两种方法都采用 MapTypeStyle 数组，其中每个数组都包含选择器和样式器。选择器用于指定要进行样式化应选择的地图组件，而样式器用于指定这些元素的视觉效果修改。

（2）样式语法

样式化地图使用以下两种概念对地图应用颜色和更改：

- 地图项，即可定位在地图上的地理元素，包括道路、公园、水体及其标签等。
- 样式器，即可应用到地图项的颜色和可见性属性，用于通过组合色相、色彩和亮度/灰度值来定义显示颜色。

系统会将由地图项和样式器组成的样式数组传递到默认地图的 MapOptions 对象或 StyledMapType 构造函数。该数组采用以下形式：

```
var stylesArray = [
  { featureType:'',
    elementType:'',
    stylers:[
      {hue:''} ,
      {saturation:''} ,
      {lightness:''} ,
    ]
  },
  {
    featureType:'',
    // etc...
  }
]
```

1）地图项。地图由道路或公园等一组地图项组成，这些地图项使用 MapTypeStyleFeatureType 进行指定。地图项类型构成类别树，以 all 为根。有关地图内可供选择的地图项的完整列表请参阅：

https://developers.google.com/maps/documentation/javascript/reference # MapTypeStyleFeatureType。

2）样式器。样式器是应用于地图项的 MapTypeStyler 类型的格式化选项。样式数组由地图项选择器和样式器规则组成。开发者可在一个数组中定位任意数量的地图项。以下示例将所有的地图项都转换为了灰色，然后将主干道几何图形设为蓝色，并完全隐藏商家标签。

```
var styleArray = [
  {
    featureType:"all" ,
    stylers:[
      { saturation: – 80 }
    ]
  },{
    featureType:"road. arterial" ,
    elementType:"geometry" ,
    stylers:[
      { hue:"#00ffee" },
      { saturation:50 }
    ]
  },{
    featureType:"poi. business" ,
    elementType:"labels" ,
    stylers:[
```

```
                  { visibility:"off" }
              ]
          }
      ];
```

（3）更改默认地图样式

要修改默认地图类型的样式（标签和道路的变化也会对地形和卫星地图产生影响），须在构造时或通过调用 setOptions（）在地图的 MapOptions 中设置样式数组。

以下示例降低了所有地图项的饱和度，并停用了道路上的标签。

```
var styles = [
  {
    stylers:[
      { hue:"#00ffe6" },
      { saturation: -20 }
    ]
  },{
    featureType:"road",
    elementType:"geometry",
    stylers:[
      { lightness:100 },
      { visibility:"simplified" }
    ]
  },{
    featureType:"road",
    elementType:"labels",
    stylers:[
      { visibility:"off" }
    ]
  }
];
map. setOptions( {styles:styles} )
```

（4）创建 StyledMapType

开发者可以创建要应用样式的新地图类型，只需创建 StyledMapType 并向构造函数传递相应的地图项和样式器信息即可。此方法不会对默认地图类型的样式产生影响。

创建新地图类型，须执行以下操作：

1）创建样式数组。

2）创建新的 google. maps. StyledMapType 对象，向其传递样式数组以及新地图类型的名称。

3）创建地图对象，并在地图选项的 mapTypeIds 数组中添加适用于新地图类型的标识符。

4）最后一步，将该标识符与新的样式化地图关联起来。

5）将该地图设为使用新地图类型。

以下示例显示了创建新地图类型的基本步骤。

```
function initialize( ) {
    // Create an array of styles.
    var styles = [
```

```
            {
                stylers:[
                    { hue:"#00ffe6" },
                    { saturation:-20 }
                ]
            },{
                featureType:"road",
                elementType:"geometry",
                stylers:[
                    { lightness:100 },
                    { visibility:"simplified" }
                ]
            },{
                featureType:"road",
                elementType:"labels",
                stylers:[
                    { visibility:"off" }
                ]
            }
        ];

    // Create a new StyledMapType object,passing it the array of styles,
    // as well as the name to be displayed on the map type control.
    var styledMap = new google. maps. StyledMapType(styles,
        {name:"Styled Map"});

    // Create a map object,and include the MapTypeId to add
    // to the map type control.
    var mapOptions = {
        zoom:11,
        center:new google. maps. LatLng(55. 6468,37. 581),
        mapTypeControlOptions:{
            mapTypeIds:[google. maps. MapTypeId. ROADMAP,'map_style']
        }
    };
    var map = new google. maps. Map(document. getElementById('map_canvas'),
        mapOptions);

    //Associate the styled map with the MapTypeId and set it to display.
    map. mapTypes. set('map_style',styledMap);
    map. setMapTypeId('map_style');
}
```

（5）样式化地图向导

手动创建样式并测试代码以查看其外观可能会花费大量时间。开发者可以改为使用样式化地图向导为地图样式设置 JSON。借助该向导,可以选择地图项及其元素,对这些地图项进行操作,并将样式保存为 JSON,以便将这些样式复制粘贴到应用中。

7. 叠加层

（1）叠加层概述

叠加层是地图上与纬度/经度坐标绑定的对象,会随用户拖动或缩放地图而移动。叠加层表示的是"添加"到地图中,以标明点、线、区域或对象集合的对象。

1)添加叠加层。叠加层通常在构造时添加到地图中。所有叠加层都会定义构造中所用的 Options 对象指定应显示叠加层的地图。可使用 setMap()方法或直接在该地图上添加叠加层。

2)移除叠加层。调用叠加层的 setMap()方法传递 null 参数可移除叠加层。要删除叠加层,应当先从地图上移除该叠加层,然后将其设为 null。若要管理一组叠加层,应当创建一个数组以存储这些叠加层。利用该数组,当需要移除叠加层时,就可以对该数组中的各个叠加层调用 setMap()(请注意,与 v2 不同,该版本中未提供 clearOverlays()方法,需要自行跟踪叠加层并在不需要时将其从地图移除)。可以从地图移除叠加层并将相应数组的 length 设为 0(此操作会移除对叠加层的所有引用),从而删除该叠加层。

以下示例会在单击地图时将标记放在地图上,然后将标记放入数组中。叠加层可在稍后清除、显示或删除。

```
var map;
var markersArray = [ ];
function initialize( ) {
  var haightAshbury = new google. maps. LatLng(37. 7699298, -122. 4469157);
  var mapOptions = {
    zoom:12,
    center:haightAshbury,
    mapTypeId:google. maps. MapTypeId. TERRAIN
  };
  map = new google. maps. Map(document. getElementById("map_canvas"),mapOptions);
  google. maps. event. addListener(map,'click',function(event) {
    addMarker(event. latLng);
  });
}
function addMarker(location) {
  marker = new google. maps. Marker({
    position:location,
    map:map
  });
  markersArray. push(marker);
}
// Removes the overlays from the map,but keeps them in the array
function clearOverlays( ) {
  if (markersArray) {
    for (i in markersArray) {
      markersArray[i]. setMap(null);
    }
  }
}
// Shows any overlays currently in the array
function showOverlays( ) {
  if (markersArray) {
    for (i in markersArray) {
      markersArray[i]. setMap(map);
    }
```

```
    }
  }
  // Deletes all markers in the array by removing references to them
  function deleteOverlays( ) {
    if ( markersArray ) {
      for ( i in markersArray ) {
        markersArray[ i ]. setMap( null );
      }
      markersArray. length = 0;
    }
  }
```

（2）符号

Symbol 是基于矢量的图片，可显示在 Marker 或 Polyline 对象上。符号是通过路径（使用 SVG 路径表示法）和一些用于控制符号显示方式的选项来定义的。一些预定义符号可通过 SymbolPath 类提供。path 是唯一必需的属性，而 Symbol 类支持多种属性，可自定义显示方面的设置（例如笔触、填充颜色和粗细）。

以下示例创建了一个星形符号，填充颜色为淡黄色，边框为深黄色。

```
var goldStar = {
  path:'M 125,5 155,90 245,90 175,145 200,230 125,180 50,230 75,145 5,90 95,90 z ',
  fillColor:"yellow",
  fillOpacity:0. 8,
  scale:1,
  strokeColor:"gold",
  strokeWeight:14
};
var marker = new google. maps. Marker( {
  position:new google. maps. LatLng( - 25. 363,131. 044),
  icon:goldStar,
  map:map
} );
```

Google Maps JavaScript API 提供了一些内置符号，可在标记或折线上显示。默认符号包含一个圆形和两种箭头。由于折线上符号的方向是固定的，因此向前和向后的箭头都可以使用。向前是指折线的终点方向。包含的符号如表 8-4 所示，开发者可以使用任意默认符号选项修改预定义符号的笔触或填充。

表 8-4　Google Maps JavaScript API 内置符号表

名　称	说　明	示　例
google. maps. SymbolPath. CIRCLE	圆形	O
google. maps. SymbolPath. BACKWARD_CLOSED_ARROW	各边封闭的向后箭头	∀
google. maps. SymbolPath. FORWARD_CLOSED_ARROW	各边封闭的向前箭头	▲
google. maps. SymbolPath. BACKWARD_OPEN_ARROW	一边开放的向后箭头	V
google. maps. SymbolPath. FORWARD_OPEN_ARROW	一边开放的向前箭头	∧

（3）标记

标记用于标识地图上的位置。默认情况下，标记会使用标准图标，不过也可以在标记的构造函数中或者通过对标记调用 setIcon( ) 来设置一个自定义图标。google. maps. Marker 构造函数采用一个 Marker options 对象常量来指定标记的初始属性。postion 和 map 两个字段尤为重要，且通常应在开发者构造标记时进行设置。

需要注意的是，应在 Marker 构造函数内指定要在哪个地图上添加标记。如果未指定此参数，就只能创建标记，而无法将其附加到地图上（或在地图上显示）。之后也可以调用标记的 setMap( ) 方法以添加该标记。要移除标记，请调用 setMap( ) 方法并传递 null 作为其参数。标记为可交互式。以下示例将一个简单的标记添加到澳大利亚中心区域的乌鲁鲁的地图上。

```
var myLatlng = new google. maps. LatLng( -25. 363882,131. 044922);
var mapOptions = {
    zoom:4,
    center:myLatlng,
    mapTypeId:google. maps. MapTypeId. ROADMAP
}
var map = new google. maps. Map( document. getElementById("map_canvas"),mapOptions);
var marker = new google. maps. Marker( {
    position:myLatlng,
    map:map,
    title:"Hello World!"
});
```

此 Marker 标题将会显示为工具提示。如果不想在标记的构造函数中传递任何 Marker options，请在相应构造函数的最后一个参数中传递一个空对象"{}"。标记通常有两种常用的实现方式，动画和自定义标记图片。

1）动画。标记也可以产生动画效果，以便它们在各种不同的环境中展现动态活动。标记的 animation 属性（类型为 google. maps. Animation）中指定了用于为标记添加动画的方法。系统目前支持 DROP 和 BOUNCE 两种 animation 值。

需要注意的是：在多个标记同时存在时，不应让所有标记同时掉落到地图上。可以利用 setTimeout( )，使用某种模式（类似于以下所示模式）来间隔显示标记的动画效果。

2）自定义标记图片。标记可以定义要显示的图标来取代默认的图标。注意，自定义的图标需要设置若干可定义标记视觉行为的属性。

（4）折线

Polyline 类用于定义地图上已连接线段的线性叠加层。Polyline 对象包含一组 LatLng 位置，并可绘制一系列线段，以便按顺序连接这些位置。

Polyline 构造函数采用一组 Polyline options（用于指定线的 LatLng 坐标）和一组样式（用于调整折线的视觉行为）。

折线用于指定一系列坐标作为一组 LatLng 对象。通过调用 Polyline 的 getPath( ) 可检索这些坐标，该方法将返回 MVCArray 类型数组。以下代码创建了一张交互式地图，其中的折线是根据用户的单击次数构造的。请注意，只有当折线的 path 属性包含两个 LatLng 坐标时，该折线才会显示。

```
        var poly;
        var map;
        function initialize() {
            var chicago = new google. maps. LatLng(41. 879535, -87. 624333);
            var mapOptions = {
                zoom:7,
                center:chicago,
                mapTypeId:google. maps. MapTypeId. ROADMAP
            };
            map = new google. maps. Map( document. getElementById('map_canvas'),mapOptions);
            var polyOptions = {
                strokeColor:'#000000',
                strokeOpacity:1. 0,
                strokeWeight:3
            }
            poly = new google. maps. Polyline( polyOptions);
            poly. setMap( map);
            // Add a listener for the click event
            google. maps. event. addListener( map,'click',addLatLng);
        }
        function addLatLng( event) {
            var path = poly. getPath();
            path. push( event. latLng);
            var marker = new google. maps. Marker( {
                position:event. latLng,
                title:'#' + path. getLength(),
                map:map
            });
        }
```

折线上的符号：可以采用符号的形式将基于矢量的图片添加到折线。设置 PolylineOptions 对象的 icons[] 属性可在折线上显示符号。icons[] 数组采用一个或多个 IconSequence 对象常量，定义如下：

1）icon（必填），表示要在线上呈现的图标。

2）offset，表示与要呈现图标所在的线起点的距离。

3）repeat，表示线上连续图标之间的距离。示例请参看官网的演示讲解：

https://developers. google. com/maps/documentation/javascript/overlays#PolylineSymbols。

（5）多边形

与 Polyline 对象类似，Polygon 对象也是由一系列有序坐标组成的。但多边形不像折线一样有两个端点，而是定义闭合区域。与折线类似的是，可以定义影响多边形轮廓的笔触；不同的是，多边形内的填充区域可自定义。此外，单个多边形可指定多条路径，Polygon 还可以展示复杂形状，包括不连续形状、圆环以及一个或多个多边形的交叉。

以下代码通过显示多边形的坐标信息，对多边形的单击事件进行了处理。

```
        var map;
        var infoWindow;
```

```
function initialize( ) {
    var myLatLng = new google. maps. LatLng( 24. 886436490787712 , -70. 2685546875 ) ;
    var mapOptions = {
        zoom:5 ,
        center:myLatLng,
        mapTypeId:google. maps. MapTypeId. TERRAIN
    } ;
    var bermudaTriangle;
    map = new google. maps. Map( document. getElementById( "map_canvas" ) ,
        mapOptions) ;
    var triangleCoords = [
        new google. maps. LatLng( 25. 774252 , -80. 190262 ) ,
        new google. maps. LatLng( 18. 466465 , -66. 118292 ) ,
        new google. maps. LatLng( 32. 321384 , -64. 75737 )
    ];
    bermudaTriangle = new google. maps. Polygon( {
        paths:triangleCoords,
        strokeColor:"#FF0000" ,
        strokeOpacity:0. 8 ,
        strokeWeight:3 ,
        fillColor:"#FF0000" ,
        fillOpacity:0. 35
    } ) ;
    bermudaTriangle. setMap( map) ;
    google. maps. event. addListener( bermudaTriangle ,'click ' ,showArrays) ;
    infowindow = new google. maps. InfoWindow( ) ;
}
function showArrays( event) {
    var vertices = this. getPath( ) ;
    var contentString = " < b > Bermuda Triangle Polygon </b > < br / >";
    contentString + = "Clicked Location: < br / >" + event. latLng. lat( ) + "," + event. latLng. lng( )
+ " < br / >";
    for ( var i = 0;i < vertices. length;i ++ ) {
        var xy = vertices. getAt( i) ;
        contentString + = " < br / >" + "Coordinate:" + i + " < br / >" + xy. lat( ) + "," + xy. lng( ) ;
    }
    infowindow. setContent( contentString) ;
    infowindow. setPosition( event. latLng) ;
    infowindow. open( map) ;
}
```

(6) 圆形和矩形

除了折线和多边形，JavaScript Maps API 还包含一些适用于圆形和矩形的特定类。

圆形与多边形类似，开发者可以自定义圆形边缘的颜色、粗细和透明度，以及封闭区域的颜色和透明度。与多边形不同的是，圆形不必设置路径；圆形有两个用于定义其形状的其他属性：center，用于指定圆心；radius，用于指定圆形的半径。此外，圆形的 editable 属性用于定义此形状是否在地图上为用户可修改的。

矩形与多边形类似，开发者可以自定义矩形边缘的颜色、粗细和透明度，以及封闭区域的颜色和透明度。颜色以十六进制数字表示。矩形也不需要定义路径，与圆形类似；此外，矩形还有一个用于定义其形状的 bounds 属性，用于指定矩形的 google. maps. LatLngBounds。另外，矩形的 editable 属性用于定义此形状是否在地图上为用户可修改的。

（7）用户可修改的形状

通过在形状选项中将 editable 设置为 true，可将任一形状的叠加层设为用户可修改。要将标记设为可拖动，请在标记选项中将 draggable 设为 true。

```
var circleOptions = {
    center:new google. maps. LatLng( - 34. 397,150. 644),
    radius:25000,
    map:map,
    editable:true
};
var circle = new google. maps. Circle( circleOptions);
```

1）修改事件。如果对形状进行了修改，那么系统会在修改完毕后触发相关事件，形状修改触发事件如表 8-5 所示。

表 8-5 形状修改触发事件列表

形　　状	事　　件
圆形	radius_changed、center_changed
多边形	insert_at、remove_at、set_at 监听器必须设置在多边形的路径上。如果多边形有多条路径，那么每条路径上都设置监听器
折线	insert_at、remove_at、set_at 监听器必须设置在折现的路径上
矩形	bounds_changed

2）绘图库。本文档中的概念仅适用于 google. maps. drawing 库中提供的地图项。默认情况下，系统在加载 Maps JavaScript API 时不会加载该库，开发者必须使用 libraries 引导程序参数进行明确指定。

DrawingManager 类提供了一个图形界面，以供用户在地图上绘制多边形、矩形、折线、圆形和标记。DrawingManager 对象以如下方式创建。

```
var drawingManager = new google. maps. drawing. DrawingManager( );
drawingManager. setMap( map);
```

DrawingManager 选项：其构造函数采用一组选项，以定义要显示的控件集、控件的位置以及初始绘图状态。

```
var drawingManager = new google. maps. drawing. DrawingManager( {
    drawingMode:google. maps. drawing. OverlayType. MARKER,
    drawingControl:true,
    drawingControlOptions: {
        position:google. maps. ControlPosition. TOP_CENTER,
        drawingModes: [ google. maps. drawing. OverlayType. MARKER, google. maps. drawing. Overlay-
        Type. CIRCLE]
```

```
    },
    markerOptions: {
        icon: new google. maps. MarkerImage('http://www. example. com/icon. png')
    },
    circleOptions: {
        fillColor: '#ffff00',
        fillOpacity: 1,
        strokeWeight: 5,
        clickable: false,
        zIndex: 1,
        editable: true
    }
});
drawingManager. setMap(map);
```

更新绘图工具控件：创建 DrawingManager 对象后，可调用 setOptions() 并传递新的值，以进行更新。

```
drawingManager. setOptions({
    drawingControlOptions: {
        position: google. maps. ControlPosition. BOTTOM_LEFT,
        drawingModes: [google. maps. drawing. OverlayType. MARKER]
    }
});
```

绘图事件：创建形状叠加层后，会触发以下两个事件：

overlaycomplete 事件，对相应叠加层的引用会作为参数进行传递，这个事件包含 OverlayType 和对相应叠加层的引用的对象常量会作为参数进行传递。

```
google. maps. event. addListener(drawingManager, 'circlecomplete', function(circle) {
    var radius = circle. getRadius();
});
google. maps. event. addListener(drawingManager, 'overlaycomplete', function(event) {
    if (event. type == google. maps. drawing. OverlayType. CIRCLE) {
        var radius = event. overlay. getRadius();
    }
});
```

（8）信息窗口

InfoWindow 用于在地图上方以浮动窗口的形式显示内容。单击 Google 地图上的商户标记后，就可以看到活动的信息窗口了。

以下代码显示了澳大利亚中心位置的标记。单击该标记可显示信息窗口。

```
var myLatlng = new google. maps. LatLng( -25. 363882,131. 044922);
var mapOptions = {
    zoom: 4,
    center: myLatlng,
    mapTypeId: google. maps. MapTypeId. ROADMAP
```

```
                    }
        var map = new google. maps. Map( document. getElementById( "map_canvas") ,mapOptions) ;
        var contentString = ' < div id = " content" > ' +
            ' < div id = " siteNotice" > ' +
            ' </div > ' +
            ' < h2 id = " firstHeading" class = " firstHeading" > Uluru </h2 > ' +
            ' < div id = " bodyContent" > ' +
            ' < p > < b > Uluru </b > ,also referred to as < b > Ayers Rock </b > ,is a large ' +
            'sandstone rock formation in the southern part of the ' +
            'Northern Territory,central Australia. It lies 335 km (208 mi) ' +
            'south west of the nearest large town,Alice Springs;450 km ' +
            '(280 mi) by road. Kata Tjuta and Uluru are the two major ' +
            'features of the Uluru – Kata Tjuta National Park. Uluru is ' +
            'sacred to the Pitjantjatjara and Yankunytjatjara,the ' +
            'Aboriginal people of the area. It has many springs,waterholes,' +
            'rock caves and ancient paintings. Uluru is listed as a World ' +
            'Heritage Site. </p > ' +
            ' < p > Attribution:Uluru, < a href = " http://en. wikipedia. org/w/index. php? title = Uluru&oldid
= 297882194" > ' +
            'http://en. wikipedia. org/w/index. php? title = Uluru </a > (last visited June 22,2009). </p
> ' +
            ' </div > ' +
            ' </div > ';
        var infowindow = new google. maps. InfoWindow( {
            content:contentString
        });
        var marker = new google. maps. Marker( {
            position:myLatlng,
            map:map,
            title:" Uluru (Ayers Rock)"
        });
        google. maps. event. addListener( marker,'click ',function( ) {
            infowindow. open( map,marker) ;
        });
```

(9) 地面叠加层

多边形在表示不规则的区域时很有用，但不能显示图片。要在地图上放置一张图片，可使用 GroundOverlay 对象。GroundOverlay 的构造函数指定图片的网址和 LatLngBounds 作为参数。图片将在地图上的给定边界内呈现，并与地图的投影一致。

以下示例将新泽西州纽瓦克的一幅老地图作为叠加层放在地图上。

```
        var newark = new google. maps. LatLng(40. 740 , – 74. 18) ;
        var imageBounds = new google. maps. LatLngBounds(
            new google. maps. LatLng(40. 716216 , – 74. 213393) ,
            new google. maps. LatLng(40. 765641 , – 74. 139235)) ;
        var mapOptions = {
            zoom:13 ,
            center:newark ,
            mapTypeId:google. maps. MapTypeId. ROADMAP
```

```
    }
    var map = new google. maps. Map( document. getElementById( "map_canvas" ) ,mapOptions) ;
    var oldmap = new google. maps. GroundOverlay(
        "http://www. lib. utexas. edu/maps/historical/newark_nj_1922. jpg" ,
        imageBounds) ;
    oldmap. setMap( map) ;
```

（10）自定义叠加层

Google Maps API v3 提供了用于创建自定义叠加层的 OverlayView 类。OverlayView 是一个基类，可提供在创建叠加层时必须实现的若干方法。该类还提供了一些方法，用于实现屏幕坐标和地图位置之间的转换。要创建自定义叠加层，请执行以下操作：

1）将自定义对象的 prototype 设置为 google. maps. OverlayView( ) 的新实例。

2）为自定义叠加层创建构造函数，并将所有初始化参数都设置为自定义属性。

3）在原型中实现 onAdd( ) 方法，以将叠加层附加到地图。

4）在原型中实现 draw( ) 方法，以处理对象的视觉显示。

5）实现 onRemove( ) 方法，以清理叠加层中添加的所有元素。

叠加层的子类化：下面将会使用 OverlayView 创建简单的图片叠加层。示例中将创建一个 USGSOverlay 对象，其中包含了相关区域的 USGS 图片以及该图片的边界。

```
    var overlay;
    function initialize( ) {
      var myLatLng = new google. maps. LatLng( 62. 323907 , - 150. 109291) ;
      var mapOptions = {
        zoom:11 ,
        center:myLatLng ,
        mapTypeId:google. maps. MapTypeId. SATELLITE
      } ;
      var map = new google. maps. Map( document. getElementById( "map_canvas" ) ,mapOptions) ;
      var swBound = new google. maps. LatLng( 62. 281819 , - 150. 287132) ;
      var neBound = new google. maps. LatLng( 62. 400471 , - 150. 005608) ;
      var bounds = new google. maps. LatLngBounds( swBound ,neBound) ;
      var srcImage = 'images/talkeetna. png ';
      overlay = new USGSOverlay( bounds ,srcImage ,map) ;
    }
```

接下来，将创建一个该类的构造函数，并将已传递的参数初始化为新对象的属性。此外，还需要显式地将 OverlayView 中的 USGSOverlay 子类化。

```
    function USGSOverlay( bounds ,image ,map) {
      this. bounds_ = bounds ;
      this. image_ = image ;
      this. map_ = map ;
      this. div_ = null ;
      this. setMap( map) ;
    }
    USGSOverlay. prototype = new google. maps. OverlayView( ) ;
```

目前，还无法在叠加层的构造函数中将此叠加层附加到地图上。具体而言，需要确保所有的地图窗格（用于指定对象在地图上的显示顺序）都可用。

初始化叠加层：当叠加层完成首次实例化并处于准备显示状态时，需要通过浏览器的 DOM 将其附加到地图。一组 MapPanes 类型的窗格用于指定不同的层在地图上的堆叠顺序。可以使用以下窗格，并按以下枚举顺序（由下至上，第一个窗格在最下面）堆叠这些窗格：

```
MapPanes. mapPane
MapPanes. overlayLayer
MapPanes. overlayShadow
MapPanes. overlayImage
MapPanes. floatShadow
MapPanes. overlayMouseTarget
MapPanes. floatPane
```

由于图片为"地面叠加层"，因此将会使用 overlayLayer 地图窗格。创建该窗格后，将以子对象的形式向其附加对象。

```
USGSOverlay. prototype. onAdd = function( ) {
    var div = document. createElement('div' );
    div. style. border = "none";
    div. style. borderWidth = "0px";
    div. style. position = "absolute";
    var img = document. createElement("img");
    img. src = this. image_;
    img. style. width = "100%";
    img. style. height = "100%";
    div. appendChild(img);
    this. div_ = div;
    var panes = this. getPanes( );
    panes. overlayLayer. appendChild(div);
}
```

绘制叠加层：在上述操作中，实际上并未调用任何特殊的视觉显示。每当需要在地图上绘制叠加层时（包括首次添加叠加层时），API 都会对叠加层调用独立的 draw( )方法。因此，应实现此 draw( )方法，然后使用 getProjection( )检索叠加层的 MapCanvasProjection，并计算对象的右上角和左下角锚定点的准确坐标，从而重新调整 <div> 的大小；同时，此操作还可重新调整图片的大小，以使其与在叠加层的构造函数中所指定的范围相匹配。

```
USGSOverlay. prototype. draw = function( ) {
    var overlayProjection = this. getProjection( );
    var sw = overlayProjection. fromLatLngToDivPixel(this. bounds_. getSouthWest( ));
    var ne = overlayProjection. fromLatLngToDivPixel(this. bounds_. getNorthEast( ));
    var div = this. div_;
    div. style. left = sw. x + 'px ';
    div. style. top = ne. y + 'px ';
    div. style. width = (ne. x – sw. x) + 'px ';
    div. style. height = (sw. y – ne. y) + 'px ';
}
```

删除叠加层：还会添加 onRemove（）方法，以便从地图中彻底删除叠加层。如果之前将叠加层的 map 属性设为了 null，那么系统将会自动通过 API 调用此方法。

```
USGSOverlay. prototype. onRemove = function( ) {
    this. div_. parentNode. removeChild( this. div_);
    this. div_ = null;
}
```

隐藏和显示叠加层：隐藏或显示（而不只是创建或删除）叠加层可以通过定义自己的 hide()和 show()方法来实现。此外，开发者也可以将叠加层与地图的 DOM 分离，不过此操作的成本略高。请注意，如果将叠加层重新附加到了地图的 DOM，那么系统将会重新调用叠加层的 onAdd()方法。

以下示例介绍了如何将 hide() 和 show() 方法添加到叠加层的原型，以切换容器 < div > 的可见性。此外，示例中还添加了 toogleDOM() 方法，该方法可将叠加层附加到地图，或将两者分离开来。需要注意的是，如果将可见性设为 "hidden"，那么系统会通过 toggleDOM() 将地图与 DOM 分离；如果稍后重新附加了地图，那么叠加层会再次显示出来，这是因为利用叠加层的 onAdd() 方法重新创建了其中所包含的 < div >。

```
USGSOverlay. prototype. hide = function( ) {
    if ( this. div_) {
        this. div_. style. visibility = "hidden" ;
    }
}

USGSOverlay. prototype. show = function( ) {
    if ( this. div_) {
        this. div_. style. visibility = "visible" ;
    }
}

USGSOverlay. prototype. toggle = function( ) {
    if ( this. div_) {
        if ( this. div_. style. visibility == "hidden" ) {
            this. show( );
        } else {
            this. hide( );
        }
    }
}

USGSOverlay. prototype. toggleDOM = function( ) {
    if ( this. getMap( )) {
        this. setMap( null) ;
    } else {
        this. setMap( this. map_) ;
    }
}

< div id = "toolbar" width = "100% ;height:20px;" style = "text − align:center" >
    < input type = "button" value = "Toggle Visibility" onclick = "overlay. toggle( );" > </input >
    < input type = "button" value = "Toggle DOM Attachment" onclick = "overlay. toggleDOM( );" >
</input >
```

```
</div>
<div id="map_canvas" style="width:100%;height:95%;"></div>
```

8. 图层

（1）图层概述

图层是地图上的对象，包含一个或多个单独项，但可作为一个整体进行操作。图层通常反映了添加到地图上用于指定公共关联的对象集合。

（2）KML 和 GeoRSS 图层

Google Maps API 支持采用 KML（Keyhole 标记语言）和 GeoRSS（一种描述和查明互联网内容所在物理位置的方法）数据格式来显示地理信息。这些数据格式使用 KmlLayer 对象显示在地图上，其构造函数采用可公开访问的 KML 或 GeoRSS 文件的网址。Maps API 会将提供的地理 XML 数据转换为 KML 表现形式，该表现形式可使用第三版图块叠加层显示在地图上。

由于 KML 可包括大量地图项，因此可能无法直接访问 KmlLayer 对象中的地图项数据。相反，在显示地图项时，系统会将其呈现为与可单击的 Maps API 叠加层类似。默认情况下，单击单个地图项即可显示 InfoWindow，其中包含给定地图项的 KML <title> 和 <description> 信息。KmlFeatureData 对象示例如下所示。

```
{
    author:{
        email:"nobody@ google. com",
        name:"Mr Nobody",
        uri:"http://example. com"
    },
    description:"description",
    id:"id",
    infoWindowHtml:"html",
    name:"name",
    snippet:"snippet"
}
```

以下示例显示了单击地图项时，一侧 <div> 中的 KML 地图项 <Description> 文本：

```
var myLatLng = new google. maps. LatLng(40. 65, -73. 95);
var mapOptions = {
    zoom:12,
    center:myLatLng,
    mapTypeId:google. maps. MapTypeId. ROADMAP
}
var map = new google. maps. Map(document. getElementById("map_canvas"),mapOptions);
var nyLayer = new google. maps. KmlLayer(
    'http://www. searcharoo. net/SearchKml/newyork. kml ',
        {suppressInfoWindows:true});
nyLayer. setMap(map);
google. maps. event. addListener(nyLayer,'click ',function(kmlEvent) {
    var text = kmlEvent. featureData. description;
    showInDiv(text);
});
```

262

```
function showInDiv(text) {
    var sidediv = document.getElementById('contentWindow');
    sidediv.innerHTML = text;
}
```

(3) 热图图层

此部分中的概念仅适用于 google. maps. visualization 库中提供的地图项。默认情况下，系统在加载 Maps JavaScript API 时不会加载该库，必须使用 libraries 引导程序参数进行明确指定。

Google Maps JavaScript API 既可以通过热图图层在客户端呈现热图数据，也可以通过 Fusion Table 在服务器端呈现热图数据。这两种方法之间的一些关键区别见表 8-6。

表 8-6　热图图层与 Fusion Table 图层区别列表

热 图 图 层	Fusion Table 图层
大量的数据点可能导致性能低下	数据点增多不会对性能造成什么影响
通过更改如下选项，能够自定义热图的外观：颜色渐变、数据点半径以及各数据点的强度	无法自定义热图的外观
能够控制热图数据是否在较高的缩放级别下消失	所有热图数据都会在用户进行放大时消失
数据可以通过 HTML 存储、存储在服务器上或者实时计算。数据可在运行时更改	所有数据都必须存储在 Fusion Table 中。在运行时无法轻易更改数据

要添加热图，必须首先新建一个 HeatmapLayer 对象，并以数组或 MVCArray[] 对象的形式为其提供一些地理数据。这些数据可以是 LatLng 对象，也可以是 WeightedLocation 对象。将 HeatmapLayer 对象实例化后，通过调用 setMap() 方法将该对象添加到地图中。

以下示例向旧金山的地图中添加了 14 个数据点。

```
var heatmapData = [
    new google. maps. LatLng(37.782, -122.447),
    new google. maps. LatLng(37.782, -122.445),
    new google. maps. LatLng(37.782, -122.443),
    new google. maps. LatLng(37.782, -122.441),
    new google. maps. LatLng(37.782, -122.439),
    new google. maps. LatLng(37.782, -122.437),
    new google. maps. LatLng(37.782, -122.435),
    new google. maps. LatLng(37.785, -122.447),
    new google. maps. LatLng(37.785, -122.445),
    new google. maps. LatLng(37.785, -122.443),
    new google. maps. LatLng(37.785, -122.441),
    new google. maps. LatLng(37.785, -122.439),
    new google. maps. LatLng(37.785, -122.437),
    new google. maps. LatLng(37.785, -122.435)
];
var sanFrancisco = new google. maps. LatLng(37.774546, -122.433523);
map = new google. maps. Map(document. getElementById('map_canvas'), {
    center: sanFrancisco,
    zoom: 13,
    mapTypeId: google. maps. MapTypeId. SATELLITE
});
```

```
var heatmap = new google. maps. visualization. HeatmapLayer( {
    data:heatmapData
} );
heatmap. setMap( map);
```

1）添加加权数据点。热图既可以呈现 LatLng( ) 和 WeightedLocation 对象中的任一个，也可以呈现这两者的组合。这两个对象都代表地图上的单个数据点，但是 WeightedLocation 对象可额外指明该数据点的权重。对数据点加权后，WeightedLocation 会以高于简单 LatLng 对象的强度进行呈现。在执行以下操作时，使用 WeightedLocation 对象代替 LatLng 会很有用：

- 在单个位置添加大量数据。
- 根据任意值对数据加以强调。

例如，在绘制地震数据时可以使用 LatLng 对象，但在测量各地震的里氏震级时应使用 WeightedLocation。

```
var heatMapData = [
    {location:new google. maps. LatLng(37. 782, -122. 447),weight:0. 5},
    new google. maps. LatLng(37. 782, -122. 445),
    {location:new google. maps. LatLng(37. 782, -122. 443),weight:2},
    {location:new google. maps. LatLng(37. 782, -122. 441),weight:3},
    {location:new google. maps. LatLng(37. 782, -122. 439),weight:2},
    new google. maps. LatLng(37. 782, -122. 437),
    {location:new google. maps. LatLng(37. 782, -122. 435),weight:0. 5},
    {location:new google. maps. LatLng(37. 785, -122. 447),weight:3},
    {location:new google. maps. LatLng(37. 785, -122. 445),weight:2},
    new google. maps. LatLng(37. 785, -122. 443),
    {location:new google. maps. LatLng(37. 785, -122. 441),weight:0. 5},
    new google. maps. LatLng(37. 785, -122. 439),
    {location:new google. maps. LatLng(37. 785, -122. 437),weight:2},
    {location:new google. maps. LatLng(37. 785, -122. 435),weight:3}
];
var sanFrancisco = new google. maps. LatLng(37. 774546, -122. 433523);
map = new google. maps. Map( document. getElementById('map_canvas'), {
    center:sanFrancisco,
    zoom:13,
    mapTypeId:google. maps. MapTypeId. SATELLITE
} );
var heatmap = new google. maps. visualization. HeatmapLayer( {
    data:heatMapData
} );
heatmap. setMap( map);
```

2）自定义热图图层。以下热图选项可用于自定义热图的呈现方式。

- dissipating：指定热图是否在缩放时消失。默认值为 false。
- gradient：热图的颜色渐变，以 CSS 颜色字符串数组的形式指定。
- maxIntensity：热图的最大强度。
- radius：各个数据点的影响半径，单位为像素。
- opacity：热图的透明度，以 0 到 1 之间的数字表示。

（4）Fusion Table 图层（实验性）

Google Maps API 可使用 FusionTablesLayer 对象将 Google Fusion Tables 中包含的数据呈现为地图上的图层。Google Fusion Table 是一种数据库表格，其中每行都包含特定地图项的相关数据。

注意限制：可使用 Maps API 向地图添加最多 5 个 Fusion Tables 图层，其中一个图层可使用最多 5 个样式化规则进行样式化。此外，查询结果中仅会映射或包含表格中的前 100,000 行数据。使用空间预测的查询仅会返回这前 100,000 行中的数据。在导入或插入数据时，一个 API 调用中发送的数据总量上限为 1MB。Fusion Table 中的数据单元格最多可支持 1,000,000 个字符；有时，开发者可能需要降低坐标的精确度或简化多边形或线段描述。每个表格所支持的顶点数量上限为 5,000,000 个。

1）Fusion Table 设置。Fusion Tables 是数据表格，可提供内置的地理数据支持。

2）构建 FusionTables 图层。FusionTablesLayer 构造函数可使用表格的加密 ID 通过公开 Fusion Table 创建图层，在 Fusion Tables 用户界面中选择"文件"和"关于"即可找到该 ID。要向地图添加 Fusion Tables 图层，请先创建图层，然后传递带 select 和 from 两个属性的 query 对象。然后，将图层的 map 设为自己的 Map 对象，就像其他任何的叠加层一样。以下示例使用公开的 Fusion Table 显示了 2009 年芝加哥发生凶杀的地点：

```
var chicago = new google. maps. LatLng(41. 850033, - 87. 6500523);
map = new google. maps. Map(document. getElementById('map_canvas'), {
  center:chicago,
  zoom:12,
  mapTypeId:'roadmap'
});
var layer = new google. maps. FusionTablesLayer({
  query:{
    select:'Geocodable address',
    from:'1mZ53Z70NsChnBMm - qEYmSDOvLXgrreLTkQUvvg'
  },
});
layer. setMap(map);
```

3）Fusion Table 查询。Fusion Tables 还有强大的查询功能，该功能可根据指定标准对结果进行限制。

以下示例显示了芝加哥高速运输管理局（CTA）的红线地铁的沿线站点中，工作日的乘坐人数超过 5000 人次的站点：

```
var chicago = new google. maps. LatLng(41. 948766, - 87. 691497);
map = new google. maps. Map(document. getElementById('map_canvas'), {
  center:chicago,
  zoom:12,
  mapTypeId:'roadmap'
});
var layer = new google. maps. FusionTablesLayer({
  query:{
    select:'address',
    from:'1d7qpn60tAvG4LEg4jvClZbc1ggp8fIGGvpMGzA',
```

```
        where:'ridership > 5000 '
      }
   });
   layer. setMap( map) ;
```

4）Fusion Table 样式。Fusion Tables 图层构造函数接受不同的参数，以便向线和多边形设定颜色、笔触粗细度和透明度。也可以通过支持的图标记或图标名称来指定标记图标。在每张地图中，仅可将样式应用于一个 Fusion Tables 图层，最多可向该图层使用5种样式。样式的应用优先级高于 Fusion Tables 网络界面中所指定的任何样式。

styles 参数使用了以下语法：

```
styles: [ {
   where: 'column_name condition' ,
   markerOptions: {
      iconName:" supported_icon_name"
   },
   polygonOptions: {
      fillColor:" #rrggbb" ,
      strokeColor:" #rrggbb" ,
      strokeWeight:" int"
   },
   polylineOptions: {
      strokeColor:" #rrggbb" ,
      strokeWeight:" int"    }
}, {
   where: . . .
   . . .
} ]
```

以下示例显示了：

- 默认样式，其中将所有多边形设为绿色，透明度级别设为 0.3。
- 将"鸟类"列超过 300 的所有多边形设为蓝色，并保留默认样式设置的透明度级别。
- 将"人口"列超过 5 的所有多边形的透明度级别设为 1.0，并保留其 fillColor 值。

```
var australia = new google. maps. LatLng( -25,133) ;
map = new google. maps. Map( document. getElementById('map_canvas') , {
   center: australia,
   zoom: 4,
   mapTypeId: google. maps. MapTypeId. ROADMAP
});
layer = new google. maps. FusionTablesLayer( {
   query: {
      select: 'geometry' ,
      from: '1ertEwm - 1bMBhpEwHhtNYT47HQ9k2ki_6sRa - UQ'
   },
   styles: [ {
      polygonOptions: {
         fillColor:" #00FF00" ,
         fillOpacity: 0. 3
      }
```

```
    },{
      where:"birds > 300",
      polygonOptions:{
        fillColor:"#0000FF"
      }
    },{
      where:"population > 5",
      polygonOptions:{
        fillOpacity:1.0
      }
    }]
  });
  layer.setMap(map);
```

5) Fusion Table 热图。Fusion Tables 还对热图提供一定的支持,并会以一组不同的颜色来表示匹配位置的密度。以下示例使用热图显示了巴西海岸的指定海滩:

```
var brazil = new google.maps.LatLng( -18.771115, -42.758789);
map = new google.maps.Map(document.getElementById('map_canvas'),{
  center: brazil,
  zoom: 5,
  mapTypeId: google.maps.MapTypeId.ROADMAP
});
layer = new google.maps.FusionTablesLayer({
  query: {
    select: 'LATITUDE',
    from: '0ILwUgu7vj0VSZnVzaW9udGFibGVzOjEzNjcwNQ'
  },
  heatmap: {
    enabled: true
  }
});
layer.setMap(map);
```

（5）路况图层

在 Google Maps API 中,可以使用 TrafficLayer 对象向地图添加实时路况信息,路况信息会在提出请求时提供。

```
var myLatLng = new google.maps.LatLng(34.04924594193164, -118.24104309082031);
var mapOptions = {
  zoom: 13,
  center: myLatLng,
  mapTypeId: google.maps.MapTypeId.ROADMAP
}
var map = new google.maps.Map(document.getElementById("map_canvas"),mapOptions);
var trafficLayer = new google.maps.TrafficLayer();
trafficLayer.setMap(map);
```

（6）公交图层

Google Maps API 可使用 TransitLayer 对象在地图上显示某个城市的公交网络。以下示例在伦敦的地图上显示了支持的公交图层：

```
var myLatlng = new google. maps. LatLng(51. 501904, -0. 115871);
var mapOptions = {
  zoom: 13,
  center: myLatlng,
  mapTypeId: google. maps. MapTypeId. ROADMAP
}
var map = new google. maps. Map( document. getElementById("map_canvas"),mapOptions);
var transitLayer = new google. maps. TransitLayer( );
transitLayer. setMap(map);
```

（7）骑行图层

在 Google Maps API 中，可使用 BicyclingLayer 对象向地图添加骑行信息。以下示例在马萨诸塞州剑桥的地图上显示了支持的骑行图层：

```
var myLatLng = new google. maps. LatLng(42. 3726399, -71. 1096528);
var mapOptions = {
  zoom: 14,
  center: myLatLng,
  mapTypeId: google. maps. MapTypeId. ROADMAP
}
var map = new google. maps. Map( document. getElementById("map_canvas"),mapOptions);
var bikeLayer = new google. maps. BicyclingLayer( );
bikeLayer. setMap( map);
```

在这个示例当中的地图图层上，深绿色路线表示专用的骑行路线。浅绿色路线表示有专用"自行车车道"的街道。虚线路线表示不建议骑行的街道或路径。

（8）天气和云况图层（库）

此部分中的概念仅适用于 google. maps. weather 库中提供的地图项。默认情况下，系统在加载 Maps JavaScript API 时不会加载该库，所以必须使用 libraries 引导程序参数进行明确指定。

```
google. maps. event. addListener( weatherLayer,'click',function( e) {
  alert('The current temperature at ' + e. featureDetails. location +'is '
        + e. featureDetails. current. temperature +'degrees. ');
});
```

以下示例启用了云况和天气图层，并将默认单位设为华氏度。

```
var mapOptions = {
  zoom: 6,
  center: new google. maps. LatLng(49. 265984, -123. 127491),
  mapTypeId: google. maps. MapTypeId. ROADMAP
};
var map = new google. maps. Map( document. getElementById("map_canvas"),
    mapOptions);
var weatherLayer = new google. maps. weather. WeatherLayer( {
```

```
        temperatureUnits: google. maps. weather. TemperatureUnit. FAHRENHEIT
    });
    weatherLayer. setMap(map);
    var cloudLayer = new google. maps. weather. CloudLayer();
    cloudLayer. setMap(map);
```

(9) Panoramio 图层（库）

此部分中的概念仅适用于 google. maps. panoramio 库中提供的地图项。

1）使用 PanoramioLayer 对象。可使用 PanoramioLayer 对象将 Panoramio 中的照片添加为地图的图层。以下示例显示了华盛顿州西雅图的 Panoramio 图层。每单击一张照片，右侧面板中就会增加一个指向 Panoramio 照片页的链接。

```
var fremont = new google. maps. LatLng(47. 651743, -122. 349243);
var mapOptions = {
  zoom: 16,
  center: fremont,
  mapTypeId: google. maps. MapTypeId. ROADMAP
};
var map = new google. maps. Map(
    document. getElementById("map_canvas"),
    mapOptions);
var panoramioLayer = new google. maps. panoramio. PanoramioLayer();
panoramioLayer. setMap(map);
google. maps. event. addListener(panoramioLayer,'click',function(event) {
  var photoDiv = document. getElementById('photoPanel');
    var    attribution    =    document. createTextNode    (event. featureDetails. title    +   ":"   +
event. featureDetails. author);
  var br = document. createElement("br");
  var link = document. createElement("a");
  link. setAttribute("href",event. featureDetails. url);
  link. appendChild(attribution);
  photoDiv. appendChild(br);
  photoDiv. appendChild(link);
});
```

2）按标记或用户 ID 限制照片。可将要显示在 PanoramioLayer 上的照片组限制为与特定文本标记或特定用户相匹配的照片。以下示例显示了未经标记过滤的纽约港口的地图。在输入字段中输入文字，然后使用 setTag() 方法应用过滤器。

```
var panoramioLayer;
function initialize() {
  var nyHarbor = new google. maps. LatLng(40. 693134, -74. 031028);
  var mapOptions = {
    zoom: 15,
    center: nyHarbor,
    mapTypeId: google. maps. MapTypeId. ROADMAP
  };
  var map = new google. maps. Map(
```

```
            document. getElementById("map_canvas"),
            mapOptions);
        panoramioLayer = new google. maps. panoramio. PanoramioLayer();
        panoramioLayer. setMap(map);
    }
    function getTaggedPhotos() {
        var tagFilter = document. getElementById('tag'). value;
        panoramioLayer. setTag(tagFilter);
    }
```

3）使用 Panoramio Widget API。可使用 Panoramio Widget API 在 PanoramioWidget 对象内显示图片。以下示例借助 Panoramio Widget API 使用 Panoramio 图片填充了信息窗口。

```
var photoDiv = document. createElement("div");
photoDiv. style. width ='640px';
photoDiv. style. height ='500px';
var photoWidgetOptions = {
  'width': parseFloat(photoDiv. style. width),
  'height': parseFloat(photoDiv. style. height)
};
var photoWidget = new panoramio. PhotoWidget(photoDiv, null, photoWidgetOptions);
var monoLake = new google. maps. LatLng(37. 973432, -119. 093170);
var mapOptions = {
  zoom: 11,
  center: monoLake,
  mapTypeId: google. maps. MapTypeId. ROADMAP
};
var map = new google. maps. Map(
    document. getElementById("map_canvas"),
    mapOptions);
var photoWindow = new google. maps. InfoWindow();
var panoramioOptions = {
  suppressInfoWindows: true
}
var panoramioLayer = new google. maps. panoramio. PanoramioLayer(panoramioOptions);
panoramioLayer. setMap(map);
google. maps. event. addListener(panoramioLayer,'click',function(event) {
    var photoRequestOptions = {
      ids: [{'photoId': event. featureDetails. photoId,
              'userId': event. featureDetails. userId} ]
    }
    photoWidget. setRequest(photoRequestOptions);
    photoWidget. setPosition(0);
    photoWindow. setPosition(event. latLng);
    photoWindow. open(map);
    photoWindow. setContent(photoDiv);
});
```

8.5 Google CardBoard 谷歌虚拟现实技术

Cardboard 是 Google 推出的一款虚拟现实（Virtual Reality，VR）眼镜，Google 希望可以

通过它来让每个人都能体验到虚拟现实。它的构造非常简单，通身用纸板构造，再加上一个皮筋、两片透镜，两片魔术贴，一个 NFC（近距离无线通信技术）贴纸和两块磁铁就能组装好，可以上 Google 的官网去购买，也可以自己寻找材料制作。

8.5.1 Google CardBoard 简介

一个简单的外壳，如图 8-42 所示，就能使手机变成虚拟现实的一个接听器，开发人员也可以构建属于自己的程序，使每个人都能身临其境地感受数字体验。

8.5.2 手机软件安装

进入 https://play.google.com/store/apps/details? id = com.google.samples.apps.cardboarddemo 下载 Android App（需要购买）。

这个应用程序有如下逼真的演示功能。

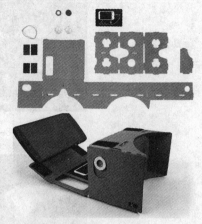

图 8-42　Google Cardboard 零件
与组装示意图

- 地球：带你在谷歌地球中游览。
- 导游：像一个当地导游一样带你环游凡尔赛宫。
- YouTube：在一个巨大的屏幕上观看流行的 YouTube 视频。
- 展览：可以从各个角度观看文物。
- 照片球体：能环顾拍摄的照片的球体。
- 街景：能在一个夏日驱车环绕巴黎。
- 刮风天：进入一个互动的情境。

8.5.3 开发纸板项目——寻宝

纸板项目的目的是开发廉价的虚拟现实工具，让大家用一个简单、有趣的方式欣赏虚拟现实。虚拟现实工具包就可以让开发人员熟悉开放图形库（Open Graphics Library，Open-GL），能快速启动并创建虚拟现实应用。这个工具包简化了许多常见的虚拟现实开发任务，其中包括：

- 镜头畸变校正。
- 头部跟踪。
- 3D 校准。
- 侧并排呈现。
- 立体几何配置。
- 用户输入事件处理。

本小节讲解 https://developers.google.com/cardboard/get-started 上的示例代码"寻宝"。寻宝游戏最开始会出现一个说明（如图 8-43 为呈现在屏幕上的图像，用纸板查看时将显示为 3D 场景），用户通过移动磁铁去寻找一个对象，当用户把一个立方体放到中心，那么这个立方体就会把它的颜色改为黄色。当用户拉动磁条使立方体的颜色变为黄色了，用户就会得到分，然后立方体移动到一个新的位置，如图 8-44 所示（由于本书采用黑白印刷，所以显示的方块是灰色，实际情况下是黄色）。

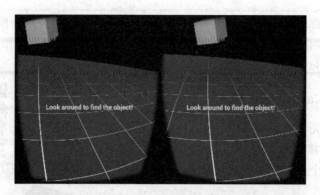

图 8-43　寻宝游戏开始说明界面

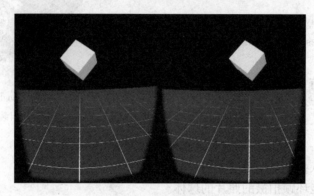

图 8-44　寻宝游戏进行中界面

该应用程序使用的 OpenGL ES 2.0 来显示对象。它展示了一些基本特性，如照明、空间运动和着色。它还显示了怎么使用磁铁作为输入，怎么确认用户正在寻找什么，还有怎么为每只眼睛提供不同的视图来呈现 3D 图像。

该项目需要引入 cardboard. jar，以下是一些强制性配置：

```
< manifest
    ...
< uses – permission android:name = " android. permission. NFC"/>
< uses – permission android:name = " android. permission. VIBRATE"/>
< uses – sdk android:minSdkVersion = "16"/>
< uses – feature android:glEsVersion = "0x00020000" android:required = "true"/>
< application
    ...
        < activity
            android:screenOrientation = "landscape"
    ...
        </activity >
</application >
</manifest >
```

1）< uses – sdk android:minSdkVersion = "16"/> 表示的是设备必须运行 API 级别 16 以上；

2）< uses – feature android:glEsVersion = "0x00020000" android:required = "true"/> 表示

的是该设备必须支持 OpenGL ES 2.0 的运行演示程序。

3）"android：screenOrientation = " landscape" " 表示该活动需要的屏幕方向是" landscape"。这是必须为虚拟现实的应用程序设置的方向。所使用的工具，默认为 CardboardView，只呈现全屏和景观（landscape、reverseLandscape、sensorLandscape）模式。

4）尽管演示程序并不包括它，还是建议设置"android：configChanges = " orientation | keyboardHidden" "。

5）android. permission. NFC 和 android. permission. VIBRATE 是我们需要的权限，需要 android. permission. NFC 权限去访问纸板的 NFC 标签，并需要 android. permission. VIBRATE 的权限去使手机振动（这是应用程序通知用户的方式）。

6）CardboardActivity 是编写 cardboard 应用程序的起点。它作为最基础的活动，提供了与纸板设备的轻松集成。它暴露与 cardboard 互动的事件，还处理了当创造一个新的虚拟现实的活动时通常需要的很多细节。

7）需要注意的是 CardboardActivity 使用的是使用户身临其境的模式，因此，系统的用户界面是隐藏的，而且这些内容占据了整个屏幕。这是虚拟现实应用程序的要求，因为 CardboardView 只会在活动时处于全屏模式。

演示程序的 MainActivity 继承自 CardboardActivity，它实现了以下的接口：

CardboardView. StereoRenderer：这个接口用于渲染需要立体呈现细节的视图界面，开发者应该简单地渲染视图，因为它们通常不会使用提供的转换参数。所有的立体渲染和畸变校正的细节是由渲染抽象出来的，然后它们由视图内部管理。

在一个 Android 应用程序中所有的用户界面元素都使用视图来展示。虚拟现实工具包中也提供了它自己的视图——CardboardView，这个类是从 GLSurfaceView 扩展而来的，它可以用来实现虚拟现实的展示。CardboardView 可以呈现立体内容。应该在 onCreate( ) 中初始化这个视图：

```
private float[ ] mModelCube;
private float[ ] mCamera;
private float[ ] mView;
private float[ ] mHeadView;
private float[ ] mModelViewProjection;
private float[ ] mModelView;
private float[ ] mModelFloor;
private Vibrator mVibrator;
...

@ Override
public void onCreate( Bundle savedInstanceState) {
    super. onCreate( savedInstanceState) ;
        setContentView( R. layout. common_ui) ;
        CardboardView cardboardView = ( CardboardView) findViewById( R. id. common_paperscope_
view) ;
        cardboardView. setRenderer( this) ;
        setCardboardView( cardboardView) ;
        mModelCube = new float[ 16] ;
        mCamera = new float[ 16] ;
```

```
            mView = new float[16];
            mModelViewProjection = new float[16];
            mModelView = new float[16];
            mModelFloor = new float[16];
            mHeadView = new float[16];
            mVibrator = (Vibrator)getSystemService(Context.VIBRATOR_SERVICE);
      ...
    }
```

一旦获得了 CardboardView 并把它和一个渲染器相连接，接下来就应该和一个 Activity 相关联。Cardboard 支持两种渲染器，其中最快捷的上手方式是使用 CardboardView.StereoRenderer，这个演示程序也使用了这种方式。

CardboardView.StereoRenderer 主要包括以下两种方法：

- onNewFrame()，每个应用渲染时都会被调用。
- onDrawEye()，被调用时对每只眼睛都会有不同的参数。

这些方法的实现和在 OpenGL 应用程序中所做的事情是差不多的。接下来的部分会详细地讨论这些方法。

首先是 onNewFrame()，在单独的眼睛视图被呈现之前，使用 onNewFrame()方法来编码呈现方式的逻辑。每帧的操作都不会呈现单独的视图。这是一个更新模型的好方法。在下面的代码中，变量 mHeadView 包含了头部的位置。这个值需要保存以便告知用户是否在寻找宝藏：

```
    private int mGlProgram = GLES20.glCreateProgram();
    private int mPositionParam;
    private int mNormalParam;
    private int mColorParam;
    private int mModelViewProjectionParam;
    private int mLightPosParam;
    private int mModelViewParam;
    private int mModelParam;
    private int mIsFloorParam;
    private float[] mHeadView;
    ...
    @Override
    public void onNewFrame(HeadTransform headTransform) {
        GLES20.glUseProgram(mGlProgram);
            mModelViewProjectionParam = GLES20.glGetUniformLocation(mGlProgram,"u_MVP");
            mLightPosParam = GLES20.glGetUniformLocation(mGlProgram,"u_LightPos");
            mModelViewParam = GLES20.glGetUniformLocation(mGlProgram,"u_MVMatrix");
            mModelParam = GLES20.glGetUniformLocation(mGlProgram,"u_Model");
            mIsFloorParam = GLES20.glGetUniformLocation(mGlProgram,"u_IsFloor");
            Matrix.rotateM(mModelCube,0,TIME_DELTA,0.5f,0.5f,1.0f);
            Matrix.setLookAtM(mCamera,0,0.0f,0.0f,CAMERA_Z,0.0f,0.0f,0.0f,0.0f,1.0f,0.0f);
            headTransform.getHeadView(mHeadView,0);
            checkGLError("onReadyToDraw");
    }
```

onDrawEye( )实现了每只眼睛视图的配置。

这是渲染的代码,非常类似于建立一个 OpenGL ES2 的应用。下面的代码片段演示了如何获取视图变换矩阵和透视变换矩阵(其中 EyeTransform 包括对眼睛的转换和投影矩阵)。这是这些事件的序列:

1)宝藏进入眼睛可见的区域。

2)应用投影矩阵,它为每只眼睛指定了特别的呈现的场景。

3)这个工具包将直到呈现到最后一幕自动变为失真。

```java
private int mPositionParam;
private int mNormalParam;
private int mColorParam;
private final float[ ] mLightPosInEyeSpace = new float[ ] {0. 0f,2. 0f,0. 0f,1. 0f};
...
@ Override
public void onDrawEye( EyeTransform transform) {
    GLES20. glClear( GLES20. GL_COLOR_BUFFER_BIT | GLES20. GL_DEPTH_BUFFER_BIT);
        mPositionParam = GLES20. glGetAttribLocation( mGlProgram,"a_Position");
        mNormalParam = GLES20. glGetAttribLocation( mGlProgram,"a_Normal");
        mColorParam = GLES20. glGetAttribLocation( mGlProgram,"a_Color");
        GLES20. glEnableVertexAttribArray( mPositionParam);
        GLES20. glEnableVertexAttribArray( mNormalParam);
        GLES20. glEnableVertexAttribArray( mColorParam);
        checkGLError( "mColorParam");
        Matrix. multiplyMM( mView,0,transform. getEyeView( ),0,mCamera,0);
        Matrix. multiplyMV( mLightPosInEyeSpace,0,mView,0,mLightPosInWorldSpace,0);
          GLES20. glUniform3f ( mLightPosParam, mLightPosInEyeSpace [ 0 ], mLightPosInEyeSpace
[ 1 ],mLightPosInEyeSpace[ 2 ]);
        Matrix. multiplyMM( mModelView,0,mView,0,mModelCube,0);
        Matrix. multiplyMM( mModelViewProjection,0,transform. getPerspective( ),0,mModelView,0);
        drawCube( );
        Matrix. multiplyMM( mModelView,0,mView,0,mModelFloor,0);
        Matrix. multiplyMM( mModelViewProjection,0,transform. getPerspective( ),0,
            mModelView,0);
        ...
    }
```

Cardboard 包括以下硬件的输入来与应用程序进行交互。

(1)磁铁

它相当于一个按钮,当你推拉磁铁,磁场会发生变化,然后手机会检测出这些变化,这是用于在演示程序中触发事件的操作。此行为是由 CardboardActivity 提供的 MagnetSensor. OnCardboardTriggerListener 接口实现的。

(2)NFC 标签

当把 NFC 标签插入 Cardboard 设备中时,NFC 触发器就被触发。这个行为是被 CardboardActivity 提供的 NfcSensor. OnCardboardNfcListener 接口实现的。

可以在代码中修改然后改变这些组件与应用程序的互动。

当用户拉磁铁时需要提供一个通用的响应,即需要重写应用的 Activity 中的 Cardboard-

Activity. onCardboardTrigger()。在这个寻找宝藏的应用中，如果找到了宝藏然后再拉磁铁，这样就可以得到宝藏。如下所示。

```
private Vibrator mVibrator;
private CardboardOverlayView mOverlayView;
...
@ Override
public void onCardboardTrigger() {
    if( isLookingAtObject() ) {
        mScore ++ ;
         mOverlayView. show3DToast ( " Found it! Look around for another one. \ nScore = " +
mScore) ;
            ...
    } else {
        mOverlayView. show3DToast("Look around to find the object!") ;
    }
    mVibrator. vibrate(50) ;
}
    private boolean isLookingAtObject() {
        float[ ] initVec = {0,0,0,1. 0f} ;
        float[ ] objPositionVec = new float[4] ;

        Matrix. multiplyMM( mModelView,0,mHeadView,0,mModelCube,0) ;
        Matrix. multiplyMV( objPositionVec,0,mModelView,0,initVec,0) ;

        float pitch = ( float) Math. atan2( objPositionVec[1] , – objPositionVec[2] ) ;
        float yaw = ( float) Math. atan2( objPositionVec[0] , – objPositionVec[2] ) ;
        ...
        return( Math. abs( pitch) < PITCH_LIMIT) && ( Math. abs( yaw) < YAW_LIMIT) ;
    }
```

CardBoardActivity 基础类提供了 NfcSensor. OnCardboardNfcListener 接口的实现。当一个手机被插入一个 Cardboard 中时，这个函数就被调用。

可以重写 NfcSensor. OnCardboardNfcListener 中的 onInsertedIntoCardboard()和 onRemovedFromCardboard()方法去打开或者关闭虚拟现实的双眼模式，即可以在不进行这个程序的时候禁用虚拟现实模式。

```
//启用 VR 模式,当手机插入纸板 @ Override 公共无效
onInsertedIntoCardboard() {
    this. cardboardView. setVRModeEnabled(真) ;
}
//禁用虚拟现实,当手机从纸箱取出模式 @ Override 公共无效
onRemovedFromCardboard() {
    this. cardboardView. setVRModeEnabled(假) ;
}
```

小结

本章为具有代表性的 5 个 Android 开源项目的介绍。开源库是对特定设计方法的更好封

装，便利于开发者操作，即通过函数调用轻松实现复杂的功能。本章内容涵盖 Action-Barsherlock，Facebook - sdk，SlidingMenu，Google Map，Google CardBoard 这五大 Android 开源库。通过本章的学习，读者对这 5 项具有代表性的 Android 开源项目能够有一个大体的掌握，并且能够利用这些开源项目轻松进行实际应用的开发。

习题

1. 调用 ActionBarSherlock 需要调用以下哪个函数（   ）。

A. getActionBar( )　　　　　　　B. getSupportActionBar( )

C. getSherlockActionBar( )　　　　D. getActionBarSherlock( )

2. 简述 Facebook SDK for Android 的功能。

3. 列举添加 SlidingMenu 库常见错误及解决方法。

4. 调用 ActionBarSherlock 库设计一个程序，体会其功能。

5. 调用 Facebook SDK for Android 工具设计一个简易社交网络 App。

6. 调用 SlidingMenu 库设计一个程序，体会其功能。

7. 调用 Google Map 设计一个基于地理定位的 App。

8. 调用 Google CardBoard 设计一个虚拟现实的场景展示。

第9章 综合实例1——OpenSudoku 数独游戏项目

本章介绍一个数独游戏的开源源码，从代码中可以学习到如何在视图中显示表格数据，以及如何与一个网站交互等技术。

本章重点：

- 数独游戏源码与游戏规则。
- 数独游戏图形界面设计。
- 数独游戏数据库设计。
- 数独游戏编写逻辑。

9.1 游戏简介

opensudoku – android 是开源的数独游戏项目，触摸和键盘可以同时使用，总共有 3 个难度级别和 99 关，另外更多的关卡可以去单独下载。

9.1.1 游戏源码下载

opensudoku – android 源码最新版本可在 github 上下载，地址为：https://github.com/romario333/opensudoku。游戏的示例界面如图 9-1、图 9-2 所示。

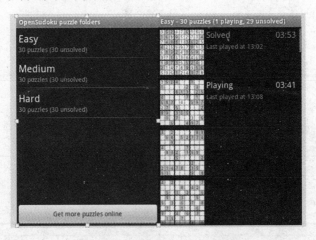

图 9-1 数独游戏软件效果图

代码文件列表如图 9-3 所示。

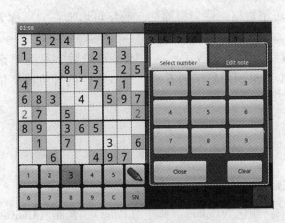

图 9-2 数独游戏界面效果图

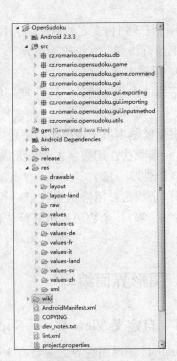

图 9-3 数独游戏工程代码列表

9.1.2 游戏规则介绍

数独（Sudoku），在维基百科上介绍为：数独是一种具有逻辑性的数字填充游戏，玩家以数字填进每一格，而每行、每列和每个宫（即 3×3 的大格）有齐 1~9 所有数字。游戏设计者会提供一部分的数字，使谜题只有一个答案。

一个已解答的数独其实是一种多个宫限制的拉丁方阵，因为同一个数字不可能在同一行、列或宫中出现多于一次。

这种游戏只需要逻辑思维能力，与数字运算无关。虽然玩法简单，但数字排列方式却千变万化，很多人认为数独是锻炼脑筋的好方法。因为数独上的数字没有运算价值，仅仅代表相互区分的不同个体，因此可以使用其他的符号比如拉丁字母、罗马字母甚至是不定形状的图案代替。

名词介绍如下。

1. 九宫格（Grid）

水平方向有 9 横行，垂直方向有 9 纵列的矩形，画分为 81 个小正方形，称为九宫格（Grid），如图 9-4 所示，是数独（Sudoku）的作用范围。

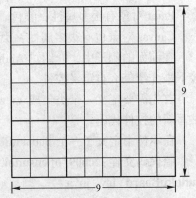

图 9-4 九宫格示意图

2. 单元（Unit）划分

水平方向的每一横行有 9 格，每一横行称为行（Row）；垂直方向的每一纵列有 9 格，每一纵列称为列（Column）。

3 行与 3 列相交之处有 9 格，每一单元称为小九宫（Box、Block），简称宫。

上述行、列、宫统称为单元。

3. 解题方法

解题的本质有两种：隐性唯一解及显性唯一解，它们的名称是在候选数法的基础上命名的。

根据解题本质发展出来的解题方法有两种。

1）摒除法：用数字去找单元内唯一可填空格，称为摒除法，数字可填唯一空格称为摒余解（隐性唯一解）。

2）余数法：用格位去找唯一可填数字，称为余数法，格位唯一可填数字称为唯余解（显性唯一解）。余数法是删减等位群格位已出现的数字的方法，每一格位的等位群格位有 20 个。

9.2 图形界面编写

9.2.1 自定义 View 类——SudokuBoardView

Android 图形编程界面主要有 3 个对象：颜色（Color）、画笔（Paint）、画布（Canvas）。Color 对象的类型是一个整型，例如 Color. Red、Color. argb(255,255,255,255)。

一般都是在 XML 文件中指定颜色，在 res/values/colors. xml 中，定义了两种颜色，这样可以使颜色有更强的可复用性。

源代码文件：ch09/opensudoku – master/OpenSudoku/res/values/colors. xml

```
< resources >
    < color name = " im_number_button_completed_text" > #ff335e6c < /color >
    < color name = " im_number_button_selected_background" > #f0b32a < /color >
< /resources >
```

Paint 对象有很多属性：颜色、粗细等信息。

Canvas 对象也有很多属性：大小、颜色。可以在画布上画出各种各样的内容。

在前面的例子中，介绍过 Android 中有一些自定义的控件，比如 Button、TextView 之类，接下来介绍怎么自定义控件。

首先需要定义一个类集成 View，然后复写 View 的 onDraw( ) 函数，最后在 onDraw( ) 中书写新的控件代码。

在本例中定义了一个 SudokuBoardView。

源代码文件：ch09/opensudoku – master/OpenSudoku/src/czromario/opensudoku/gui/SudokuBoardView. java

```
public class SudokuBoardView extends View
```

它的 onDraw( ) 函数如下所示。

源代码文件：ch09/opensudoku – master/OpenSudoku/src/czromario/opensudoku/gui/SudokuBoardView. java

```java
@ Override
    protected void onDraw( Canvas canvas) {
        super. onDraw( canvas) ;
        int width = getWidth( ) - getPaddingRight( ) ;
        int height = getHeight( ) - getPaddingBottom( ) ;
        int paddingLeft = getPaddingLeft( ) ;
        int paddingTop = getPaddingTop( ) ;
        if( mBackgroundColorSecondary. getColor( ) ! = NO_COLOR) {
            canvas. drawRect ( 3  *  mCellWidth , 0 , 6  *  mCellWidth , 3  *  mCellWidth , mBack-
groundColorSecondary) ;
            canvas. drawRect ( 0 , 3  *  mCellWidth , 3  *  mCellWidth , 6  *  mCellWidth , mBack-
groundColorSecondary) ;
            canvas. drawRect ( 6  *  mCellWidth , 3  *  mCellWidth , 9  *  mCellWidth , 6  *  mCell-
Width , mBackgroundColorSecondary) ;
            canvas. drawRect ( 3  *  mCellWidth , 6  *  mCellWidth , 6  *  mCellWidth , 9  *  mCell-
Width , mBackgroundColorSecondary) ;
        }

        int cellLeft , cellTop ;
        if( mCells ! = null) {
            boolean hasBackgroundColorReadOnly = mBackgroundColorReadOnly. getColor( ) ! = NO
_COLOR ;
            float numberAscent = mCellValuePaint. ascent( ) ;
            float noteAscent = mCellNotePaint. ascent( ) ;
            float noteWidth = mCellWidth /3f ;
            for( int row = 0 ; row < 9 ; row ++ ) {
                for( int col = 0 ; col < 9 ; col ++ ) {
                    Cell cell = mCells. getCell( row , col) ;
                    cellLeft = Math. round( ( col  *  mCellWidth) + paddingLeft) ;
                    cellTop = Math. round( ( row  *  mCellHeight) + paddingTop) ;
                    if( ! cell. isEditable( ) && hasBackgroundColorReadOnly) {
                        if( mBackgroundColorReadOnly. getColor( ) ! = NO_COLOR) {
                            canvas. drawRect(
                                cellLeft , cellTop ,
                                cellLeft + mCellWidth , cellTop + mCellHeight ,
                                mBackgroundColorReadOnly) ;
                        }
                    }
                    int value = cell. getValue( ) ;
                    if( value ! = 0) {
                        Paint cellValuePaint = cell. isEditable ( ) ? mCellValuePaint :
mCellValueReadonlyPaint ;
                        if( mHighlightWrongVals && ! cell. isValid( ) ) {
                            cellValuePaint = mCellValueInvalidPaint ;
                        }
                        canvas. drawText( Integer. toString( value) ,
                            cellLeft + mNumberLeft ,
                            cellTop + mNumberTop - numberAscent ,
                            cellValuePaint) ;
                    } else {
                        if( ! cell. getNote( ). isEmpty( ) ) {
```

```
                              Collection < Integer > numbers = cell. getNote( ). getNotedNumbers( ) ;
                              for( Integer number ; numbers) {
                                   int n = number − 1 ;
                                   int c = n % 3 ;
                                   int r = n /3 ;
                                       //canvas. drawText ( Integer. toString ( number) , cellLeft + c *
noteWidth + 2 , cellTop + noteAscent + r * noteWidth − 1 , mNotePaint) ;
                                           canvas. drawText ( Integer. toString ( number) , cellLeft + c  *
noteWidth + 2 , cellTop + mNoteTop − noteAscent + r  *  noteWidth − 1 , mCellNotePaint) ;
                                   }
                              }
                         }

                    }
               }
          if( !mReadonly && mSelectedCell ! = null) {
               cellLeft = Math. round( mSelectedCell. getColumnIndex( )  *  mCellWidth) + paddin-
gLeft ;

               cellTop = Math. round( mSelectedCell. getRowIndex( )  *  mCellHeight) + paddingTop ;
               canvas. drawRect (
                         cellLeft , cellTop ,
                         cellLeft + mCellWidth , cellTop + mCellHeight ,
                         mBackgroundColorSelected) ;
          }
          if( mHighlightTouchedCell && mTouchedCell ! = null) {
               cellLeft = Math. round( mTouchedCell. getColumnIndex( )  *  mCellWidth) + paddin-
gLeft ;

               cellTop = Math. round( mTouchedCell. getRowIndex( )  *  mCellHeight) + paddingTop ;
               canvas. drawRect (
                         cellLeft , paddingTop ,
                         cellLeft + mCellWidth , height ,
                         mBackgroundColorTouched) ;
               canvas. drawRect (
                         paddingLeft , cellTop ,
                         width , cellTop + mCellHeight ,
                         mBackgroundColorTouched) ;
          }
     }
     for( int c = 0 ; c < =9 ; c ++ ) {
          float x = ( c  *  mCellWidth) + paddingLeft ;
          canvas. drawLine ( x , paddingTop , x , height , mLinePaint) ;
     }
     for( int r = 0 ; r < =9 ; r ++ ) {
          float y = r  *  mCellHeight + paddingTop ;
          canvas. drawLine ( paddingLeft , y , width , y , mLinePaint) ;
     }
     int sectorLineWidth1 = mSectorLineWidth /2 ;
     int sectorLineWidth2 = sectorLineWidth1 + ( mSectorLineWidth % 2) ;
     for( int c = 0 ; c < =9 ; c = c +3) {
          float x = ( c  *  mCellWidth) + paddingLeft ;
```

```
                    canvas. drawRect( x – sectorLineWidth1 , paddingTop , x + sectorLineWidth2 , height , mSec-
torLinePaint) ;
                }
            for( int r = 0 ; r < = 9 ; r = r + 3 ) {
                float y = r * mCellHeight + paddingTop;
                canvas. drawRect( paddingLeft , y – sectorLineWidth1 , width , y + sectorLineWidth2 , mSec-
torLinePaint) ;
                }
            }
```

注意，该函数有一个 Canvas 参数是画布，在函数中定义了 width、height 两个变量用来控制长宽。用 Cell 来代替数独里面的一个小格，一共有 81（9×9）个小格。

源代码文件: ch09/opensudoku – master/OpenSudoku/src/czromario/opensudoku/game/Cell. java

```
        public class Cell {
            private CellCollection mCellCollection;
            private final Object mCellCollectionLock = new Object( ) ;
            private int mRowIndex = – 1 ;
            private int mColumnIndex = – 1 ;
            private CellGroup mSector;//sector containing this cell
            private CellGroup mRow;//row containing this cell
            private CellGroup mColumn;//column containing this cell
            private int mValue;
            private CellNote mNote;
            private boolean mEditable;
            private boolean mValid;

            public Cell( ) {
                this(0 , new CellNote( ) , true , true ) ;
            }
            public Cell( int value) {
                this( value , new CellNote( ) , true , true ) ;
            }

            private Cell( int value , CellNote note , boolean editable , boolean valid) {
                if( value < 0 | | value > 9) {
                    throw new IllegalArgumentException( " Value must be between 0 – 9. " ) ;
                }

                mValue = value;
                mNote = note;
                mEditable = editable;
                mValid = valid;
            }
            public int getRowIndex( ) {
                return mRowIndex;
            }
            public int getColumnIndex( ) {
                return mColumnIndex;
```

```
                    }
        protected void initCollection( CellCollection cellCollection, int rowIndex, int colIndex,
                                CellGroup sector, CellGroup row, CellGroup column) {
            synchronized( mCellCollectionLock) {
                mCellCollection = cellCollection;
            }
            mRowIndex = rowIndex;
            mColumnIndex = colIndex;
            mSector = sector;
            mRow = row;
            mColumn = column;
            sector. addCell( this);
            row. addCell( this);
            column. addCell( this);
        }
    }
```

在 layout 布局文件中的代码为：

```
    < ? xml version = "1. 0" encoding = "utf - 8" ? >
    < LinearLayout xmlns:android = "http://schemas. android. com/apk/res/android"
                android:id = "@ + id/root_layout"
                android:orientation = "vertical"
                android:layout_width = "fill_parent"
                android:layout_height = "fill_parent"
                android:gravity = "center_horizontal" >
        < cz. romario. opensudoku. gui. SudokuBoardView
                android:id = "@ + id/sudoku_board"
                android:layout_width = "fill_parent"
                android:layout_height = "wrap_content"
                />
        < cz. romario. opensudoku. gui. inputmethod. IMControlPanel
                android:id = "@ + id/input_methods"
                android:layout_width = "fill_parent"
                android:layout_height = "fill_parent"/>
    </LinearLayout >
```

最后显示如图 9-5 所示。

9.2.2　填写数字的布局

在该游戏中有两种方式填写要填写的数字：

1）单击一个空格，弹出一个窗口，然后单击数字填写，如图 9-6（注意这个游戏可以支持纵向视图和横向视图，在 layout - land 文件夹下是横向布局）所示。

2）在下面有一个键盘，单击键盘可以以数字键盘和单个数字的方式输入，如图 9-7 所示。

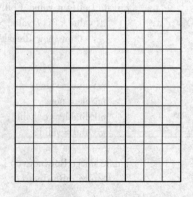

图 9-5　数独游戏页面布局效果图

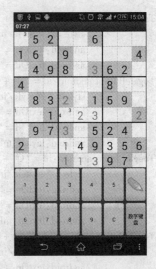

图 9-6　数独游戏填写数字弹窗　　　　图 9-7　数独游戏数字键盘效果图

当用户不确定应该填什么时，也可以先做个记号，在弹出窗口中单击编辑提示，在键盘中单击一下铅笔图案，点亮该图案便是备注模式了，如图 9-8 所示。

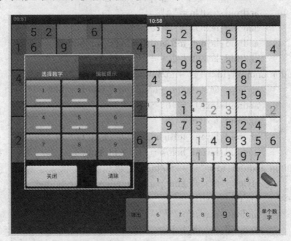

图 9-8　数独游戏记号功能示意图

图 9-8 中界面上组成的基本控件都为 Button，编辑提示页面中的 Button 为 ToggleButton，它有两种状态：选中和未选中状态，因此能代表这个注释是否已经注释到空格中。

布局代码如下（只列出编辑提示页面的纵向布局代码，其他的类似于这个代码）。

源代码文件：ch09/opensudoku – master/OpenSudoku/res/layout/im_pop_edit_value. xml

```
< ? xml version = "1. 0" encoding = "utf – 8" ? >
< RelativeLayout xmlns:android = "http://schemas. android. com/apk/res/android"
                android:layout_width = "fill_parent"
                android:layout_height = "fill_parent"
                android:gravity = "center_horizontal" >
```

```xml
<ToggleButton android:id = "@ + id/button_1"
              style = "@style/im_popup_note_number_button"
              android:textOn = "1"
              android:textOff = "1"/>
<ToggleButton android:id = "@ + id/button_2"
              style = "@style/im_popup_note_number_button"
              android:textOn = "2"
              android:textOff = "2"
              android:layout_toRightOf = "@ + id/button_1"/>
<ToggleButton android:id = "@ + id/button_3"
              style = "@style/im_popup_note_number_button"
              android:textOn = "3"
              android:textOff = "3"
              android:layout_toRightOf = "@ + id/button_2"/>
<ToggleButton android:id = "@ + id/button_4"
              style = "@style/im_popup_note_number_button"
              android:textOn = "4"
              android:textOff = "4"
              android:layout_below = "@ + id/button_1"/>
<ToggleButton android:id = "@ + id/button_5"
              style = "@style/im_popup_note_number_button"
              android:textOn = "5"
              android:textOff = "5"
              android:layout_toRightOf = "@ + id/button_4"
              android:layout_below = "@ + id/button_1"/>
<ToggleButton android:id = "@ + id/button_6"
              style = "@style/im_popup_note_number_button"
              android:textOn = "6"
              android:textOff = "6"
              android:layout_toRightOf = "@ + id/button_5"
              android:layout_below = "@ + id/button_1"/>
<ToggleButton android:id = "@ + id/button_7"
              style = "@style/im_popup_note_number_button"
              android:textOn = "7"
              android:textOff = "7"
              android:layout_below = "@ + id/button_4"/>
<ToggleButton android:id = "@ + id/button_8"
              style = "@style/im_popup_note_number_button"
              android:textOn = "8"
              android:textOff = "8"
              android:layout_toRightOf = "@ + id/button_7"
              android:layout_below = "@ + id/button_4"/>
<ToggleButton android:id = "@ + id/button_9"
              style = "@style/im_popup_note_number_button"
              android:textOn = "9"
              android:textOff = "9"
              android:layout_toRightOf = "@ + id/button_8"
              android:layout_below = "@ + id/button_4"/>
<Button android:id = "@ + id/button_close"
        style = "@style/im_popup_close_button"
        android:text = "@string/close"
```

```
                android:layout_below = "@ + id/button_7"/>
        < Button android:id = "@ + id/button_clear"
                style = "@ style/im_popup_clear_button"
                android:text = "@ string/clear"
                android:layout_toRightOf = "@ + id/button_close"
                android:layout_alignBottom = "@ + id/button_close"/>
    </RelativeLayout >
```

9.2.3　列表界面

列表主界面显示有 3 个可选难度的文件夹，长按这些文件夹的 Item，可弹出保存文件和重命名等功能，如图 9-9 所示。

图 9-9　数独游戏不同难度游戏文件夹处理

单击进入每个文件夹，会显示这样的谜团列表，长按谜团，会显示一些操作选项，可以添加备注等，如图 9-10 所示。

图 9-10　数独游戏谜团列表处理

这两个页面都是使用了 ListView 控件，然后再单独编辑每一个 ListView 里面的 ListItem，文件夹界面的 Item 的布局代码如下。

源代码文件：**ch09/opensudoku − master/OpenSudoku/res/layout/folder_list_item. xml**

```
< TextView
        android:id = "@ + id/name"
        android:text = "name"
        android:layout_width = "fill_parent"
        android:layout_height = "wrap_content"
        android:textAppearance = "? android:attr/textAppearanceLarge"
        android:paddingLeft = "5dip"
        android:singleLine = "true"/>
< TextView
        android:id = "@ + id/detail"
        android:text = "detail"
        android:layout_width = "fill_parent"
        android:layout_height = "wrap_content"
        android:paddingLeft = "5dip"
        />
```

谜团界面的 Item 布局代码如下。

源代码文件：**ch09/opensudoku − master/OpenSudoku/res/layout/sudoku _ list _ item. xml**

```
< cz. romario. opensudoku. gui. SudokuBoardView
        android:id = "@ + id/sudoku_board"
        android:layout_width = "100sp"
        android:layout_height = "100sp"
        android:layout_marginRight = "4sp"
        />
< TextView
        android:id = "@ + id/state"
        android:layout_width = "wrap_content"
        android:layout_height = "wrap_content"
        android:layout_toRightOf = "@ + id/sudoku_board"
        android:textAppearance = "? android:attr/textAppearanceMedium"
        android:text = "state"
        />
< TextView
        android:id = "@ + id/time"
        android:layout_width = "fill_parent"
        android:layout_height = "wrap_content"
        android:layout_toRightOf = "@ + id/state"
        android:gravity = "right"
        android:layout_marginLeft = "4sp"
        android:layout_marginRight = "8sp"
        android:textAppearance = "? android:attr/textAppearanceMedium"
        android:text = "time"
        />
< TextView
        android:id = "@ + id/last_played"
        android:layout_width = "wrap_content"
```

```
                android:layout_height = "wrap_content"
                android:layout_below = "@ + id/state"
                android:layout_toRightOf = "@ + id/sudoku_board"
                android:layout_marginTop = "4sp"
                android:text = "last_played"
                />
        < TextView
                android:id = "@ + id/created"
                android:layout_width = "wrap_content"
                android:layout_height = "wrap_content"
                android:layout_below = "@ + id/last_played"
                android:layout_toRightOf = "@ + id/sudoku_board"
                android:text = "created"
                />
        < TextView
                android:id = "@ + id/note"
                android:layout_width = "wrap_content"
                android:layout_height = "wrap_content"
                android:layout_below = "@ + id/created"
                android:layout_toRightOf = "@ + id/sudoku_board"
                android:text = "note"
                />
```

9.3 数据库结构

9.3.1 插入数据到数据库中

在 DatabaseHelper 中直接将每个文件夹和每个谜团的数据填写进数据库,涉及的函数如下。

源代码文件:ch09/opensudoku − master/OpenSudoku/src/czromario/opensudoku/db/DatabaseHelper. java

```
        private void insertFolder( SQLiteDatabase db,long folderID,String folderName) {
            long now = System. currentTimeMillis( ) ;
            db. execSQL( "INSERT INTO" + SudokuDatabase. FOLDER_TABLE_NAME + "VALUES( "
        + folderID + " ," + now + " ,'" + folderName + "') ;") ;
        }

        private void insertSudoku( SQLiteDatabase db,long folderID,long sudokuID,String sudokuName,
        String data) {
            String sql = "INSERT INTO" + SudokuDatabase. SUDOKU_TABLE_NAME + "VALUES( " +
        sudokuID + " ," + folderID + " ,0," + SudokuGame. GAME_STATE_NOT_STARTED + " ,0,null,'" +
        data + "',null) ;" ;
            db. execSQL( sql) ;
        }
```

具体实例如下。

```
insertFolder(db,1,mContext. getString(R. string. difficulty_easy));
insertSudoku(db,1,1,"Easy1",
    "0520060001609000040498036204000008000832015900010000020973052402000009056000100970");
```

9.3.2 数据库操作函数

下面编写一个类名为 SudokuDatabase，里面有各种操作数据库的函数。

显示文件夹信息的函数代码如下。

源代码文件：**ch09/opensudoku－master/OpenSudoku/src/czromario/opensudoku/db/**
SudokuDatabase. java

```
public FolderInfo getFolderInfo(long folderID) {
    SQLiteQueryBuilder qb = new SQLiteQueryBuilder();
    qb. setTables(FOLDER_TABLE_NAME);
    qb. appendWhere(FolderColumns. _ID + " = " + folderID);
    Cursor c = null;
    try {
        SQLiteDatabase db = mOpenHelper. getReadableDatabase();
        c = qb. query(db,null,null,null,null,null,null);
        if(c. moveToFirst()) {
            long id = c. getLong(c. getColumnIndex(FolderColumns. _ID));
            String name = c. getString(c. getColumnIndex(FolderColumns. NAME));
            FolderInfo folderInfo = new FolderInfo();
            folderInfo. id = id;
            folderInfo. name = name;
            return folderInfo;
        } else {
            return null;
        }
    } finally {
        if(c != null) c. close();
    }
}
```

取得谜团的信息的函数代码如下。

源代码文件：**ch09/opensudoku－master/OpenSudoku/src/czromario/opensudoku/db/**
SudokuDatabase. java

```
public SudokuGame getSudoku(long sudokuID) {
    SQLiteQueryBuilder qb = new SQLiteQueryBuilder();
    qb. setTables(SUDOKU_TABLE_NAME);
    qb. appendWhere(SudokuColumns. _ID + " = " + sudokuID);
    //Get the database and run the query
    SQLiteDatabase db = null;
```

```
        Cursor c = null;
        SudokuGame s = null;
        try {
            db = mOpenHelper. getReadableDatabase( );
            c = qb. query( db, null, null, null, null, null, null);
            if( c. moveToFirst( ) ) {
                long id = c. getLong( c. getColumnIndex( SudokuColumns. _ID) );
                long created = c. getLong( c. getColumnIndex( SudokuColumns. CREATED) );
                String data = c. getString( c. getColumnIndex( SudokuColumns. DATA) );
                long lastPlayed = c. getLong( c. getColumnIndex( SudokuColumns. LAST_PLAYED) );
                int state = c. getInt( c. getColumnIndex( SudokuColumns. STATE) );
                long time = c. getLong( c. getColumnIndex( SudokuColumns. TIME) );
                String note = c. getString( c. getColumnIndex( SudokuColumns. PUZZLE_NOTE) );

                s = new SudokuGame( );
                s. setId( id);
                s. setCreated( created);
                s. setCells( CellCollection. deserialize( data) );
                s. setLastPlayed( lastPlayed);
                s. setState( state);
                s. setTime( time);
                s. setNote( note);
            }
        } finally {
            if( c ! = null) c. close( );
        }
        return s;
    }
```

将谜团信息插入的代码如下。

源代码文件：ch09/opensudoku – master/OpenSudoku/src/czromario/opensudoku/db/SudokuDatabase. java

```
public long insertSudoku( long folderID, SudokuGame sudoku) {
    SQLiteDatabase db = mOpenHelper. getWritableDatabase( );
    ContentValues values = new ContentValues( );
    values. put( SudokuColumns. DATA, sudoku. getCells( ). serialize( ) );
    values. put( SudokuColumns. CREATED, sudoku. getCreated( ) );
    values. put( SudokuColumns. LAST_PLAYED, sudoku. getLastPlayed( ) );
    values. put( SudokuColumns. STATE, sudoku. getState( ) );
    values. put( SudokuColumns. TIME, sudoku. getTime( ) );
    values. put( SudokuColumns. PUZZLE_NOTE, sudoku. getNote( ) );
    values. put( SudokuColumns. FOLDER_ID, folderID);
    long rowId = db. insert( SUDOKU_TABLE_NAME, FolderColumns. NAME, values);
    if( rowId > 0) {
        return rowId;
    }
    throw new SQLException( "Failed to insert sudoku. ");
}
```

先举这几个函数例子，在 sudukoDatabase. java 文件中还有很多其他函数，都是比较简单的操作，读者可以自行翻阅。

9.4　编写游戏逻辑

本节将介绍数独游戏逻辑的编写要点，主要包括在九宫格中放入数字、玩家填写数字、定时器、对话框和导出谜团 5 个方面。

9.4.1　在九宫格布局中放置数字

九宫格并不是仅仅的 9 行 9 列，在每 3 行 3 列中就有一个小宫。在编写时不仅要考虑大宫的逻辑，也得考虑小宫的逻辑。因此在绘制时每隔 3 行 3 列就绘制一条粗线，使玩家能更清楚地看清。

如果数字游戏已经给了，则显示灰色背景，并从数据库里面取出数字填入；若没有则显示白色背景。

源代码文件：**ch09/opensudoku – master/OpenSudoku/src/czromario/opensudoku/gui/SudokuBoardView. java**

```
if( mCells ! = null) {
    boolean hasBackgroundColorReadOnly = mBackgroundColorReadOnly. getColor( ) ! = NO_COLOR;
    float numberAscent = mCellValuePaint. ascent( );
    float noteAscent = mCellNotePaint. ascent( );
    float noteWidth = mCellWidth /3f;
    for( int row = 0;row < 9;row ++ ) {
        for( int col = 0;col < 9;col ++ ) {
            Cell cell = mCells. getCell( row,col);
            cellLeft = Math. round( ( col  *  mCellWidth) + paddingLeft);
            cellTop = Math. round( ( row  *  mCellHeight) + paddingTop);
            //draw read – only field background
            if( !cell. isEditable( )&& hasBackgroundColorReadOnly) {
                if( mBackgroundColorReadOnly. getColor( ) ! = NO_COLOR) {
                    canvas. drawRect(
                        cellLeft,cellTop,
                        cellLeft + mCellWidth,cellTop + mCellHeight,
                        mBackgroundColorReadOnly);
                }
            }
            //draw cell Text
            int value = cell. getValue( );
            if( value ! =0) {
                Paint cellValuePaint = cell. isEditable( )? mCellValuePaint  :  mCellValueReadonlyPaint;
                if( mHighlightWrongVals && !cell. isValid( )) {
                    cellValuePaint = mCellValueInvalidPaint;
                }
                canvas. drawText( Integer. toString( value),
                    cellLeft + mNumberLeft,
                    cellTop + mNumberTop – numberAscent,
```

```
                              cellValuePaint);
                } else {
                    if(!cell. getNote( ). isEmpty( )) {
                        Collection < Integer > numbers = cell. getNote( ). getNotedNumbers( );
                        for(Integer number : numbers) {
                            int n = number − 1;
                            int c = n % 3;
                            int r = n /3;
                            //canvas. drawText(Integer. toString(number), cellLeft + c ∗ noteWidth +
2,cellTop + noteAscent + r ∗ noteWidth − 1,mNotePaint);
                            canvas. drawText(Integer. toString(number), cellLeft + c ∗ noteWidth +
2,cellTop + mNoteTop − noteAscent + r ∗ noteWidth − 1,mCellNotePaint);
                        }
                    }
                }
            }
        }
    }
```

9.4.2 玩家填入数字

下面给 SudokuBoardView 类复写一个 onTouchEvent 事件, 当用户单击这个 View 的时候, Android 就会调用这个事件, 并且把参数 MotionEvent 传递进来, 具体代码如下。

源代码文件: ch09/opensudoku − master/OpenSudoku/src/czromario/opensudoku/gui/ SudokuBoardView. java

```
@ Override
public boolean onTouchEvent(MotionEvent event) {
    if(!mReadonly) {
        int x = (int)event. getX( );
        int y = (int)event. getY( );
        switch(event. getAction( )) {
            case MotionEvent. ACTION_DOWN:
            case MotionEvent. ACTION_MOVE:
                mTouchedCell = getCellAtPoint(x,y);
                break;
            case MotionEvent. ACTION_UP:
                mSelectedCell = getCellAtPoint(x,y);
                invalidate( );//selected cell has changed,update board as soon as you can

                if(mSelectedCell ! = null) {
                    onCellTapped(mSelectedCell);
                    onCellSelected(mSelectedCell);
                }
                if(mAutoHideTouchedCellHint) {
                    mTouchedCell = null;
                }
                break;
            case MotionEvent. ACTION_CANCEL:
```

```
                            mTouchedCell = null;
                            break;
                    }
                    postInvalidate();
            }
            return !mReadonly;
    }
```

用户单击事件有很多类型，比如按下、弹起、拖动等，针对不同的事件的类型，定义了不同的判断条件。

Android 中有一个机制叫作碰撞检测，在这个游戏中，需要知道用户单击在哪个区域内。想判断用户究竟单击的是 81 个格子中的哪一个格子，最笨的方法是一个一个地判断是不是属于这个格子里面的，但这样显然会拖慢程序效率。因此使用它的高度和宽度来判断属于哪个九宫格。接下来点亮单击的单元格。

源代码文件：ch09/opensudoku – master/OpenSudoku/src/czromario/opensudoku/gui/SudokuBoardView. java

```
    if( !mReadonly && mSelectedCell ! = null) {
        cellLeft = Math. round( mSelectedCell. getColumnIndex( ) * mCellWidth) + paddingLeft;
        cellTop = Math. round( mSelectedCell. getRowIndex( ) * mCellHeight) + paddingTop;
        canvas. drawRect(
                cellLeft,cellTop,
                cellLeft + mCellWidth,cellTop + mCellHeight,
                mBackgroundColorSelected);
    }
```

数据的判断：根据数独游戏的规则，一个小宫里面只能有 1 到 9 九个数字，不能重复，然后每行每列的数字也不能重复。因此用户每次填写的时候都得判断这个数字能不能填，并把它标红，告诉用户这个数字是否应该填在这里。

对于某一单元格，给每个数字一些状态，看它是否被占用，若已经被占用，则把数字标红。

源代码文件：ch09/opensudoku – master/OpenSudoku/src/czromario/opensudoku/gui/SudokuBoardView. java

```
    public Map < Integer,Integer > getValuesUseCount( ) {
        Map < Integer,Integer > valuesUseCount = new HashMap < Integer,Integer > ( );
        for( int value = 1;value < = CellCollection. SUDOKU_SIZE;value ++ ) {
            valuesUseCount. put( value,0);
        }

        for( int r = 0;r < CellCollection. SUDOKU_SIZE;r ++ ) {
            for( int c = 0;c < CellCollection. SUDOKU_SIZE;c ++ ) {
                int value = getCell( r,c). getValue( );
                if( value ! = 0) {
                    valuesUseCount. put( value,valuesUseCount. get( value) + 1);
                }
```

```
                    }
                }
                return valuesUseCount;
            }
```

用户若不想直接填入数字引发提示，则可以填入备注在方框中，这一段代码如下。

源代码文件：ch09/opensudoku - master/OpenSudoku/src/czromario/opensudoku/gui/SudokuBoardView. java

```
        void restoreState( Bundle inState) {
            super. restoreState( inState) ;
            int[ ] rows = inState. getIntArray("rows") ;
            int[ ] cols = inState. getIntArray("cols") ;
            String[ ] notes = inState. getStringArray("notes") ;

            for( int i = 0; i < rows. length; i ++ ) {
                mOldNotes. add( new NoteEntry( rows[i] ,cols[i] ,CellNote
                        . deserialize( notes[i] ) ) );
            }
        }

        @ Override
        void execute( ) {
            CellCollection cells = getCells( ) ;
            mOldNotes. clear( ) ;
            for( int r = 0; r < CellCollection. SUDOKU_SIZE; r ++ ) {
                for( int c = 0; c < CellCollection. SUDOKU_SIZE; c ++ ) {
                    Cell cell = cells. getCell( r,c) ;
                    mOldNotes. add( new NoteEntry( r,c,cell. getNote( ) ) );
                    cell. setNote( new CellNote( ) ) ;
                    CellGroup row = cell. getRow( ) ;
                    CellGroup column = cell. getColumn( ) ;
                    CellGroup sector = cell. getSector( ) ;
                    for( int i = 1; i <= CellCollection. SUDOKU_SIZE; i ++ ) {
                        if( !row. contains(i) && !column. contains(i) && !sector. contains(i) ) {
                            cell. setNote( cell. getNote( ). addNumber(i) ) ;
                        }
                    }
                }
            }
        }
    }
```

9.4.3　定时器

在这个游戏中，还使用了定时器来计时。定时器另外开了一个线程，继承了 Handler 类，start( )方法代码如下。

源代码文件：ch09/opensudoku - master/OpenSudoku/src/czromario/opensudoku/gui/Timer. java

```
public void start( ) {
    if( mIsRunning)
        return;
    mIsRunning = truc;
    long now = SystemClock. uptimeMillis( );
    mLastLogTime = now;
    mNextTime = now;
    postAtTime( runner,mNextTime);
}
```

stop( )方法代码如下。

源代码文件：ch09/opensudoku − master/OpenSudoku/src/czromario/opensudoku/gui/ Timer. java

```
public void stop( ) {
    if( mIsRunning) {
        mIsRunning = false;
        long now = SystemClock. uptimeMillis( );
        mAccumTime  + = now − mLastLogTime;
        mLastLogTime = now;
    }
}
```

runner 变量及其方法的代码如下。

源代码文件：ch09/opensudoku − master/OpenSudoku/src/czromario/opensudoku/gui/ Timer. java

```
private final Runnable runner = new Runnable( ) {
    public final void run( ) {
        if( mIsRunning) {
            long now = SystemClock. uptimeMillis( );
            mAccumTime  + = now − mLastLogTime;
            mLastLogTime = now;
            if( !step( mTickCount ++ ,mAccumTime) ) {
                mNextTime  + = mTickInterval;
                if( mNextTime <= now)
                    mNextTime  + = mTickInterval;
                postAtTime( runner,mNextTime);
            } else {
                mIsRunning = false;
                done( );
            }
        }
    }
};
```

9. 4. 4　对话框

在单击某些按钮时，会弹出一个对话框，这个对话框则是继承了 Dialog 类。比如本例中的 IMPopupDialog 类。

在这个类中定义了两个 Map，一个是用来存储选择填入数字的按钮，一个是用来存储要备注的数字按钮。

源代码文件：ch09/opensudoku – master/OpenSudoku/src/czromario/opensudoku/gui/inputmethod/IMPopupDialog. java

```
    private Map < Integer, Button >  mNumberButtons = new HashMap < Integer, Button > ( );
        //buttons from" Edit note" tab
        private Map < Integer, ToggleButton >  mNoteNumberButtons = new HashMap < Integer, ToggleBut-
    ton > ( );
```

当 Dialogue 类被创建时就会调用它的 onCreate( )方法，因此要复写这个方法。

创建编辑数字界面的方法的代码如下。

源代码文件：ch09/opensudoku – master/OpenSudoku/src/czromario/opensudoku/gui/inputmethod/IMPopupDialog. java

```
    private View createEditNumberView( ) {
        View v = mInflater. inflate( R. layout. im_popup_edit_value, null) ;
        mNumberButtons. put( 1, ( Button) v. findViewById( R. id. button_1) ) ;
        mNumberButtons. put( 2, ( Button) v. findViewById( R. id. button_2) ) ;
        mNumberButtons. put( 3, ( Button) v. findViewById( R. id. button_3) ) ;
        mNumberButtons. put( 4, ( Button) v. findViewById( R. id. button_4) ) ;
        mNumberButtons. put( 5, ( Button) v. findViewById( R. id. button_5) ) ;
        mNumberButtons. put( 6, ( Button) v. findViewById( R. id. button_6) ) ;
        mNumberButtons. put( 7, ( Button) v. findViewById( R. id. button_7) ) ;
        mNumberButtons. put( 8, ( Button) v. findViewById( R. id. button_8) ) ;
        mNumberButtons. put( 9, ( Button) v. findViewById( R. id. button_9) ) ;

        for( Integer num : mNumberButtons. keySet( ) ) {
            Button b = mNumberButtons. get( num) ;
            b. setTag( num) ;
            b. setOnClickListener( editNumberButtonClickListener) ;
        }
        Button closeButton = ( Button) v. findViewById( R. id. button_close) ;
        closeButton. setOnClickListener( closeButtonListener) ;
        Button clearButton = ( Button) v. findViewById( R. id. button_clear) ;
        clearButton. setOnClickListener( clearButtonListener) ;
        return v;
    }
```

9.4.5　导出谜团

这个游戏拥有导出谜团的功能，首先单击导出按钮，事件监听器监听到这个消息，开始导出谜团，导出谜团示意图如图 9–11 所示。

具体代码如下。

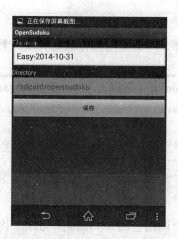

图 9-11 导出谜团操作示意图

源代码文件：ch09/opensudoku – master/OpenSudoku/src/czromario/opensudoku/gui/exporting/FileExportTask. java

```java
private FileExportTaskResult saveToFile( FileExportTaskParams par) {
    if( par. folderID == null && par. sudokuID == null) {
        throw new IllegalArgumentException( "Exactly one of folderID and sudokuID must be set. " ) ;
    } else if( par. folderID ! = null && par. sudokuID ! = null) {
        throw new IllegalArgumentException( "Exactly one of folderID and sudokuID must be set. " ) ;
    }
    if( par. file == null) {
        throw new IllegalArgumentException( "Filename must be set. " ) ;
    }
    long start = System. currentTimeMillis( ) ;
    FileExportTaskResult result = new FileExportTaskResult( ) ;
    result. successful = false;

    SudokuDatabase database = null;
    Cursor cursor = null;
    Writer writer = null;
    try {
        File dir = new File( par. file. getParent( ) ) ;
        if( !dir. exists( ) ) {
            dir. mkdirs( ) ;
        }
        result. file = par. file;
        database = new SudokuDatabase( mContext) ;
        boolean generateFolders = true;
        if( par. folderID ! = null) {
            cursor = database. exportFolder( par. folderID) ;
            generateFolders = true;
        } else {
            cursor = database. exportFolder( par. sudokuID) ;
            generateFolders = false;
        }
```

```
                XmlSerializer serializer = Xml. newSerializer( ) ;
                writer = new BufferedWriter( new FileWriter( result. file,false) ) ;
                serializer. setOutput( writer) ;
                serializer. startDocument( "UTF - 8" ,true) ;
                serializer. startTag( "" ,"opensudoku" ) ;
                serializer. attribute( "" ,"version" ,"2" ) ;
                long currentFolderId = - 1 ;
                while( cursor. moveToNext( ) ) {
                    if( generateFolders && currentFolderId ! = cursor. getLong( cursor. getColumnIndex( "
folder_id" ) ) ) {
                        //next folder
                        if( currentFolderId ! = - 1) {
                            serializer. endTag( "" ,"folder" ) ;
                        }
                        currentFolderId = cursor. getLong( cursor. getColumnIndex( "folder_id" ) ) ;
                        serializer. startTag( "" ,"folder" ) ;
                        attribute( serializer ,"name" ,cursor ,"folder_name" ) ;
                        attribute( serializer ,"created" ,cursor ,"folder_created" ) ;
                    }
                    String data = cursor. getString( cursor. getColumnIndex( SudokuColumns. DATA) ) ;
                    if( data ! = null) {
                        serializer. startTag( "" ,"game" ) ;
                        attribute( serializer ,"created" ,cursor ,SudokuColumns. CREATED) ;
                        attribute( serializer ,"state" ,cursor ,SudokuColumns. STATE) ;
                        attribute( serializer ,"time" ,cursor ,SudokuColumns. TIME) ;
                        attribute( serializer ,"last_played" ,cursor ,SudokuColumns. LAST_PLAYED) ;
                        attribute( serializer ,"data" ,cursor ,SudokuColumns. DATA) ;
                        attribute( serializer ,"note" ,cursor ,SudokuColumns. PUZZLE_NOTE) ;
                        serializer. endTag( "" ,"game" ) ;
                    }
                }
                if( generateFolders && currentFolderId ! = - 1) {
                    serializer. endTag( "" ,"folder" ) ;
                }
                serializer. endTag( "" ,"opensudoku" ) ;
            } catch( IOException e) {
                Log. e( Const. TAG ,"Error while exporting file. " ,e) ;
                result. successful = false;
                return result;
            } finally {
                if( cursor ! = null) cursor. close( ) ;
                if( database ! = null) database. close( ) ;
                if( writer ! = null) {
                    try {
                        writer. close( ) ;
                    } catch( IOException e) {
                        Log. e( Const. TAG ,"Error while exporting file. " ,e) ;
                        result. successful = false;
                        return result;
                    }
                }
            }
        }
    }
```

小结

本实例详细介绍了 Android 开源数独游戏程序，从图形界面、数据库、游戏逻辑 3 个方面剖析了这个程序，旨在帮助读者很好地将理论知识运用到实际开发中。

第 10 章 综合实例 2——Faceless 社交应用项目

本章介绍 Faceless 匿名社交应用软件的开源源码和编写逻辑，从中学习手机客户端社交网络的构建和处理技术。

本章重点：

- Faceless 项目简介和代码逻辑。
- Faceless 图形界面设计。
- Faceless 功能详解和代码分析。

10.1 Faceless 项目简介

Faceless 是一款匿名社交应用软件，无须注册账号或使用其他社交账号登录，也不需要设置用户名或者登入密码，使用过程采取全匿名方式，可以自由地发表意见、评论他人的意见和结交朋友（匿名方式结交朋友）。Faceless 是一款开源项目，其源码可以在 github 网站下载。下载网址为：https://github.com/delight - im/Faceless。

Faceless 应用包括收发信息、应用设置这两个主要的功能。涉及的操作简单方便，但是后台的处理却并不那么简单，该工程用到了 13 个外部库，分别是：

1）HoloColorPicker：Android 圆环形颜色选择器，可以通过改变颜色饱和度来选择颜色，可以用手指沿着圆环滑动一个滑块从而选择颜色。开发者为 Marie Schweiz，库下载地址：https://github.com/LarsWerkman/HoloColorPicker。

2）AppRater：应用评价提示器，默认用户使用 3 天或者 7 次后，弹出评价对话框，提醒用户到软件市场评价该应用，如果用户选择"稍后评论"，将重新开始统计信息。库下载地址：https://github.com/codechimp - org/AppRater。

3）ActionBar - PullToRefresh \ library：一个小型的 Android 库，提供流畅且定义灵活的水平进度条的接口。库下载地址：https://github.com/chrisbanes/ActionBar - PullToRefresh 和 https://github.com/castorflex/SmoothProgressBar。

4）Emoji：分别为 Java 和 Android 提供统一的代码适应平台和根据代码的相应调整工作。库下载地址：https://github.com/delight - im/Emoji。

5）Android - Countries：国家名称显示，根据 ISO - 3166 - 1 标准，提供对应国家的名称，并且以本地化的方式显示名称，库下载地址：https://github.com/delight - im/Emoji。

6）Android - Languages：语言选择项，提供给用户选择应用的默认语言的功能，根据用户设定而改变应用的语言显示，库下载地址：https://github.com/delight - im/Android - Languages。

7）Android - InfiniteScrolling：方便在 Android 的 ListView 和 GridView 中添加无限滚动

条，库下载地址：https://github. com/delight – im/Android – InfiniteScrolling。

8）Android – Tasks：辅助类，用于恢复或者自动运行 Android 中的任务，库下载地址：https://github. com/delight – im/Android – Tasks。

9）Android – WebRequest：方便 Android 的 Web 开发，提供流畅的交互，诸如发送 HT-TP（S）GET、POST、PUT 和 DELETE 等请求到网络服务器当中，库下载地址：https://github. com/delight – im/Android – WebRequest。

10）Android – Progress：Android 的简单进度条和进度框空间接口，库下载地址：https://github. com/delight – im/Android – Progress。

11）Android – BaseLib：Android 常用的特征的合集，库下载地址：https://github. com/delight – im/Android – BaseLib。

12）Android – Time：显示当地时间的库，根据地区差异，获取当地时间显示在应用中，库下载地址：https://github. com/delight – im/Android – Time。

13）Android – KeyValueSpinner：一种 spinner 组件，能够处理正常值，并且额外地能够使用任意类中的键值。

本书配套光盘收录了 Faceless 的开源代码和所有的依赖库，读者可以自行下载运行，根据本章介绍学习 Faceless 工程并且查看应用的效果。

10. 2　Faceless 图形界面

Faceless 应用程序当中包含最新版的 apk 文件，读者可以下载该文件到手机中进行安装，也可到 Android 应用商店中进行搜索安装，安装好后应用的图标会出现在桌面，Faceless 的中文译名为"无面者"。

程序的主界面，主要由 3 部分组成，一个操作栏，显示应用的图标和名称，按键用于添加信息发送；一个设置框，包括选择信息的显示和跳转到应用设置的按钮；主体 ListView，用于显示选择的信息内容中的所有的信息，下拉过程中应用会不停地加载内容直至全部显示完毕，图 10-1 左图是系统主界面，右图是修改了设置框中的信息显示后的界面。

图 10-1　Faceless 主界面效果图

单击操作栏中的添加信息按钮，进入写信息状态，如图 10-2 所示，首先选择话题分类和分享对象（朋友和公众或者只是公众）。

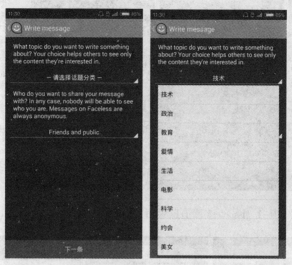

图 10-2　Faceless 写信息界面

选择技术类话题及分享给大众和朋友选项，下一步，进入编辑信息界面，如图 10-3 所示，左图和中图是编写的界面，右图是发布信息后新信息展示在主界面的效果图。

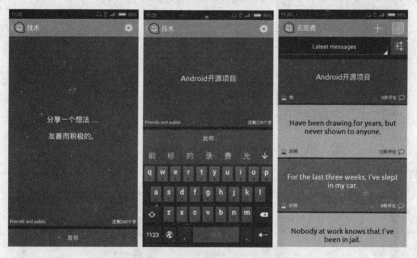

图 10-3　信息编写与发布示意图

单击刚发布的信息，进入读消息界面，可以自由添加评论，操作栏中还有收藏、退订评论的功能，如图 10-4 所示。

进入主界面，单击设置框中的设置按钮，进入系统设置界面，如图 10-5 所示，在系统设置界面上，可以邀请朋友使用 Faceless，设置主题、应用的语言、国家或地区、未读评论提醒等进行自定义设置和帮助文档。

单击邀请朋友，进入相应界面，Faceless 自动检测并显示所使用的设备上安装的社交网络软件，可以选择一款应用，邀请朋友或者返回，如图 10-6 所示，该设备可通过短信、邮件、QQ、微信等方式进行分享。

图 10-4　Faceless 读消息界面　　　　　　　　　图 10-5　Faceless 设置界面

图 10-6　Faceless 设置项，邀请朋友选项

图 10-7 分别展示了主题、语言、国家设置选项。

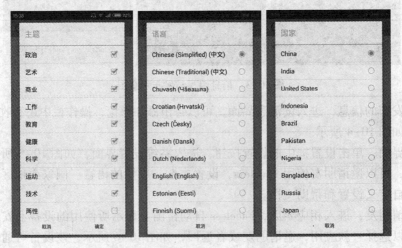

图 10-7　Faceless 主题、语言、国家设置选项

图 10-8 展示的是接受未读消息的设置和应用帮助文档。

图 10-8　Faceless 未读评论设置项和帮助选项

至此，Faceless 的基本功能介绍完毕，下面编者将对工程中的一些重要文件进行依次解析，还原出一个 Faceless 设计开发的过程。

10.3　Faceless 程序逻辑与通信

AndroidManifest. xml 文件中添加如下许可，分别获得读取联系人、读取手机状态、联网和系统启动广播这 4 个权限。

```
< uses – permission android:name = " android. permission. READ_CONTACTS"/>
    < uses – permission android:name = " android. permission. READ_PHONE_STATE"/>
    < uses – permission android:name = " android. permission. INTERNET"/>
    < uses – permission android:name = " android. permission. RECEIVE_BOOT_COMPLETED"/>
```

10.3.1　主界面功能

ActivityMain. java 文件，是应用开始时调用的文件，主要逻辑是装载主界面，初始化各参数，包括视图、旋转条、信息显示模式等。

主视图中的 spinner 为信息显示设置滚动条，包含 4 项显示特征，首项为默认特征，初始界面时定义界面信息显示为默认模式，然后根据用户的更改对界面信息显示及时地修改。spinner 旁边是设置按钮，单击后将跳转到应用的设置界面。这两个控件的代码逻辑如下。

首先是 spinner 内容项的名称和相应位置上两个特征的关系函数，任一特征可以根据相对应的另一个特征推断而来。

源代码文件：ch10/10. 4faceless/Faceless – master/Android/src/im/delight/faceless/ActivityMain. java

```
private static int getModeFromSpinnerPosition(final int spinnerPosition) {
    switch(spinnerPosition) {
        case 0: return Server.MODE_LATEST;
        case 1: return Server.MODE_FRIENDS;
        case 2: return Server.MODE_POPULAR;
        case 3: return Server.MODE_FAVORITES;
        default: throw new RuntimeException("Unknown spinner position:" + spinnerPosition);
    }
}
private static int getSpinnerPositionFromMode(final int mode) {
    switch(mode) {
        case Server.MODE_LATEST: return 0;
        case Server.MODE_FRIENDS: return 1;
        case Server.MODE_POPULAR: return 2;
        case Server.MODE_FAVORITES: return 3;
        default: throw new RuntimeException("Unknown mode:" + mode);
    }
}
```

其次是根据用户选择 spinner 选项及时更改界面的信息显示方式。类文件中定义了如下几个变量,分别代表模式和 spinner 变量:

```
private static final int DEFAULT_MODE = Server.MODE_LATEST;//默认模式为 MODE_LATEST
private int mMode;//模式变量
private Spinner mSpinnerMode;//spinner 变量
```

SetupButtonBar()函数的功能是将页面布局中的控件和本文件中的变量关联起来,以及变量发生改变时相应的处理方法,如模式改变将调用模式重设函数,单击设置按钮将跳转到应用设置界面(ActivitySettings.java)。

源代码文件:**ch10/10.4faceless/Faceless – master/Android/src/im/delight/faceless/ActivityMain.java**

```
protected void setupButtonBar() {
    //set up the topic selection Spinner
    mSpinnerMode = (Spinner)findViewById(R.id.spinnerMode);
    final ArrayAdapter < CharSequence > modeAdapter = ArrayAdapter.createFromResource(this,
R.array.modes_human, R.layout.spinner_text_white);
    //show the Adapter's data in the Spinner
    modeAdapter.setDropDownViewResource(android.R.layout.simple_spinner_dropdown_item);
    mSpinnerMode.setAdapter(modeAdapter);
    //set up the OnItemSelectedListener for this Spinner
    mSpinnerMode.setOnItemSelectedListener(new OnItemSelectedListener() {
        @Override
        public void onItemSelected(AdapterView < ? > parent, View view, int position, long id) {
            final int newMode = getModeFromSpinnerPosition(position);
            if(newMode != mMode) {
                changeMode(newMode);
            }
```

```
                    }
                    @ Override
                    public void onNothingSelected( AdapterView < ? > parent) {
                    }
            } );
            //get the settings button reference
            mButtonSettings = findViewById( R. id. buttonSettings) ;
            //set the initially selected mode
            mMode = DEFAULT_MODE;
            //set up the settings button OnClickListener
            mButtonSettings. setOnClickListener( new View. OnClickListener( ) {
                    @ Override
                    public void onClick( View v) {
                        startActivity( new Intent( ActivityMain. this, ActivitySettings. class) ) ;
                    }
            } );
    }
```

最后介绍的是重设模式函数，包括：取得系统当前模式函数，更改模式函数和设置模式
函数。更改函数传入的是 0 ~ 3 的 int 值，调用设置函数，对系统的信息显示模式进行修改，
修改过程中利用了之前提到的对应关系找到指向的模式以便进行修改。

```
        protected int getMessagesMode( ) {
            return mMode;
        }
        private void changeMode( int mode) {
            mMode = mode;
            setActiveSpinnerPosition( mode) ;
            reloadMessages( mMode, 0, true, false, false) ;
        }
        private void setActiveSpinnerPosition( final int mode) {
            final int activePosition = getSpinnerPositionFromMode( mode) ;
            mSpinnerMode. setSelection( activePosition) ;
        }
```

主视图中还包括操作栏中的添加信息和阅读未读消息两个按钮。添加信息按钮接收到单
击消息后将跳转到信息添加界面（ActivityAdd. java）。

```
    @ Override
        public boolean onOptionsItemSelected( MenuItem item) {
            switch( item. getItemId( ) ) {
                case R. id. action_add:
                    startActivity( new Intent( ActivityMain. this, ActivityAdd. class) ) ;
                    return true;
                default:
                    return super. onOptionsItemSelected( item) ;
            }
        }
```

阅读未读消息按钮的逻辑稍复杂一些，若没有未读消息，该菜单项显示为 0，该菜单项

设为不可单击；有未读消息则显示为未读消息的数量，单击后转到未读消息列表页面中（ActivitySubscriptions. class）。

源代码文件：ch10/10. 4faceless/Faceless – master/Android/src/im/delight/faceless/ActivityMain. java

```
@Override
public boolean onCreateOptionsMenu(Menu menu) {
    getMenuInflater(). inflate(R. menu. main,menu);
    View notificationCountView = menu. findItem(R. id. action_notification_count). getActionView();
    Button buttonNotificationCount = (Button) notificationCountView. findViewById(R. id. badge);
    buttonNotificationCount. setText(String. valueOf(mSubscriptionUpdates));
    if(mSubscriptionUpdates >0) {
        buttonNotificationCount. setEnabled(true);
        buttonNotificationCount. setOnClickListener(new View. OnClickListener() {
        @Override
        public void onClick(View v) {
            startActivity(new Intent(ActivityMain. this,ActivitySubscriptions. class));
//destroy this Activity so that the subscription update count will be refreshed when returning
            finish();
        }
        });
    }
    else {
        buttonNotificationCount. setEnabled(false);
    }
    return true;
}
```

10. 3. 2　添加消息功能

ActivityAdd. java 文件，是主界面上单击操作栏中的添加信息按钮跳转的界面。

Activity_add. xml 文件中定义了两个 LinearLayout 界面，分别是新信息类别选择界面 mViewOptionsContainer 和编辑新信息界面 mViewMessageContainer，编辑新信息界面 mViewMessageContainer 初始设置为不显示：android：visibility = " gone"。activity_add. xml 一次性加载到 ActivityAdd. java 文件当中，通过 setActionScreen 函数控制两个 LinearLayout 界面的显示，setActionScreen 函数的逻辑如下。

源代码文件：ch10/10. 4faceless/Faceless – master/Android/src/im/delight/faceless/ActivityAdd. java

```
private void setActiveScreen(int index) {
    if(index ==0) {
        mViewMessageContainer. setVisibility(View. GONE);
        mViewOptionsContainer. setVisibility(View. VISIBLE);
        setTitle(R. string. action_add);
    }
        else if(index ==1) {
        mViewOptionsContainer. setVisibility(View. GONE);
```

```
                mViewMessageContainer. setVisibility( View. VISIBLE) ;
                setTitle( mSpinnerTopic. getValue( ). toString( ) ) ;
                mTextViewDegree. setText( mSpinnerVisibility. getValue( ). toString( ) ) ;
        }
        else {
                throw new RuntimeException( " Unknown screen index: " + index ) ;
        }
        invalidateOptionsMenu( ) ;
}
```

首先显示的是 mViewOptionsContainer 界面，即新信息类别选择界面，包含两个可选择的项：信息类别 mSpinnerTopic 和信息公开对象 mSpinnerVisibility。信息类别没有默认值，信息公开对象有默认值"朋友和所有公众"。底部有一个"下一步"的按钮，若直接单击"下一步"按钮，会提示用户选择信息类别。当且仅当 mSpinnerTopic 和 mSpinnerVisibility 两个都有有效值时，单击"下一步"按钮才会显示信息编辑界面 mViewMessageContainner，具体实现代码如下所示。

```
mButtonNext = ( Button) findViewById( R. id. buttonNext) ;
mButtonNext. setOnClickListener( new View. OnClickListener( ) {
        @ Override
        public void onClick( View v) {
                if( mSpinnerTopic. getKey( ) ! = null && mSpinnerTopic. getKey( ). length( ) > 0) {
                        if( mSpinnerVisibility. getKey( ) ! = null && mSpinnerVisibility. getKey( ). length( ) > 0) {
                                setActiveScreen( 1) ;
                        }
                        else {
                                throw new RuntimeException( " Undefined visibility level" ) ;
                        }
                }
                else {
                        Toast. makeText ( ActivityAdd. this, R. string. please _ choose _ topic, Toast. LENGTH _
SHORT). show( ) ;
                }
        }
} ) ;
```

选择好信息类别和信息公开对象之后，单击"下一步"，进入信息编辑界面 mViewMessageContainner。此界面主要由一个编辑框和一个底部按钮控件组成，对应的变量分别为 mEditTextMessage 和 mButtonPublish。编辑框是用户输入信息的地方，若输入完成，单击底部按钮进行发布即可，若用户没有输入信息直接单击"发布"按钮，系统会提示用户输入信息。

```
mButtonPublish. setOnClickListener( new View. OnClickListener( ) {
        @ Override
        public void onClick( View v) {
                final String text = Emoji. replaceInText( mText. trim( ) ) ;
                if( text. length( ) > 0) {
                        setLoading( true) ;
                        Server. saveMessage( ActivityAdd. this, Data. colorToHex( mColor) , mPatternID, text,
```

```
                mSpinnerTopic. getKey( ). toString( ) ,mSpinnerVisibility. getKey( ). toString( ) ,ActivityAdd. this) ;
                    }
                else {
                    Toast. makeText( ActivityAdd. this,getString( R. string. please_enter_message) ,
        Toast. LENGTH_SHORT). show( ) ;
                    }
                }
        } ) ;
```

此外，在编辑框和发布按钮之间还有两个 TextView，分别显示信息发布对象和信息剩余字数，对应的变量为 mTextViewDegree 和 mTextViewCharsLeft。mTextViewDegree 的值为 mViewOptionContainer 界面的 mSpinnerVisibility 变量的值，在 setActiveScreen( ) 函数当中有赋值的操作。mTextViewCharsLeft 的值根据用户输入的情况随时变化，因此 mTextViewCharsLeft 的值更新操作在输入框的输入变化监听函数中实现，具体代码如下。

源代码文件：**ch10/10. 4faceless/Faceless – master/Android/src/im/delight/faceless/ActivityAdd. java**

```
        private TextWatcher mTextWatcher = new TextWatcher( ) {
            @ Override
            public void onTextChanged( CharSequence s,int start,int before,int count) {
                mText = s. toString( ) ;
                int charsLeft = MAX_CHARS_MESSAGE - mText. length( ) ;
                if( charsLeft < 0) {
                    charsLeft = 0;
                }
                mTextViewCharsLeft. setText ( mResources. getQuantityString ( R. plurals. x _ chars _ left , char-
        sLeft,charsLeft) ) ;
            }
            @ Override
            public void afterTextChanged( Editable s) {
            }
            @ Override
            public void beforeTextChanged( CharSequence s,int start,int count,int after) {
            }
        } ;

        private void updateTextAndColor( Intent intent) {
            int color = 0;
            int patternID = - 1;
            String text = null;
            try {
                color = intent. getIntExtra( EXTRA_COLOR,0) ;
                patternID = intent. getIntExtra( EXTRA_PATTERN_ID, - 1) ;
                text = intent. getStringExtra( EXTRA_TEXT) ;
            }
            catch( Exception e) {
            }
            if( color ! = 0) {
                mColor = color;
```

```
        }
        if( patternID ! = -1 ) {
            mPatternID = patternID;
        }
        if( text ! = null ) {
            mText = text;
        }
        int textColor = UI. getTextColor( mColor) ;
        mBackgroundPatterns. setViewBackground( this, mEditTextMessage, mPatternID, mColor) ;
        mEditTextMessage. setTypeface( FontProvider. getInstance( ActivityAdd. this). getFontRegular( )) ;
        mEditTextMessage. setTextColor( textColor) ;
        mEditTextMessage. setLinkTextColor( textColor) ;
        mEditTextMessage. setHintTextColor( textColor) ;
        mEditTextMessage. setText( mText) ;
        UI. putCursorToEnd( mEditTextMessage) ;
        mBackgroundPatterns. setViewBackground( this, mTextViewDegree, mPatternID, mColor) ;
        mTextViewDegree. setTextColor( textColor) ;
        mBackgroundPatterns. setViewBackground( this, mTextViewCharsLeft, mPatternID, mColor) ;
        mTextViewCharsLeft. setTextColor( textColor) ;
    }
```

当用户选择返回操作时，需要进行判断，如果是在信息设置界面单击返回，则返回至主界面；如果是在信息编辑界面单击返回，则返回信息设置界面（通过之前提到的 setActive-Screen 函数实现）。

```
    public void onBackPressed( ) {
        if( mViewMessageContainer. getVisibility( ) == View. VISIBLE) {
            setActiveScreen(0) ;
        }
        else {
            super. onBackPressed( ) ;
        }
    }
```

若用户已经输入信息，单击"发布"按钮后，信息将发送到服务器上并且更新显示到主界面当中，此类中通过 onSentMessage 函数实现。

源代码文件：ch10/10. 4faceless/Faceless – master/Android/src/im/delight/faceless/Ac-tivityAdd. java

```
    public void onSentMessage( final int status, final String messageText, final String messageTopic, final
    String messageID, final long messageTime, final String messageColorHex, final int messagePatternID, fi-
    nal String messageCountryISO3) {
        runOnUiThread( new Runnable( ) {
            public void run( ) {
                setLoading(false) ;
                if( status == Server. STATUS_OK) {
                    final Message publishedMessage = new Message( messageID, 0, messageColorHex,
    messagePatternID, messageText, messageTopic, messageTime, 0, 0, messageCountryISO3) ;
```

```
                    Intent backToMainScreen = new Intent(ActivityAdd. this,ActivityMain. class);
                        backToMainScreen. putExtra(ActivityMain. EXTRA _ NEW _ MESSAGE, pub-
    lishedMessage);
                    startActivity(backToMainScreen);
                    finish();
                } else if(status == Server. STATUS_MAINTENANCE) {
                    Toast. makeText(ActivityAdd. this,R. string. error_maintenance,Toast. LENGTH_
    SHORT). show();
                } else if(status == Server. STATUS_BAD_REQUEST) {
                    Toast. makeText(ActivityAdd. this,R. string. error_bad_request,Toast. LENGTH_
    SHORT). show();
                } else if(status == Server. STATUS_OUTDATED_CLIENT) {
                    Toast. makeText(ActivityAdd. this,R. string. error_outdated_client,Toast. LENGTH
    _SHORT). show();
                } else if(status == Server. STATUS_NOT_AUTHORIZED) {
                    startActivity(new Intent(ActivityAdd. this,ActivityMain. class));
                    finish();
                } else if(status == Server. STATUS_TEMPORARILY_BANNED) {
                        Toast. makeText (ActivityAdd. this, R. string. error _ temporarily _ banned,
    Toast. LENGTH_SHORT). show();
                } else if(status == Server. STATUS_LOGIN_THROTTLED) {
                    Global. showLoginThrottledInfo(ActivityAdd. this);
                } else if(status == Server. STATUS_NO_CONNECTION) {
                    Toast. makeText(ActivityAdd. this,R. string. error_no_connection,Toast. LENGTH_
    SHORT). show();
                }
            }
        });
    }
```

成功发送信息后，应用将返回主界面，此时刚才发布的信息将更新显示到信息列表的第一个信息的位置。单击该信息，将跳转到该信息所对应的详细页面。信息列表在本工程中的对应的是 layout 目录下的 abstract_messages_activity. xml 文件，包括一个 ListView 和一个进度条。主界面的布局文件 activity_main. xml 调用了 abstract_messages_activity. xml 文件，将其加载到自己的页面中：< include layout = " @ layout/abstract_messages_activity"/>。类似的，主界面的类文件 ActivityMain. java 继承了处理信息列表的类文件 AbstractMessagesActivity. java，从而实现对信息列表的一系列处理。

AbstractMessagesActivity. java 文件中实现单击信息列表事件代码逻辑如下。

源代码文件: ch10/10. 4faceless/Faceless − master/Android/src/im/delight/faceless/ AbstractMessagesMain. java

```
    private AdapterView. OnItemClickListener mMessageClickListener = new AdapterView.
    OnItemClickListener() {
        @ Override
        public void onItemClick(AdapterView < ? > parent,final View v,int position,long id) {
            final Message message;
            try {
                message = mAdapter. getItem(position);
```

```
                }
            catch( Exception e) {
                return;
            }
            if( message == null) {
                return;
            }
            if( message. isAdminMessage( ) ) {
                startActivity( new Intent( AbstractMessagesActivity. this, ActivityInvite. class) );
            } else if( message. isExampleMessage( ) ) {
                    Toast. makeText ( AbstractMessagesActivity. this, R. string. example _ message _
    explanation, Toast. LENGTH_SHORT). show( );
            }
            else {
                Intent intentDetails = new Intent( AbstractMessagesActivity. this, ActivityDetails. class) ;
            intentDetails. putExtra( ActivityDetails. EXTRA_MESSAGE, message) ;
            startActivity( intentDetails) ;
            }
        }
    };
```

此外，AbstractMessageActivity. java 中还包括一系列初始化操作。

初始化应用属性：

```
    mPrefs = PreferenceManager. getDefaultSharedPreferences( this) ;
    Global. Setup. load( mPrefs) ;
```

初始化页面载入器：

```
    mInflater = ( LayoutInflater) getSystemService( LAYOUT_INFLATER_SERVICE) ;
```

初始化相关资源：

```
    mResources = getResources( ) ;
    mMessagePropertyDrawables = new Global. MessagePropertyDrawables( this) ;
    mBackgroundPatterns = BackgroundPatterns. getInstance( this) ;
```

初始化信息列表，建立列表项单击监听事件及侧边进度条：

```
    mListView = ( ListView) findViewById( R. id. listViewMessages) ;
    mProgressBarLoading = ( ProgressBar) findViewById( R. id. progressBarLoading) ;
    mAdapter = new MessagesAdapter( this, R. layout. row_messages_list, new ArrayList < Message > ( ) ) ;
    mListView. setAdapter( mAdapter) ;
    mListView. setOnItemClickListener( mMessageClickListener) ;
```

初始化界面的刷新机制：

```
    mPullToRefreshLayout = ( PullToRefreshLayout) findViewById( R. id. viewListViewContainer) ;
    ActionBarPullToRefresh. from ( this ) . allChildrenArePullable ( ) . listener ( this ) . setup ( mPullToRe-
    freshLayout) ;
```

初始化滚动条和操作栏：

```
mListView. setOnScrollListener( mInfiniteScrollListener) ;
getActionBar( ). setDisplayHomeAsUpEnabled( isActionBarUpEnabled( ) ) ;
```

初始化 AppRater 控件：

```
AppRater appRater = new AppRater( this) ;
appRater. setPhrases( R. string. app_rater_title, R. string. app_rater_explanation, R. string. app_rater_
now, R. string. app_rater_later, R. string. app_rater_never) ;
appRater. show( ) ;
```

AbstractMessageActivity. java 中的自定义函数还有很多，均是为了方便初始化操作，请读者自行参阅领会。

单击列表中的信息项，若是示例信息，则会提示"这只是一个例子：开始写你自己的信息吧"，不会跳转到其他界面；若是其他信息，则会跳转到信息详细内容的展示界面，由 ActivityDetail. java 支持，装载的页面布局是 activity_detail. xml 文件。与 activity_add. xml 的布局类似，activity_detail. xml 也是由两个主要的 LinearLayout 组成，分别是信息页面和评论页面（对应参数 viewScreenshotContainer 和 viewListViewContainer），初始时评论页面不可见。两个界面之间的转换由底部的两个按钮完成，mButtonMessage 按钮按下时显示信息界面，mButtonComments 按钮按下时显示评论界面，代码如下所示。

源代码文件：**ch10/10. 4faceless/Faceless – master/Android/src/im/delight/faceless/ActivityDetail. java**

```
mButtonMessage. setOnClickListener( new View. OnClickListener( ) {
    @ Override
    public void onClick( View v) {
        showMessageView( ) ;
    }
} ) ;
mButtonComments. setOnClickListener( new View. OnClickListener( ) {
    @ Override
    public void onClick( View v) {
        mViewScreenshotContainer. setVisibility( View. GONE) ;
        mViewListViewContainer. setVisibility( View. VISIBLE) ;
        mButtonComments. setEnabled( false) ;
        mButtonMessage. setEnabled( true) ;
        reloadComments( true) ;
    }
} ) ;
```

评论界面当中包含一个 ListView，显示的是评论列表，单击列表会出现选择项：

```
mListView = ( ListView) findViewById( R. id. listViewComments) ;
mAdapter = new CommentsAdapter( this, R. layout. row_comments_list, new ArrayList < Comment >
( )) ;
mListView. setAdapter( mAdapter) ;
```

```
//set up the reporting menu for the comments(in the long - click listener)
mListView. setLongClickable(true);
mListView. setOnItemClickListener(new AdapterView. OnItemClickListener() {
    @ Override
    public void onItemClick(AdapterView < ? > parent, View view, int position, long id) {
        inal Comment comment;
        try {
            comment = mAdapter. getItem(position);
        }
        catch(Exception e) {
            return;
        }
        if(comment == null) {
            return;
        }
        if(!comment. isSelf()) {
            showCommentOptions(comment);
        }
    }
});
```

单击评论列表中的选项后会出现选择项，包括私下回复和公开回复：

```
private void showCommentOptions(final Comment comment) {
    final CharSequence[] options = { getString(R. string. reply_privately), getString(R. string. report_
comment) };
    AlertDialog. Builder builder = new AlertDialog. Builder(this);
    builder. setTitle(R. string. comment_options);
    builder. setItems(options, new DialogInterface. OnClickListener() {
        @ Override
        public void onClick(DialogInterface dialog, int which) {
            if(which ==0) { replyPrivately(comment);
            } else if(which ==1) { reportContent("comment", comment. getID());
            }
        }
    });
    builder. setNeutralButton(R. string. cancel, null);
    mAlertDialog = builder. show();
}
```

私下回复的代码如下：

```
private void replyPrivately(final Comment comment) {
    final LayoutInflater inflater = (LayoutInflater) getSystemService(LAYOUT _ INFLATER _ SERV-
ICE);
    final View viewReply = inflater. inflate(R. layout. dialog_reply_privately, null);
    final TextView textViewOriginalComment = (TextView) viewReply. findViewById(R. id. textView
OriginalComment);
    //show the original comment for reference
    textViewOriginalComment. setText(AndroidEmoji. ensure(comment. getText(), ActivityDetails. this));
```

```
final EditText editTextPrivateReply = (EditText)viewReply.findViewById(R.id.editTextPrivateReply);
//re - use any public comment that has been drafted already
editTextPrivateReply.setText(mEditTextComment.getText().toString());
UI.putCursorToEnd(editTextPrivateReply);
AlertDialog.Builder builder = new AlertDialog.Builder(this);
builder.setTitle(R.string.reply_privately);
builder.setView(viewReply);
builder.setPositiveButton(R.string.send,new DialogInterface.OnClickListener(){
    @Override
    public void onClick(DialogInterface dialog,int which){
        sendCommentFromView(editTextPrivateReply,comment);
    }
});
builder.setNegativeButton(R.string.cancel,null);
mAlertDialog = builder.show();
}
```

公开回复的代码如下：

```
private void reportContent(final String contentType,final String contentID){
    final String[] options = getResources().getStringArray(R.array.report_options);
    AlertDialog.Builder builder = new AlertDialog.Builder(this);
    if(contentType.equals("message")){
        builder.setTitle(R.string.action_report);
    }else if(contentType.equals("comment")){
        builder.setTitle(R.string.report_comment);
    }
    else {
        throw new RuntimeException("Unknown content type:" + contentType);
    }
    builder.setItems(options,new DialogInterface.OnClickListener(){
        @Override
        public void onClick(DialogInterface dialog,int which){
            if(which < options.length){
                reportAffirmation(which,options[which],contentType,contentID);
            }
        }
    });
    builder.setNeutralButton(R.string.cancel,null);
    mAlertDialog = builder.show();
}
```

操作栏上有两个操作选项：喜欢（favorite）和订阅（subscribe）。用户可以单击这两个选项，添加当前信息到"favorite"中，也可以订阅此信息，加之之前提到的单击评论，出现私下回复和公开回复两个选项，总共有6种动作需处理，其处理代码如下。

源代码文件：ch10/10.4faceless/Faceless – master/Android/src/im/delight/faceless/ActivityMain.java

```
public boolean onOptionsItemSelected( MenuItem item) {
    switch( item. getItemId( ) ) {
        case R. id. action_add_favorite:
            setLoading( true) ;
            Server. setFavorited( ActivityDetails. this,mMessage. getID( ) ,true,ActivityDetails. this) ;
            return true;
        case R. id. action_remove_favorite:
            setLoading( true) ;
            Server. setFavorited( ActivityDetails. this,mMessage. getID( ) ,false,ActivityDetails. this) ;
            return true;
        case R. id. action_share_picture:
            setLoading( true) ;
            new ViewScreenshot( ActivityDetails. this, ActivityDetails. this). from( mViewScreenshot-
Container). asFile( SHARED_IMAGE_FILENAME). build( ) ;
return true;
        case R. id. action_add_subscription:
            setLoading( true) ;
            Server. setSubscribed( ActivityDetails. this,mMessage. getID( ) ,true,ActivityDetails. this) ;
            return true;
        case R. id. action_remove_subscription:
            setLoading( true) ;
            Server. setSubscribed( ActivityDetails. this,mMessage. getID( ) ,false,ActivityDetails. this) ;
            return true;
        case R. id. action_report:
            reportContent( "message" ,mMessage. getID( ) ) ;
            return true;
        default:
            startActivity( new Intent( this, ActivityMain. class) ) ;//go one step up in Activity
hierarchy
            finish( ) ;
    return true;
    }
}
```

限于篇幅，处理所涉及的函数请读者自行查阅体会，此处不再赘述。

10.3.3　程序设置功能

AcivitySettings. java 文件，是主界面中单击设置按钮跳转到的界面，主要功能是针对设置框进行装载页面和提供各个设置项的修改响应函数。

这里用到了一个设置常用的类，PreferenceActivity，它是 Android 中专门用来实现程序设置界面以及设置参数的存储的一个类。PreferenceActivity 的定义如下。

源代码文件：ch10/10. 4faceless/Faceless－master/Android/src/im/delight/faceless/ActivityPreferenceActivity. java

```
public abstract class PreferenceActivity extends ListActivity implements
    PreferenceManager. OnPreferenceTreeClickListener
```

该类为抽象类，使用时从该类派生子类，即可以实现参数的管理。该类使用了一个 List-

View 的布局来呈现内容，通过 PreferenceManager 实例，用于从 Activity 或者 XML 文件创建参数树。

通过 addPreferencesFromResource( )来装载设置界面，将 XML 资源文件中的参数树添加到当前的参数树当中：addPreferencesFromResource(R. xml. settings)；设置界面 R. xml. settings 文件的内容如下，包括界面中出现的一系列设置参数。

注意：在 XML 文件中需配置参数的界面元素，主要包括：

1）配置参数页父标签。使用一个 PreferenceScreen 标签标识一个参数页，一个参数页也可以嵌入多个参数页当中。

2）一个参数页面中的参数域的配置可按需配置。可以使用一个 PreferenceCategory 来配置一个参数域，给参数指定标题，但不是必需的。

3）可编辑参数内容的参数配置。对于某一个参数项，需要编辑该参数内容时，可以使用一个 Edit-TextPreference 参数，该参数被单击时能够弹出一个编辑参数内容的对话框，配置如下：

android：key：参数项索引，提供查找该参数项使用。

android：title：参数项在参数页中显示的标题。

android：summery：参数项的概括说明。

android：dialogTitle：所弹出的参数内容编辑对话框的标题。

4）可选择参数内容的配置。若需要提供多个可选项供选择，可以使用 ListPreference，它在被单击之后，会使用一个对话框，在其中以列表的形式来呈现可选参数值，配置如下：

android：key：参数项索引，供查找该参数项使用。

android：title：参数项在参数页中所显示的标题。

android：summary：参数项的概括说明。

android：entries：定义了显示在界面上的参数项标题，通常在 array. xml 中配置。

android：entryValues：参数列表中参数项的变量名，数据操作时使用，对应到 entries。

android：dialogTitle：所弹出的参数内容编辑对话框的标题。

源代码文件：ch10/10. 4faceless/Faceless – master/Android/res/xml/settings. xml

```xml
< ? xml version = "1. 0" encoding = "utf – 8"? >
< PreferenceScreen
    xmlns:android = "http://schemas. android. com/apk/res/android" >
    < PreferenceCategory android:title = "@ string/you_and_friends" >
        < PreferenceScreen
            android:title = "@ string/action_invite"
            android:summary = "@ string/action_invite_summary" >
            < intent
                android:action = "android. intent. action. VIEW"
                android:targetPackage = "im. delight. faceless"
                android:targetClass = "im. delight. faceless. ActivityInvite"/>
        </PreferenceScreen >
    </PreferenceCategory >
    < PreferenceCategory android:title = "@ string/general_settings" >
        < MultiSelectListPreference
            android:key = "topicsList"
            android:title = "@ string/topics"
```

```
                    android:summary = "@ string/topics_summary"
                    android:entries = "@ array/topics_list_human"
                    android:entryValues = "@ array/topics_list_machine"
                    android:defaultValue = "@ array/topics_list_default"
                    android:enabled = "true"
                    android:selectable = "true" />
                < im. delight. android. languages. LanguagePreference
                    android:key = "language"
                    android:title = "@ string/language"
                    android:enabled = "true"
                    android:selectable = "true" />
                < im. delight. android. countries. CountryPreference
                    android:key = "country"
                    android:title = "@ string/country"
                    android:enabled = "true"
                    android:selectable = "true" />
                < im. delight. android. baselib. AutoListPreference
                    android:key = "subscription_notifications"
                    android:title = "@ string/subscription_notifications"
                    android:summary = "% s"
                    android:defaultValue = "frequently"
                    android:entries = "@ array/subscription_notifications_human"
                    android:entryValues = "@ array/subscription_notifications_machine"
                    android:enabled = "true"
                    android:selectable = "true" />
        </ PreferenceCategory >
        < PreferenceCategory android:title = "@ string/this_app" >
            < PreferenceScreen
                android:title = "@ string/action_help"
                android:summary = "@ string/action_help_summary" >
                < intent
                    android:action = "android. intent. action. VIEW"
                    android:targetPackage = "im. delight. faceless"
                    android:targetClass = "im. delight. faceless. ActivityAbout" />
            </ PreferenceScreen >
        </ PreferenceCategory >
    </ PreferenceScreen >
```

操作设置当中的参数需要通过 PreferenceActivity 派生的子类中如下几个函数添加操作:

onCreate: 加载参数树。

onResume: 初始化、更新参数页面中参数值。

onPause: 保存当前的参数值。

onPreferenceChange: 实现的 Preference. OnPreferenceChangeListener 接口，在此处理一些参数，即使发生了变化的事情，也不必保存参数值，处理后返回 true。

本类中采用了 onCreate 和 onPause 两个函数。

源代码文件: ch10/10. 4faceless/Faceless – master/Android/src/im/delight/faceless/ActivitySettings. java

```
public void onCreate(Bundle savedInstanceState) {
    super.onCreate(savedInstanceState);
    addPreferencesFromResource(R.xml.settings);
}
protected void onPause() {
    super.onPause();
    SharedPreferences prefs = PreferenceManager.getDefaultSharedPreferences(this);
    CustomLanguage.setLanguage(this, prefs.getString(PREF_LANGUAGE, ""), true);
}
```

至此，Faceless 项目的主要功能全部介绍完毕。

小结

本实例是 Android 开源程序的代表作，涵盖了 Android 的基础知识，包括页面布局、Intent 对象和 Activity 构架，以及 Android 的高级开发技术，如菜单创建、Google Material Design 设计思想、ActiongbarSherlock 库运用等。通过这个程序，读者能够对本书的知识有一个整体的把握和理解。

附录　习题参考答案

第1章答案：

1. AVD

2. 自动更新

3. 操作系统，中间库，用户界面；应用软件

4. 2D，3D；SQLite

5. Windows，Linux，Mac

6. Java

7. 工程名，包的名字，Activity 的名字；应用的名字

8. 应用程序（Application）、应用程序框架（Application Framework）、各种库（Libraries）和 Android 运行环境（RunTime）、操作系统层（OS）。

应用程序是用 Java 语言编写的运行在虚拟机上的程序，如 E-mail 客户端、日历、地图等；应用程序架构是编写 Google 发布的核心应用时所使用的 API 框架，开发人员同样可以使用这些框架来开发自己的应用，这样便简化了程序开发的架构设计，但是必须遵守其框架的开发原则，如 Activity Manager、Window Manager、View System 等。

9.

（1）一组 View（UI 组件）。这些组件包括列表（List）、文本框（Textbox）、按钮（Button）等。通过这些 UI 组件可以构建应用程序的视图部分。

（2）Content Providers。它提供了一种机制，通过这种机制，应用程序可以实现数据的互访和共享。

（3）Resource Manager。它负责管理非代码的访问。即资源文件的访问管理。

（4）Notification Manager。它能让程序将自己的警示信息显示在状态栏上。例如，当有短信时，可以在状态栏上显示出新短信的信息。

（5）Activity Manager。它管理着应用的生命周期，并且提供了应用页面退出的机制。在 Android 应用中，每个应用一般由多个页面组成，而每个页面的单位就是 Activity。通俗的说，Android 的应用是由多个 Activity 的交互构成的各种库，当使用 Android 应用架构时，Android 系统会通过一些 C/C++ 库来支持使用的各个组件，使其更好地为使用者服务，如 SGL、SSL、SQLite、Webkit 等。

10. 系统 C 库、媒体库、Surface Manager、LibWebCore、SGL 系统 C 库、C 语言标志库、系统最底层的库。

媒体库，Android 系统多媒体库，该库支持多种常见格式的音频、视频的回收和录制，以及图片。

Surface Manager，LibWebCore SGL：2D 图形引擎库。

SQLite：关系数据库。

Webkit：Web 浏览器引擎。

Android 运行环境：如 Core Libraries。

操作系统层：Android 的核心系统服务基于 Linux 内核，如安全性、内存管理、进程管理和驱动模型等都依赖于该内核。

Linux 内核同时也作为硬件和软件栈之间的抽象层。如 Display Driver、KeyBoard Driver 等。

11. Android 之所以这么受欢迎，主要取决于它的几个特性：

（1）开源性：Android 平台是完全开源的，也是免费的。

（2）个性化：Android 为用户提供了众多体现个性的功能，如动态壁纸、shortcut 等。

（3）优质的开发环境：Android 的主流开发环境是"Eclipse + ADT + Android SDK"，它们可以非常容易地集成在一起，而且在开发环境中运行程序比一些传统的手机操作系统更快，调试更方便。

（4）应用程序之间沟通方便：在 Android 平台上应用程序之间有多种沟通方式，它们让 Android 应用程序可以完美地结合在一起。

（5）开发人员限定应用程序的权限：只需在自己的应用程序中配置一下，便可以使用限制级的 API。

（6）与 Web 紧密相连：可以利用基于 Webkit 内核的 WebView 组件在 Android 应用程序中嵌入 HTML、JavaScript，而且 JavaScript 还可以和 Java 无缝地整合在一起。

正是由于这许许多多的特性，使 Android 成为家喻户晓的操作系统，渐渐走入了大众视野。

12. Android 的版本命名是十分有趣的，Google 设定了用甜点名来命名版本号的办法。

Android 1.1：2008 年 9 月发布的 Android 第一版。

Android 1.5：Cupcake（纸杯蛋糕）2009 年 4 月 30 日发布。

Android 1.6：Donut（甜甜圈）2009 年 9 月 15 日发布。

Android 2.0：2009 年 10 月 26 日发布。

Android 2.2/2.2.1：Froyo（冻酸奶）2010 年 5 月 20 日发布。

Android 2.3.x：Gingerbread（姜饼）2010 年 12 月 7 日发布。

Android 3.0：Honeycomb（蜂巢）2011 年 2 月 2 日发布。

Android 3.1：Honeycomb（蜂巢）2011 年 5 月 11 日布发布。

Android 3.2：Honeycomb（蜂巢）2011 年 7 月 13 日发布。

Android 4.0：Ice Cream Sandwich（冰激凌三明治）2011 年 10 月 19 日在中国香港发布。

Android 4.1：Jelly Bean（果冻豆）2012 年 6 月 28 日发布。

Android 4.2：Jelly Bean（果冻豆）2012 年 10 月 30 日发布。

Android 4.4：KitKat（奇巧巧克力）2013 年 11 月 01 日正式发布。

Android 5.0：Lollipop（棒棒糖）2014 年 10 月 15 日发布。

Android 6.0：Marshmallow（棉花糖）2015 年 8 月 18 日发布。

第 2 章答案：

1. B

2. C

3. B

4. D

5. 对

6. 错

7. Java 语言有以下特点：简单、面向对象、分布式、解释执行、健壮、安全、体系结构中立、可移植、高性能、多线程以及动态性。

8. 与平台无关的特性使 Java 程序可以方便地被移植到网络上的不同机器中。同时，Java 的类库中也实现了与不同平台的接口，使这些类库可以移植。另外，Java 编译器是由 Java 语言实现的，Java 运行时系统由标准 C 实现，这使得 Java 系统本身也具有可移植性。"Write once，run everywhere"也许是 Java 最诱人的特点。用 Java 开发的系统其移植工作量几乎为零，一般情况下只需对配置文件、批处理文件作相应修改即可实现平滑移植。

第3章答案：

1. APK

2. class，API

3. Activity、Intent、Content Provider、Service

Activity，"活动"，在应用程序中，一个 Activity 通常就是一个单独的屏幕。每一个活动都被实现为一个独立的类，并且从活动基类中继承而来，活动类将会显示由视图控件组成的用户接口，并对事件做出响应。

Intent，Android 用 Intent 这个特殊类实现在 Activity 与 Activity 之间的切换。Intent 用于描述应用的功能。在 Intent 的描述结构中，有两个最重要的部分：动作和动作对应的数据。

Content Provider 是所有应用程序之间数据存储和检索的一个桥梁，实现了一组标准的方法，使得各个应用程序之间实现数据共享。

Service，"服务"，Server 是一个生命周期长且没有用户界面的程序。

4. 源文件（包含 Activity），R. java 文件，Android Library，assets 目录，res 目录，drawble 目录，layout 目录，values 目录，AndroidManifest. xml。

源文件（包含 Activity）主程序继承 Activity 类，重写了 onCreate（Bundle savedInstanceState）方法。

R. java 文件在建立项目时自动生成，是只读模式，不能修改，R. java 文件是定义该项目所有资源的索引文件。

Android Library，assets 目录，res 目录，drawble 目录，layout 目录，values 目录，资源目录。AndroidManifest. xml 资源清单文件，包含了项目中所使用的 Activity、Service、Receiver。

5. 在 AndroidManifest. xml 中定义 Activity 的地方加一个语句：android：theme = " @ android：style/Theme. Dialog"。

6. A

7. B

8. A

9. 一个 Activity 呈现了一个用户可以操作的可视化用户界面。

一个 Service 不包含可见的用户界面，而是在后台无限地运行。可以连接到一个正在运行的服务中，连接后，可以通过服务中暴露出来的接口与其进行通信。

一个 Broadcast Receiver 是一个接收广播消息并做出回应的组件，Broadcast Receiver 没有界面。

Intent：Content Provider 在接收到 ContentResolver 的请求时被激活。

Activity，Service 和 Broadcast Receiver 是被称为 Intents 的异步消息激活的。

一个 intent 是一个 Intent 对象，它保存了消息的内容。对于 Activity 和 Service 来说，它指定了请求的操作名称和待操作数据的 URI。

Intent 对象可以显式地指定一个目标组件。如果这样的话，Android 会找到这个组件（基于 manifest 文件中的声明）并激活它。但如果一个目标不是显式指定的，Android 必须找到响应 Intent 的最佳组件。它是通过将 Intent 对象和目标的 Intent Filter 相比较来完成这一工作的。一个组件的 Intent Filter 告诉 Android 该组件能处理的 Intent。Intent Filter 也是在 manifest 文件中声明的。

10.

（1）从 MVC 的角度考虑（应用程序内），现在的移动开发模型基本上也是照搬的 Web 那一套 MVC 架构，只不过是稍微修改了而已。Android 的四大组件本质上就是为了实现移动或者说嵌入式设备上的 MVC 架构，它们之间有时候是一种相互依存的关系，有时候又是一种补充关系，引入广播机制可以方便几大组件的信息和数据交互。

（2）程序间互通消息（例如在自己的应用程序内监听系统来电）。

（3）效率上（参考 UDP 的广播协议在局域网的方便性）。

（4）设计模式上（反转控制的一种应用，类似监听者模式）。

第 4 章答案：

1. D
2. D
3. D
4. AD
5. ABCD
6. C
7. A
8. C
9. onCreate( )，onStart( )，onDestory( )，onrestart，onresume，onpause，onstop
10.

（1）相对布局（RelativeLayout）：相对布局中可以设置某一个视图相对于其他视图的位置，包括上、下、左、右。

（2）线性布局（LinearLayout）：线性布局可分为水平线性布局和垂直线性布局。水平线性布局，即所有在这个布局中的视图都沿着水平方向线性排列。垂直线性布局则沿着垂直方向线性排列。

（3）框架布局（FrameLayout）：所有添加到框架布局中的视图都是以层叠的方式显示，这种显示方式类似堆栈。

（4）表格布局（TableLayout）：表格布局可以将视图按行、按列进行排列。

（5）绝对布局（AbsoluteLayout）：可以任意设置视图定位位置。

11. Activity 作用：向用户呈现操作界面，与用户交互。

Intent 作用：启动另一个 Activity，传递数据。

IntentFilter 作用：可以帮助 Activity 跨应用调用，可以对 Activity 进行功能分组

第5章答案

1. AC
2. AB
3. ABCD
4. A
5. B
6. D
7. B
8. C

9. Android Service 是运行在后台的代码，不能与用户交互，可以运行在自己的进程中，也可以运行在其他应用程序进程的上下文里。需要通过某一个 Activity 或者其他 Context 对象来调用，例如 Context. startService( ) 和 Context. bindService( )。如果 Service 执行耗时的操作，需要启动一个新线程来执行。

Android Service 只继承了 onCreate( )，onStart( )，onDestroy( ) 3 个方法，当第一次启动 Service 时，先后调用了 onCreate( )，onStart( ) 这两个方法，当停止 Service 时，则执行 onDestroy( ) 方法，这里需要注意的是，如果 Service 已经启动了，当我们启动 Service 时，不会在执行 onCreate( ) 方法，而是直接执行 onStart( ) 方法。

10.

（1）Activity 能进行绑定得益于 Service 的接口。为了支持 Service 的绑定，实现 onBind 方法。

（2）Service 和 Activity 的连接可以用 ServiceConnection 来实现。需要实现一个新的 ServiceConnection，重写 onServiceConnected 和 onServiceDisconnected 方法，一旦连接建立，就能得到 Service 实例的引用。

（3）执行绑定，调用 bindService 方法，传入一个选择了要绑定 Service 的 Intent（显式或隐式）和一个实现了的 ServiceConnection 实例。

11. Intent 在 Android 中被翻译为"意图"，通俗来讲就是目的，它们是 3 种应用程序基本组件——Activity，Service 和 Broadcast receiver 之间互相激活的手段。在调用 Intent 名称时使用 ComponentName 也就是类的全名时，为显示调用。这种方式一般用于应用程序的内部调用，因为你不一定会知道别人写的类的全名。隐式 Intent 怎么用？首先配置 Activity 的 Intent Filter。

< intent – filter >

< action android: name = " com. example. project. SHOW_CURRENT"/> </intent – filter >

这样在调用的时候指定 Intent 的 Action，系统就是自动地去对比是哪个 intent – filter 符合 Activity，找到后就会启动 Activity。

一个 Intent filter 是 IntentFilter 类的实例，但是它一般不出现在代码中，而是出现在 android Manifest 文件中，以 < intent – filter > 的形式。有一个例外是 Broadcast receiver 的 Intent – filter 是使用 Context. registerReceiver( ) 来动态设定的，其 intent filter 也是在代码中创建的。一

个 filter 有 action，data，category 等字段。一个隐式 Intent 为了能被某个 Intent Filter 接受，必须通过 3 个测试。 个 Intent 为了被某个组件接受，则必须通过它所有的 Intent Filter 中的一个。

第 6 章答案

1. Android 程序执行需要读取到安全敏感项必须在 androidmanifest. xml 中声明相关权限请求，打电话，访问网络，获取坐标，写 SD 卡，读写联系人等。

安装的时候会提示用户以下几个选项：

– rw – 私有权限；

– rw – rw – rw – 全局可读可写 。

Linux 系统的文件系统权限是 Linux 权限。比如说 sharedpreference 里面的 Context. Mode_private Context. Mode. world_read_able Context. Mode_world_writeable 与 root 同组是危险的行为。

2. 创建请求：

URL url = new URL("http://www. baidu. com");

HttpURLConnection urlConn = (HttpURLConnection)url. openConnection();

打开连接：

HttpURLConnection urlConn = (HttpURLConnection)url. openConnection();

用 InputStreamReader 得到读取的内容：

InputStreamReader in = new InputStreamReader(urlConn. getInputStream());

为输出创建 BufferedReader：

BufferedReader buffer = new BufferedReader(in);

String inputLine = null;

关闭 InputStreamReader：

in. close();

关闭 HTTP 连接：

urlConn. disconnect();

关闭连接：

urlConn. disConnection();

3. setWebChromeClient 和 setWebClient。setWebClient 主要是用来处理解析、渲染网页等浏览器做的事情。setWebChromeClient 是用来辅助 WebView 处理 JavaScript 的对话框、网站图标、网站 title、加载进度等 。WebViewClient 是帮助 WebView 处理各种通知、请求事件的。

4. 面向连接的 Socket 操作就像一部电话，必须建立一个连接。所有的数据到达时的顺序和它们发送时的顺序是一样的。

无连接的 Socket 操作就像一个邮件投递，多个邮件到达时的顺序可能和发送的顺序不一样。到底用哪种模式由应用程序的需要决定。

面向连接和无连接的比较：面向连接的模式可靠性更高。无连接的系统效率更高。面向连接需要额外的操作来确保数据的有序性和正确性，这会带来内存消耗，降低系统的效率。无连接的操作使用数据报协议（一个数据报是一个独立的单元，它包含了这次投递的所有信息），这种模式下的 Socket 不需要连接目的 Socket，它只是简单地投出数据报。无连接的操作是快速的和高效的，但数据安全性不佳。面向连接的操作使用 TCP 协议。面向连接的 Socket 必须在发送数据之前和目的 Socket 取得连接。一旦建立了连接，Socket 就可以使用一个流接口来进行打开、读/写、关闭操作。所有发送的信息都会在另一端以同样的顺序接收。

5. 红外通信符合 IrDA1.x 标准，利用 950 nm 近红外波段的红外线作为传递信息的载体，通过红外光在空中的传播来传递信息，由红外发射器和接收器实现。其最大优点是：不易被人发现和截获，保密性强；几乎不会受到天气的影响，抗干扰性强。此外，红外线通信机体积小、重量轻、结构简单、价格低廉。不足之处在于它必须在视距内通信，且收发端必须是直线对射。

6. BluetoothAdapter 类：

BluetoothAdapter.getDefaultAdapter()：得到本地默认的 BluetoothAdapter，若返回为 null 则表示本地不支持蓝牙。

isDiscovering()：返回设备是否正在发现周围蓝牙设备。

cancelDiscovery()：取消正在发现远程蓝牙设备的过程。

startDiscovery()：开始发现过程。

getScanMode()：得到本地蓝牙设备的 Scan Mode。

getBondedDevices()：得到已配对的设备。

isEnabled()：蓝牙功能是否启用。

InputStream 类：

read（byte[]）：以阻塞方式读取输入流。

OutputStream 类：

write（byte[]）：将信息写入该输出流，发送给远程。

7. 定义蓝牙通信的权限过程如下。

在 AndroidManifest.xml 文件中声明：

```
< users – perimssion android:name = " android. permission. BLUETOOTH"/>
< users – permission android:name = " android. permission. BLUETOOTH_ADMIN"/>
```

启用蓝牙功能：

```
if( !mBluetoothAdapter . isEnabled( ) ){
    Intent enableIntent = new Intent( BluetoothAdapter. ACTION_REQUEST_ENABLE );
    startActivityForResult( enableIntent, REQUEST_ENABLE_BT );
}
```

设置本设备对外可见：

```
Intent discoverableIntent =
new Intent( BluetoothAdapter. ACTION_REQUEST_DISCOVERABLE );
discoverableIntent. putExtra( BluetoothAdapter. EXTRA_DISCOVERABLE_DURATION,300);
startActivity( discoverableIntent );
```

第 7 章答案

1. 如下表所示。

类　　型	支持的文件格式
Audio	AAC LC/LTP、HE – AACv1（AAC +）、AMR – NB、AMR – WB、MP3、MIDI、Ogg Vorbis、PCM/WAVE、FLAC（3.1 或 3.1 以上）
Image	JPEG、PNG、WEBP、GIF、BMP
Video	H. 263、H. 264 AVC、MPEG – 4 SP、VP8（2.3.3 或 2.3.3 以上）

2. 播放操作很简单，但从资源中播放和从文件/网络中播放还是有些区别。

（1）从资源中播放：

开始播放：MediaPlayer mp = MediaPlayer. create（context，R. raw. xxx）；-->mp. start（）；

停止/播放：mp. stop（）-->mp. reset（）；mp. prepare（）-->mp. start（）；

暂停/播放：mp. pause（）-->mp. start（）；

（2）从文件/网络中播放：

开始播放：

```
MediaPlayer mp = new MediaPlayer. create（）；
mp. setDataSource（PATH_TO_FILE）；
mp. prepare（）；
mp. start（）；
```

停止/播放和暂停/播放与上面一样。

录制要稍微复杂一些，步骤如下：

1）实例化 MediaRecorder：mr = new MediaRecorder（）。

2）初始化 mr：mr. setAudioSource（MIC）/setVideoSource（CAMERA）；必须在配置 DataSource 之前调用。

3）配置 DataSource：设置输出文件格式/路径，编码器等。

4）准备录制：mr. prepare（）。

5）开始录制：mr. start（）。

6）停止录制：mr. stop（）。

7）释放资源：mr. release（）。

3. 控制音量：setVolume（x，y）；x 和 y 值为 0 ~ 1 之间的浮点数，0 为静音，1 为最大音量，两个参数分别代表两个声道。

锁屏：setScreenOnWhilePlaying（true）；设置播放时屏幕不锁屏。

循环模式：setLooping（true）；设置播放模式为循环模式。

4. 拍照：请求使用相机权限→使用相机拍照功能获取图像→保存全尺寸照片→添加照片到相册→解码缩放图片。

录像：启动 Intent，启动外部 Activity，处理返回视频。

5. 略。

6. 略。

第 8 章答案

1. B

2.

（1）登录：用户可以用自己的 Facebook 身份轻松登录应用。如果用户已经登录 Android 手机上的 Facebook，那么无须重复输入用户的用户名和密码，则可直接登录。

（2）分享：用户可以使用这个应用向 Facebook 分享或者发送消息。当 Facebook 用户与这些帖子互动时，它们将被转到我们所开发的应用页面。

（3）自定义动态：也就是利用开放图谱（Open Graph），可以使应用通过结构化、条理清晰的 API 在 Facebook 上展示动态。

（4）应用链接：可以把用户从应用中分享的帖子、动态和请求再链接回应用。处理这些传入的链接，将用户定向到应用的相关部分。

（5）应用事件：通过应用事件功能，开发者可以了解用户在应用中进行的操作，并衡量移动应用广告的效果。

（6）广告：它利用参与度最高的板块，用动态消息覆盖合适用户。再借助移动应用安装广告提高安装量，借助移动应用参与度广告来提高用户参与度。

（7）图谱 API：利用图谱 API，开发者可以使应用可以存取 Facebook 社交关系图谱数据。用户可以查询数据、发布新动态、上传照片、回复评论等。

（8）发送请求：该 SDK 允许用户从应用向 Facebook 中的好友发送请求。

（9）应用中心：应用中心可以用来让 Facebook 的用户寻找优秀社交应用，也可以把自己的应用上传。

3. 系列错误：

```
List of errors: ACTION_POINTER_INDEX_MASK cannot be resolved android.
HONEYCOMB cannot be resolved or is not a field
LAYER_TYPE_HARDWARE cannot be resolved or is not a field
LAYER_TYPE_NONE cannot be resolved or is not a field
MATCH_PARENT cannot be resolved or is not a field
The method getLayerType( ) is undefined for the type View
The method setLayerType( int, null) is undefined for the type View
```

修改 AndroidManifest 里的 min sdk version 为当前使用的 SDK 版本，即 7 以上的版本。ExampleListActivity 项目中的常见错误继承类系列错误：

```
List of errors: The method getSupportActionBar( ) is undefined for the type BaseActivity
The method getSupportMenuInflater( ) is undefined for the type BaseActivity
The method onCreateOptionsMenu( Menu) of type BaseActivity must override or implement a
supertype method
The method onOptionsItemSelected( MenuItem) in the type Activity is not applicable for the arguments
The method onOptionsItemSelected( MenuItem) of type BaseActivity must override or implement a super-
type method
The method onOptionsItemSelected( MenuItem) of type ResponsiveUIActivity must override or implement
a supertype method
```

这个错误发生在使用 ActionBarSherlock 的相关 API 时，找不到方法。原因是使用 ActionBarSherlock 的 Activity 需要继承 SherlockActivity 类。解决方法：修改 SlidingMenu library 中的 SlidingFragmentActivity（位置 src/com. jeremyfeinstein. slidingmenu. lib. app）文件，使之继承自 SherlockFragmentActivity 类。

```
public class SlidingFragmentActivity extends FragmentActivity implements SlidingActivityBase
```

改为：

```
public class SlidingFragmentActivity extends SherlockFragmentActivity implements SlidingActivityBase
```

最后在类声明前添加 SherlockFragmentActivity 引用的类：

```
import com. actionbarsherlock. app. SherlockFragmentActivity；
```

保存修改，若错误仍出现，清除工程并重启 Eclipse。
Jar 包版本不一致，产生冲突导致错误

> Console error：Found 2 versions of android – support – v4. jar in the dependency list, but not all the versions are identical(check is based on SHA – 1 only at this time). Jar mismatch! Fix your dependencies

4. 检查 SlidingMenu 和 ActionBarSherlock 中的 libs 文件夹，用其中一个替换另一个（一般是删除，尽量选择保留新版本）。保存修改，若错误仍出现，清除工程并重新启动 Eclipse。

5. 略。

6. 略。

7. 略。

8. 略。

参 考 文 献

[1] 迟立颖,张银霞,张桂香,等.Java 程序设计[M].北京:北京航空航天大学出版社,2011.

[2] 李刚.疯狂 Java 讲义[M].北京:电子工业出版社,2008.

[3] 李宁.Android 开发权威指南[M].2 版.北京:人民邮电出版社,2013.

[4] 开源中国社区.Android Content Provider 详解[OL].http://www. oschina. net/question/54100_34752.

[5] 百度百科.Java(计算机编程语言)[OL].http://baike. baidu. com/subview/29/12654100. htm? fr = aladdin.

[6] 新浪博客.Java 中数组的定义及使用[OL].http://blog. sina. com. cn/s/blog_7b83134b01016fmf. html.

[7] Oracle Corporation and/or its affiliates. Java Specification Requests Overview [OL].http://jcp. org/en/jsr/.

[8] BlogJava. JDK 5. 0 新特性[OL].http://www. blogjava. net/BigMouse/articles/125762. html.

[9] CSDN 博客.Java 基础——JDK 5.0 的简单新特性(静态导入、可变参数、增强型 for 循环、自动拆装箱) [OL].http://blog. csdn. net/ayhlay/article/details/9111379.

[10] CSDN 博客.JDK 5 新特性汇总[OL].http://blog. csdn. net/magister_feng/article/details/7242513.

[11] 新浪博客.JDK 5. 0 新特性介绍[OL].http://blog. sina. com. cn/s/blog_4c95ab62010009t0. html.

[12] 网易博客.Swing 讲解[OL].http://eric123004. blog. 163. com/blog/static/79436665200992237305 78/.

[13] 推酷网.Java Swing(JTable 详解 1)[OL].http://www. tuicool. com/articles/vI7nIj.

[14] 网易博客.Swing 布局管理器简介[OL].http://stevencjh. blog. 163. com/blog/static/121861461201010 1775336729/.

[15] 虾米博客.Swing 文档大全——Swing 布局[OL].http://tntxia. iteye. com/blog/683035.

[16] 博客园.Java 多线程总结[OL].http://www. cnblogs. com/rollenholt/archive/2011/08/28/2156357. html.

[17] CSDN 博客.Java 异常处理详解[OL].http://blog. csdn. net/zhanyuanlin/article/details/10990485.

[18] CSDN 博客.Java 输入输出流[OL].http://blog. csdn. net/hguisu/article/details/7418161.

[19] 百度百科.Android(Google 公司开发的操作系统)[OL].http://baike. baidu. com/subview/1241829/ 9322617. html.

[20] CSDN 资讯.直接拿来用! 最火的 Android 开源项目(一)[OL].http://www. csdn. net/article/2013 – 05 – 03/2815127 – Android – open – source – projects.

[21] CSDN 博客.基础总结篇之一:Activity 生命周期[OL].http://blog. csdn. net/liuhe688/article/ details/6733407.

[22] CSDN 博客.Android View 类介绍[OL].http://blog. csdn. net/killmice/article/details/7777448.

[23] Linux 公社.Android 开发入门教程:Splash 的实现[OL].http://www. linuxidc. com/Linux/2012 – 09/70303. htm.

[24] 安卓巴士网.Android 应用程序基础[OL].http://www. apkbus. com/forum. php? mod = viewthread&tid = 1413.

［25］ ChinaUnix. Android 开发之详解五大布局［OL］. http：//bbs. chinaunix. net/thread － 3654213 － 1 － 1. html.

［26］ 博客园. Android 布局大全［OL］. http：//www. cnblogs. com/devinzhang/archive/2012/01/19/2327535. html.

［27］ 红黑联盟. AndroidManifest. xml 文件详解［OL］. http：//www. 2cto. com/kf/201205/132487. html.

［28］ 01yun. 安卓 AndroidManifest. xml 可扩展标记语言文件详解（Activity）［OL］. http：//www. 01yun. com/XML/20130319/247452. html.

［29］ 169IT. Windows 下 Resin 的安装及配置详解［OL］. http：//www. 169it. com/blog_article/1442540852. html.

［30］ CSDN 博客. 深入理解 Activity 的生命周期［OL］. http：//blog. csdn. net/kernel_learner/article/details/8446942.

［31］ 博客园. Android 中资源文件的使用［OL］. http：//www. cnblogs. com/mengdd/archive/2012/12/18/2823208. html.

［32］ 新浪博客. Android 中的资源访问——学习笔记［OL］. http：//blog. sina. com. cn/s/blog_6e203f3d0100uc81. html.

［33］ CSDN 博客. Android 用户界面——操作栏（Action Bar）［OL］. http：//blog. csdn. net/think_soft/article/details/7358393.

［34］ 博客园. Android 开发者指南（10）——Android API Levels ［OL］. http：//www. cnblogs. com/over140/archive/2011/04/29/2032433. html.

［35］ CSDN 博客. Android 动态注册广播接收器［OL］. http：//blog. csdn. net/etzmico/article/details/7317528.

［36］ CSDN 博客. Android 开源框架 ActionBarSherlock 和 ViewPager 仿网易新闻客户端 ［OL］. http：//blog. csdn. net/xiaanming/article/details/9971721.

［37］ CSDN 博客. 理解 extends 与 implements ［OL］. http：//blog. csdn. net/cazicaquw/article/details/7241325.

［38］ CSDN 博客. 移植 SlidingMenu Android library 和安装 example 出现的问题解决 ［OL］. http：//blog. csdn. net/zoeice/article/details/8721137.

［39］ CSDN 博客. ［Android UI 设计与开发］第 17 期：滑动菜单栏（二）开源项目 SlidingMenu 的示例 ［OL］. http：//blog. csdn. net/yangyu20121224/article/details/9258275.

［40］ 新浪博客. GestureDetector 类及其用法 ［OL］. http：//blog. sina. com. cn/s/blog_77c6324101017hs8. html.

［41］ 安卓中文网. Android OnTouchListener 触屏事件接口 ［OL］. http：//android. tgbus. com/Android/tutorial/201105/353302. shtml.

［42］ 博客园. SlidingMenu 官方实例分析4——AttachExample ［OL］. http：//www. cnblogs. com/qinghuaideren/p/3423525. html.

［43］ ITeye. com. Android 选择 layout 的规则 ［OL］. http：//hw3com. iteye. com/blog/1174926.

［44］ pin5i. com. Android 中的 Handler 总结 ［OL］. http：//www. pin5i. com/showtopic － android － handler. html.

［45］ HaoGongJu. Net. SlidingMenu 官方实例分析6——ResponsiveUIActivity ［OL］. http：//www. haodaima. net/art/2364870.

［46］ www. ddvip. com. ［Android UI 设计与开发］第 18 期：滑动菜单栏（三）SlidingMenu 动画效果的实现 ［OL］. http：//tech. ddvip. com/2013 － 07/1374012929199169. html.

［47］ 博客园. Android 编程下两种方式注册广播的区别 ［OL］. http：//www. cnblogs. com/sunzn/archive/2013/02/13/2910899. html.

［48］ 博客园. Android 之 ContentProvider 总结 ［OL］. http：//www. cnblogs. com/devinzhang/archive/2012/01/

20/2327863. html.

[49] CSDN 博客 . HTTPClient 模块的 HttpGet 和 HttpPost ［OL］. http://blog. csdn. net/caesardadi/article/details/8621595.

[50] GitHub. com. opensudoku source code［OL］. https://github. com/romario333.

[51] 51CTO 学院 . Android 游戏开发教程_数独_01 ［OL］. http://edu. 51cto. com/lesson/id – 13246. html.

[52] Google Inc. Google Material Design Offical Website［OL］. http://www. google. com/design/.

[53] Material Design 中文版［OL］. http://design. 1sters. com/.

[54] GitHub. com. Cardboard Source Code ［OL］. https://github. com/googlesamples/cardboard/.

[55] Google Inc. Google Cardboard［OL］. https://www. google. com/get/cardboard/.

[56] AngularJS. org. ［OL］. https://angularjs. org/.

[57] CSDN 博客 . 基础总结篇之五：Broadcast Receiver 应用详解 ［OL］. http://blog. csdn. net/liuhe688/article/details/6955668.

[58] 博客园 . Contentprovider 的学习实例总结 ［OL］. http://www. cnblogs. com/chenglong/articles/1892029. html.

[59] 程序员联合开发网 . Schedule – management 项目 ［OL］. http://www. pudn. com/downloads441/sourcecode/comm/android/detail1861385. html.

[60] 新浪博客 . Java 中数组的定义及使用 ［OL］. http://blog. sina. com. cn/s/blog_7b83134b01016fmf. html.

[61] CSDN 博客 . Android preference 介绍 ［OL］. http://blog. csdn. net/zzobin/article/details/10116247.

[62] W3CSCHOOL CC. AngularJS 教程 ［OL］. http://www. w3cschool. cc/angularjs/angularjs – tutorial. html.

[63] 图灵社区 . AngularJS 入门教程：导言和准备［OL］. http://www. ituring. com. cn/article/13473.

[64] 51CTO. com. Android 游戏开发的入门实例 ［OL］. http://mobile. 51cto. com/aprogram – 394650_all. htm.

[65] Android 开发网 . Android 游戏开发入门基础 ［OL］. http://www. jizhuomi. com/android/game/31. html.

[66] 开源中国社区 . 您可能还不知道的八款开源 Android 游戏引擎 ［OL］. http://www. oschina. net/question/12_10229.

[67] 51CTO. com. Android 游戏开发实例与技巧 ［OL］. http://blog. 51cto. com/zt/33.

[68] Android 官方培训课程中文版(v0. 9. 3) ［OL］. http://hukai. me/android – training – course – in – chinese.

[69] CSDN 博客 . Android 重力感应开发 ［OL］. http://blog. csdn. net/mad1989/article/details/20848181.

[70] Android 开发者社区 . Android 小球重力感应实现(三)［OL］. http://www. eoeandroid. com/thread – 98312 – 1 – 1. html.

[71] 博客园 . 浅谈 Android 重力感应［OL］. http://www. cnblogs. com/freeliver54/archive/2012/12/24/2831043. html.

[72] 开源中国社区 . 几种常用的无线串行通信技术 ［OL］. http://my. oschina. net/u/1761377/blog/344025.

[73] 博客园 . Android 网络开发之 Socket 通信 ［OL］. http://www. cnblogs. com/fengzhblog/archive/2013/07/12/3185494. html.

[74] CSDN 博客 . Android 上的蓝牙通信功能的开发：BluetoothChat 例程分析 ［OL］. http://blog. csdn. net/xjanker2/article/details/6303927.

[75] Android View 与 GroupView 原理以及其子类描述 ［OL］. http://blog. csdn. net/banketree/article/details/25746081.

[76] ITeye. com. ImageView 属性详解 [OL]. http://407827531. iteye. com/blog/1117199.

[77] C3DN 博客 . Android 入门第八篇之 ListView（一）[OL]. http://blog. csdn. net/hellogv/article/details/4542668.

[78] CSDN 博客 . Android 入门第八篇之 GridView（九宫图）[OL]. http://blog. csdn. net/hellogv/article/details/4567095.

[79] ITeye. com. Android 学习笔记九：基本视图组件：Spinner [OL]. http://sarin. iteye. com/blog/1669773.

[80] 开源中国社区 . Android 开发中使用 SQLite 数据库 [OL]. http://www. oschina. net/question/12_10624.

[81] 开源中国社区 . Android 开发中保存数组的四种方法 [OL]. http://www. oschina. net/question/54100_27688.

[82] 开源中国社区 . Android 中的多媒体处理[OL]. http://my. oschina. net/kevin008/blog/2206.

[83] ITeye. com. Android 中多媒体处理 [OL]. http://iame. iteye. com/blog/384107.